21世纪高等院校通识教育规划教材

线性代数

（第2版）

吴江 编著

人民邮电出版社

北京

图书在版编目（CIP）数据

线性代数 / 吴江编著. -- 2版. -- 北京 : 人民邮电出版社, 2020.1
21世纪高等院校通识教育规划教材
ISBN 978-7-115-51598-8

Ⅰ. ①线… Ⅱ. ①吴… Ⅲ. ①线性代数－高等学校－教材 Ⅳ. ①O151.2

中国版本图书馆CIP数据核字(2019)第140891号

内 容 提 要

本书根据编者多年的教学实践积累编写而成。

全书共 6 章，分别介绍了行列式，矩阵及其运算，矩阵的初等变换和线性方程组，向量空间、欧氏空间、线性空间与线性变换，方阵的相似变换、特征值与特征向量，二次型与其标准形，各章均配有一定量的习题，书末附有习题答案。全书内容联系紧密，采用追问形式，层层深入，既符合数学上的逻辑性，又符合学生的思维顺序，有效避免了概念呈现的突兀性和学生思维逻辑的断层问题。另外，本书适当穿插介绍了和数学理论发展相关的历史以及有关数学家的学术成就，并介绍了一些应用实例，以提高学生的学习兴趣并感受线性代数应用的广泛性。本书语言精练，通俗易懂，让学生知其然也知其所以然，“细教材，粗讲解”，可以作为教材在课堂使用，也适合学生自学。

本书可供高等院校工科类专业的学生使用，也可供自学者和科技工作者阅读。

◆ 编　　著　吴　江
　责任编辑　罗　朗
　责任印制　陈　犇

◆ 人民邮电出版社出版发行　　北京市丰台区成寿寺路 11 号
　邮编　100164　　电子邮件　315@ptpress.com.cn
　网址　http://www.ptpress.com.cn
　三河市中晟雅豪印务有限公司印刷

◆ 开本：787×1092　1/16
　印张：9.25　　　　2020 年 1 月第 2 版
　字数：213 千字　　2020 年 1 月河北第 1 次印刷

定价：32.00 元

读者服务热线：(010)81055256　印装质量热线：(010)81055316
反盗版热线：(010)81055315
广告经营许可证：京东工商广登字 20170147 号

前言

Preface

什么是代数？“代数”（algebra）一词来源于公元 9 世纪阿拉伯数学家、天文学家花拉子米的一本主要讨论初等代数及各种实用算术问题的著作名称。该词在清初由来华传教士传入我国，当时将 algebra 翻译成“阿尔热巴拉”，直到 1859 年才由数学家李善兰翻译成“代数”，意即用字母“代”替“数”。其实代数最早是以引进符号和未知数为主要特征，基本内容是求解方程或方程组，只不过到了现代数学中，代数是在所考虑的对象之间规定一些运算后得到的数学结构。

什么是线性代数？线性代数（linear algebra）涉及的运算是满足 8 条运算律的称为加法和数乘的线性运算。定义了线性运算的数学结构后，再满足一定性质就可以构成线性空间，线性空间及其上的线性变换是线性代数的研究对象。从广义的角度看，线性代数就是研究线性科学中的“线性问题”，直观地讲，对所考虑的变量来说，就是研究多项式中各项次数最高为一次的那些问题；在实际生活中，线性代数需要解决的第一个线性问题就是求解来源于实际应用的线性方程组。线性问题的讨论往往涉及矩阵和向量，因此矩阵和向量是重要的代数工具，而且在一定意义上，定义了线性运算的矩阵和向量本身就构成了线性空间。

为什么要学习线性代数？在实际应用中，线性问题很多，即使是非线性问题，有时也可以通过线性化把其转化为线性问题进行处理，例如在一定条件下，曲线可用切线近似，曲面可用切平面近似，函数增量可用函数的微分近似。因此，线性代数是一种应用广泛的数学建模方法，其中的矩阵、向量、线性变换等知识在很多课程中都要经常用到，科研工作者必须掌握。另外，线性代数内容具有一定的抽象性，因此，通过“线性代数”这门课程的学习，可以进一步培养学生的抽象思维能力和逻辑推理能力，为进一步学习和研究打下坚实的思维基础。

怎样学习线性代数？线性代数内容较抽象，概念和定理较多，前后联系紧密、环环相扣，读者一定要勤动手，每个定理、每个命题、每条性质都要争取亲自动手证明一遍；在学习过程中多思考，多追问，“为什么要引入这个知识概念？”“是怎样引入的？”；还要注意纵向和横向的联系，例如多与高等数学中的相关知识联系，争取形成一张缜密的知识网。

本书主要内容和特点是什么？主要内容包括行列式，矩阵及其运算，矩阵的初等变换和线性方程组，向量空间、欧氏空间、线性空间与线性变换，方阵的相似变换、特征值与特征向量，二次型与其标准形。本书特点是采用追问形式，层层深入，既符合数学上的逻辑性，又符合学生的思维顺序；并适当穿插有关数学概念和理论发展的历史以及有关数学家的学术成就来提高内容的丰富性。

本书是编者多年课堂教学经验的积累，在编写过程中编者经常与王海东、张一进、李永红、严单贵等老师以及自己的学生交流讨论，他们给了编者不少启发，在此深表感谢。本书编写完成后进行过多次修改，并请学生仔细校阅，但由于编者水平有限，书中疏漏和不足在所难免，恳请指正。

编者

2018 年仲夏于重庆邮电大学无梦楼

目录

Contents

第 1 章 行 列 式

行列式是一个重要的数学工具，其概念的提出和理论的发展经历了漫长的历史过程。

1693 年，莱布尼茨（Leibniz，1646—1716，德国数学家）在研究具有两个未知数、两个方程的线性方程组的解法，从理论上对消元法进行探讨时，首创使用双下标表示线性方程组各项系数（即现在的 a_{ij}），并引入行列式的概念，而且还提出了行列式的某些理论。

1729 年，麦克劳林（Maclaurin，1698—1746，英国数学家）首先创立了用行列式解含有 2～4 个未知数的线性方程组的方法，尽管所用的记号还不是十分完善，但其方法就是现在求解线性方程组的克拉默法则。克拉默（Cramer，1704—1752，瑞士数学家）在其著作《代数曲线的分析引论》中发表了克拉默法则，并提出了确定行列式一般项的符号的方法。

1771 年，范德蒙德（Vandermonde，1735—1796，法国数学家）首次脱离线性方程组来讨论行列式，并给出了连贯的合乎逻辑的行列式理论，因此在这一意义上，范德蒙德被认为是行列式理论的创始人。他还给出了用二阶子式和它们的余子式展开行列式的法则。拉普拉斯（Laplace，1749—1827，法国数学家）推广了这一方法，用 k 阶子式和它们的余子式展开行列式，至今这一方法仍以他的名字命名。

1812 年，柯西（Cauchy，1789—1857，法国数学家）首先对行列式理论给出了系统的、接近近代方法的处理，并提出了“行列式（Determinant）”这一名称。

虽然行列式是在求解特殊的线性方程组时提出的，在 1.3 节会看到这一点，但实际上，行列式在解决其他问题，例如，多重积分的变量替换、二次曲线或二次曲面的主轴问题以及在第 3 章计算矩阵的秩、在第 5 章计算方阵的特征值时也起着重要作用，它已经发展成为行列式理论。

1.1 行列式的定义

当 $a_{11} \neq 0$ 时，一元线性方程 $a_{11}x_1 = b_1$ 的解为 $x_1 = \dfrac{b_1}{a_{11}}$，其中分母是由方程的系数 a_{11} 确定的，我们把 a_{11} 记作 $|a_{11}|$，并称之为一阶行列式。

用消元法解二元线性方程组

$$\begin{cases} a_{11}x_1 + a_{12}x_2 = b_1 \\ a_{21}x_1 + a_{22}x_2 = b_2 \end{cases},$$

当 $a_{11}a_{22} - a_{12}a_{21} \neq 0$ 时，方程组的解为

$$x_1 = \frac{b_1 a_{22} - a_{12} b_2}{a_{11}a_{22} - a_{12}a_{21}}, \quad x_2 = \frac{a_{11}b_2 - b_1 a_{21}}{a_{11}a_{22} - a_{12}a_{21}}。$$

式中的分子、分母都是由 4 个数分 2 对相乘再相减而得的，其中分母 $a_{11}a_{22}-a_{12}a_{21}$ 是由方程组的 4 个系数确定的，把这 4 个数按它们在方程组中的位置，排成两行两列（横排称行、竖排称列）的数表

$$\begin{matrix} a_{11} & a_{12} \\ a_{21} & a_{22} \end{matrix}$$

表达式 $a_{11}a_{22}-a_{12}a_{21}$ 称为由该数表所确定的二阶行列式，并记作 $\begin{vmatrix} a_{11} & a_{12} \\ a_{21} & a_{22} \end{vmatrix}$，再利用一阶行列式，则有

$$\begin{vmatrix} a_{11} & a_{12} \\ a_{21} & a_{22} \end{vmatrix} = a_{11}a_{22}-a_{12}a_{21} = a_{11}(-1)^{1+1}\left|a_{22}\right| + a_{12}(-1)^{1+2}\left|a_{21}\right|,$$

即将二阶行列式表示为两个一阶行列式之和。

利用二阶行列式的概念，上面二元线性方程组的解可写为

$$x_1 = \frac{\begin{vmatrix} b_1 & a_{12} \\ b_2 & a_{22} \end{vmatrix}}{\begin{vmatrix} a_{11} & a_{12} \\ a_{21} & a_{22} \end{vmatrix}}, \quad x_2 = \frac{\begin{vmatrix} a_{11} & b_1 \\ a_{21} & b_2 \end{vmatrix}}{\begin{vmatrix} a_{11} & a_{12} \\ a_{21} & a_{22} \end{vmatrix}}。$$

同样，用消元法解三元线性方程组

$$\begin{cases} a_{11}x_1 + a_{12}x_2 + a_{13}x_3 = b_1 \\ a_{21}x_1 + a_{22}x_2 + a_{23}x_3 = b_2 \\ a_{31}x_1 + a_{32}x_2 + a_{33}x_3 = b_3 \end{cases},$$

当 $a_{11}a_{22}a_{33}+a_{12}a_{23}a_{31}+a_{13}a_{21}a_{32}-a_{11}a_{23}a_{32}-a_{12}a_{21}a_{33}-a_{13}a_{22}a_{31}\neq 0$ 时，方程组的解为

$$x_1 = \frac{b_1a_{22}a_{33}+a_{12}a_{23}b_3+a_{13}b_2a_{32}-b_1a_{23}a_{32}-a_{12}b_2a_{33}-a_{13}a_{22}b_3}{a_{11}a_{22}a_{33}+a_{12}a_{23}a_{31}+a_{13}a_{21}a_{32}-a_{11}a_{23}a_{32}-a_{12}a_{21}a_{33}-a_{13}a_{22}a_{31}},$$

$$x_2 = \frac{a_{11}b_2a_{33}+b_1a_{23}a_{31}+a_{13}a_{21}b_3-a_{11}a_{23}b_3-b_1a_{21}a_{33}-a_{13}b_2a_{31}}{a_{11}a_{22}a_{33}+a_{12}a_{23}a_{31}+a_{13}a_{21}a_{32}-a_{11}a_{23}a_{32}-a_{12}a_{21}a_{33}-a_{13}a_{22}a_{31}},$$

$$x_3 = \frac{a_{11}a_{22}b_3+a_{12}b_2a_{31}+b_1a_{21}a_{32}-a_{11}b_2a_{32}-a_{12}a_{21}b_3-b_1a_{22}a_{31}}{a_{11}a_{22}a_{33}+a_{12}a_{23}a_{31}+a_{13}a_{21}a_{32}-a_{11}a_{23}a_{32}-a_{12}a_{21}a_{33}-a_{13}a_{22}a_{31}}。$$

式中的分母 $a_{11}a_{22}a_{33}+a_{12}a_{23}a_{31}+a_{13}a_{21}a_{32}-a_{11}a_{23}a_{32}-a_{12}a_{21}a_{33}-a_{13}a_{22}a_{31}$ 是由方程组的 9 个系数确定的，把这 9 个数按它们在方程组中的位置，排成 3 行 3 列的数表

$$\begin{matrix} a_{11} & a_{12} & a_{13} \\ a_{21} & a_{22} & a_{23} \\ a_{31} & a_{32} & a_{33} \end{matrix}$$

表达式 $a_{11}a_{22}a_{33}+a_{12}a_{23}a_{31}+a_{13}a_{21}a_{32}-a_{11}a_{23}a_{32}-a_{12}a_{21}a_{33}-a_{13}a_{22}a_{31}$ 称为由该数表所确定的三阶行列式，并记作 $\begin{vmatrix} a_{11} & a_{12} & a_{13} \\ a_{21} & a_{22} & a_{23} \\ a_{31} & a_{32} & a_{33} \end{vmatrix}$，我们再利用二阶行列式，则有

$$\begin{vmatrix} a_{11} & a_{12} & a_{13} \\ a_{21} & a_{22} & a_{23} \\ a_{31} & a_{32} & a_{33} \end{vmatrix} = a_{11}a_{22}a_{33} + a_{12}a_{23}a_{31} + a_{13}a_{21}a_{32} - a_{11}a_{23}a_{32} - a_{12}a_{21}a_{33} - a_{13}a_{22}a_{31}$$

$$= a_{11}(a_{22}a_{33} - a_{23}a_{32}) - a_{12}(a_{21}a_{33} - a_{31}a_{23}) + a_{13}(a_{21}a_{32} - a_{31}a_{22})$$

$$= a_{11}(-1)^{1+1}\begin{vmatrix} a_{22} & a_{23} \\ a_{32} & a_{33} \end{vmatrix} + a_{12}(-1)^{1+2}\begin{vmatrix} a_{21} & a_{23} \\ a_{31} & a_{33} \end{vmatrix} + a_{13}(-1)^{1+3}\begin{vmatrix} a_{21} & a_{22} \\ a_{31} & a_{32} \end{vmatrix},$$

即将三阶行列式表示为 3 个二阶行列式之和。

利用三阶行列式的概念，上面三元线性方程组的解可写为

$$x_1 = \frac{\begin{vmatrix} b_1 & a_{12} & a_{13} \\ b_2 & a_{22} & a_{23} \\ b_3 & a_{32} & a_{33} \end{vmatrix}}{\begin{vmatrix} a_{11} & a_{12} & a_{13} \\ a_{21} & a_{22} & a_{23} \\ a_{31} & a_{32} & a_{33} \end{vmatrix}},\quad x_2 = \frac{\begin{vmatrix} a_{11} & b_1 & a_{13} \\ a_{21} & b_2 & a_{23} \\ a_{31} & b_3 & a_{33} \end{vmatrix}}{\begin{vmatrix} a_{11} & a_{12} & a_{13} \\ a_{21} & a_{22} & a_{23} \\ a_{31} & a_{32} & a_{33} \end{vmatrix}},\quad x_3 = \frac{\begin{vmatrix} a_{11} & a_{12} & b_1 \\ a_{21} & a_{22} & b_2 \\ a_{31} & a_{32} & b_3 \end{vmatrix}}{\begin{vmatrix} a_{11} & a_{12} & a_{13} \\ a_{21} & a_{22} & a_{23} \\ a_{31} & a_{32} & a_{33} \end{vmatrix}}。$$

于是，我们采取将 n 阶行列式表示为 n 个 $n-1$ 阶行列式之和的这种递归方法来定义 n 阶行列式。

定义 1.1 数域 F①上的 n 阶行列式 $D_n = \begin{vmatrix} a_{11} & a_{12} & \cdots & a_{1n} \\ a_{21} & a_{22} & \cdots & a_{2n} \\ \vdots & \vdots & & \vdots \\ a_{n1} & a_{n2} & \cdots & a_{nn} \end{vmatrix}$ 用递归方式定义如下：

（1）$D_1 = |a_{11}| = a_{11}$；

（2）设 D_{n-1} 已经定义为 F 上的数，则

$$D_n = \sum_{j=1}^{n} a_{1j}(-1)^{1+j}\begin{vmatrix} a_{21} & a_{22} & \cdots & a_{2,j-1} & a_{2,j+1} & \cdots & a_{2n} \\ a_{31} & a_{32} & \cdots & a_{3,j-1} & a_{3,j+1} & \cdots & a_{3n} \\ \vdots & \vdots & & \vdots & \vdots & & \vdots \\ a_{n1} & a_{n2} & \cdots & a_{n,j-1} & a_{n,j+1} & \cdots & a_{nn} \end{vmatrix},$$

其中 a_{ij} 称为 D_n 的第 i 行第 j 列元素。

数 a_{ij} 称为行列式的元素或元。元素 a_{ij} 的第 1 个下标 i 称为行标，表明该元素位于第 i 行，第 2 个下标 j 称为列标，表明该元素位于第 j 列。

当然，行列式还有其他定义法，如表达式法、公理化法等，表达式法就是用 n 个处于不同行不同列的数之积的代数和（共 $n!$ 项之和，每项符号由排列的逆序数的奇偶性决定）来表示 n 阶行列式；而公理化法是将 n 阶行列式定义为 n 维向量上的 n 重规范反对称线性函数。

例 1.1 $\begin{vmatrix} a_{11} & a_{12} \\ a_{21} & a_{22} \end{vmatrix} = a_{11}(-1)^{1+1}|a_{22}| + a_{12}(-1)^{1+2}|a_{21}| = a_{11}a_{22} - a_{12}a_{21}$，

---

① 数域 F 是指对四则运算封闭的数集，对某运算封闭意指该数集中任意两个元素作该运算的结果仍属于该数集。例如，**N** 和 **Z** 都不是数域，**Q**、**R** 和 **C** 是数域，且它们分别称为有理数域、实数域和复数域。今后我们一般都是在实数域 **R** 上进行讨论。

$$\begin{vmatrix} a_{11} & a_{12} & a_{13} \\ a_{21} & a_{22} & a_{23} \\ a_{31} & a_{32} & a_{33} \end{vmatrix} = a_{11}(-1)^{1+1}\begin{vmatrix} a_{22} & a_{23} \\ a_{32} & a_{33} \end{vmatrix} + a_{12}(-1)^{1+2}\begin{vmatrix} a_{21} & a_{23} \\ a_{31} & a_{33} \end{vmatrix} + a_{13}(-1)^{1+3}\begin{vmatrix} a_{21} & a_{22} \\ a_{31} & a_{32} \end{vmatrix}$$

$$= a_{11}(a_{22}a_{33} - a_{23}a_{32}) - a_{12}(a_{21}a_{33} - a_{31}a_{23}) + a_{13}(a_{21}a_{32} - a_{31}a_{22})$$
$$= a_{11}a_{22}a_{33} + a_{12}a_{23}a_{31} + a_{13}a_{21}a_{32} - a_{11}a_{23}a_{32} - a_{12}a_{21}a_{33} - a_{13}a_{22}a_{31}。$$

例 1.2 计算四阶行列式

$$D_4 = \begin{vmatrix} -3 & 0 & 0 & 4 \\ 1 & 2 & 1 & 0 \\ 0 & -1 & 0 & 1 \\ 2 & 1 & 3 & 2 \end{vmatrix}。$$

解：由定义知

$$D_4 = (-3)(-1)^{1+1}\begin{vmatrix} 2 & 1 & 0 \\ -1 & 0 & 1 \\ 1 & 3 & 2 \end{vmatrix} + 4(-1)^{1+4}\begin{vmatrix} 1 & 2 & 1 \\ 0 & -1 & 0 \\ 2 & 1 & 3 \end{vmatrix}$$

$$= (-3)\left[2(-1)^{1+1}\begin{vmatrix} 0 & 1 \\ 3 & 2 \end{vmatrix} + 1(-1)^{1+2}\begin{vmatrix} -1 & 1 \\ 1 & 2 \end{vmatrix}\right]$$

$$+(-4)\left[1(-1)^{1+1}\begin{vmatrix} -1 & 0 \\ 1 & 3 \end{vmatrix} + 2(-1)^{1+2}\begin{vmatrix} 0 & 0 \\ 2 & 3 \end{vmatrix} + 1(-1)^{1+3}\begin{vmatrix} 0 & -1 \\ 2 & 1 \end{vmatrix}\right]$$

$$= (-3)[2(0-3) - (-2-1)] + (-4)[(-3-0) - 2(0-0) + (0-(-2))]$$
$$= (-3)[-6+3] - 4[-3+2] = 13。$$

由例 1.2 可看出，第 1 行元素中零越多计算就越简便。

命题 1.1 （1）下三角形行列式 $\begin{vmatrix} a_{11} & & & \\ a_{21} & a_{22} & & \\ \vdots & \vdots & \ddots & \\ a_{n1} & a_{n2} & \cdots & a_{nn} \end{vmatrix} = a_{11}a_{22}\cdots a_{nn}$；

（2）对角行列式 $\begin{vmatrix} \lambda_1 & & & \\ & \lambda_2 & & \\ & & \ddots & \\ & & & \lambda_n \end{vmatrix} = \lambda_1\lambda_2\cdots\lambda_n$；

（3）$\begin{vmatrix} & & & \lambda_1 \\ & & \lambda_2 & \\ & \iddots & & \\ \lambda_n & & & \end{vmatrix} = (-1)^{\frac{n(n+3)}{2}}\lambda_1\lambda_2\cdots\lambda_n$，

其中未写出的元素都是 0。

请读者自行证明命题 1.1。

定义 1.2 在 n 阶行列式 D_n 中，划去元素 a_{ij} 所在的行与列后，其余元素按照原来的相对位

置构成的 $n-1$ 阶行列式，称为元素 a_{ij} 的余子式，记作 M_{ij}，称 $A_{ij}=(-1)^{i+j}M_{ij}$ 为元素 a_{ij} 的代数余子式。

按定义 1.2，n 阶行列式 D_n 也可写为 $D_n=\sum_{j=1}^{n}a_{1j}A_{1j}$，即 n 阶行列式等于第 1 行各元素与其对应的代数余子式之积的和，通常称此为按第 1 行展开行列式。

根据定义，元素 a_{ij} 的余子式 M_{ij} 仅依赖于划去该元素所在的行及列后余下的元素和它们原来的相对位置，而与其所在的行、列无关，也与该元素所处位置无关，但元素 a_{ij} 的代数余子式 A_{ij} 就与其位置有关。

例 1.3 设 $D=\begin{vmatrix}1 & x & 2\\ 2 & 1 & k\\ h & -1 & -2\end{vmatrix}(k\neq h)$，问 x 取何值时，D 中元素 k 和 h 的代数余子式相同。

解：元素 k 的代数余子式为 $A_{23}=(-1)^{2+3}\begin{vmatrix}1 & x\\ h & -1\end{vmatrix}=1+hx$；元素 h 的代数余子式为 $A_{31}=(-1)^{3+1}\begin{vmatrix}x & 2\\ 1 & k\end{vmatrix}=kx-2$，由题设有 $1+hx=kx-2$，即得 $x=\dfrac{3}{k-h}$。

1.2 行列式的性质

用定义计算非特殊的高阶行列式很麻烦，也不现实，因此我们必须研究其性质从而简化运算。

定义 1.3 称 $D_n^{\mathrm{T}}=\begin{vmatrix}a_{11} & a_{21} & \cdots & a_{n1}\\ a_{12} & a_{22} & \cdots & a_{n2}\\ \vdots & \vdots & & \vdots\\ a_{1n} & a_{2n} & \cdots & a_{nn}\end{vmatrix}$ 为 D_n 的转置行列式，即将 D_n 依其主对角线（从 a_{11} 到 a_{nn} 的连线）翻转即得 D_n^{T}。

性质 1.1 行列式与其转置行列式相等，即 $D_n^{\mathrm{T}}=D_n$。

证*[①]：对行列式 D_n 的阶数 n 用归纳法。容易证明当 $n=1,2$ 时性质 1.1 为真。设 $n=1,2,\cdots,k-1$ 时性质 1.1 为真，下面证明 $n=k$ 时性质 1.1 也为真。为此令

$$D_{1i,1j}=\begin{vmatrix}a_{22} & \cdots & a_{2,j-1} & a_{2,j+1} & \cdots & a_{2k}\\ \vdots & & \vdots & \vdots & & \vdots\\ a_{i-1,2} & \cdots & a_{i-1,j-1} & a_{i-1,j+1} & \cdots & a_{i-1,k}\\ a_{i+1,2} & \cdots & a_{i+1,j-1} & a_{i+1,j+1} & \cdots & a_{i+1,k}\\ \vdots & & \vdots & \vdots & & \vdots\\ a_{k2} & \cdots & a_{k,j-1} & a_{k,j+1} & \cdots & a_{kk}\end{vmatrix},$$

它是由 D_k 去掉第 1 行和第 i 行、第 1 列和第 j 列后余下元素按照原来的相对位置构成的 $k-2$ 阶行列式。

① 带“*”内容为选学内容，下同。

由归纳假设有

$$D_k=\begin{vmatrix}a_{11}&a_{12}&\cdots&a_{1k}\\a_{21}&a_{22}&\cdots&a_{2k}\\\vdots&\vdots&&\vdots\\a_{k1}&a_{k2}&\cdots&a_{kk}\end{vmatrix}$$

$$=a_{11}(-1)^{1+1}M_{11}+\sum_{j=2}^{k}a_{1j}(-1)^{1+j}\begin{vmatrix}a_{21}&\cdots&a_{2,j-1}&a_{2,j+1}&\cdots&a_{2k}\\\vdots&&\vdots&\vdots&&\vdots\\a_{k1}&\cdots&a_{k,j-1}&a_{k,j+1}&\cdots&a_{kk}\end{vmatrix}$$

$$=a_{11}M_{11}+\sum_{j=2}^{k}a_{1j}(-1)^{1+j}\begin{vmatrix}a_{21}&\cdots&a_{k1}\\\vdots&&\vdots\\a_{2,j-1}&\cdots&a_{k,j-1}\\a_{2,j+1}&\cdots&a_{k,j+1}\\\vdots&&\vdots\\a_{2k}&\cdots&a_{kk}\end{vmatrix}$$

$$=a_{11}M_{11}+\sum_{j=2}^{k}a_{1j}(-1)^{1+j}\sum_{i=2}^{k}a_{i1}(-1)^{1+(i-1)}\begin{vmatrix}a_{22}&\cdots&a_{i-1,2}&a_{i+1,2}&\cdots&a_{k2}\\\vdots&&\vdots&\vdots&&\vdots\\a_{2,j-1}&\cdots&a_{i-1,j-1}&a_{i+1,j-1}&\cdots&a_{k,j-1}\\a_{2,j+1}&\cdots&a_{i-1,j+1}&a_{i+1,j+1}&\cdots&a_{k,j+1}\\\vdots&&\vdots&\vdots&&\vdots\\a_{2k}&\cdots&a_{i-1,k}&a_{i+1,k}&\cdots&a_{kk}\end{vmatrix}$$

$$=a_{11}M_{11}+\sum_{j=2}^{k}a_{1j}(-1)^{1+j}\sum_{i=2}^{k}a_{i1}(-1)^{1+(i-1)}D_{1i,1j}^{\mathrm{T}},$$

另一方面，又由归纳假设有

$$D_k^{\mathrm{T}}=\begin{vmatrix}a_{11}&a_{21}&\cdots&a_{k1}\\a_{12}&a_{22}&\cdots&a_{k2}\\\vdots&\vdots&&\vdots\\a_{1k}&a_{2k}&\cdots&a_{kk}\end{vmatrix}$$

$$=a_{11}(-1)^{1+1}M_{11}^{\mathrm{T}}+\sum_{i=2}^{k}a_{i1}(-1)^{1+i}\begin{vmatrix}a_{12}&\cdots&a_{i-1,2}&a_{i+1,2}&\cdots&a_{k2}\\\vdots&&\vdots&\vdots&&\vdots\\a_{1k}&\cdots&a_{i-1,k}&a_{i+1,k}&\cdots&a_{kk}\end{vmatrix}$$

$$=a_{11}M_{11}^{\mathrm{T}}+\sum_{i=2}^{k}a_{i1}(-1)^{1+i}\begin{vmatrix}a_{12}&\cdots&a_{1k}\\\vdots&&\vdots\\a_{i-1,2}&\cdots&a_{i-1,k}\\a_{i+1,2}&\cdots&a_{i+1,k}\\\vdots&&\vdots\\a_{k2}&\cdots&a_{kk}\end{vmatrix}$$

$$
=a_{11}M_{11}^{\mathrm{T}}+\sum_{i=2}^{k}a_{i1}(-1)^{1+i}\sum_{j=2}^{k}a_{1j}(-1)^{1+(j-1)}\begin{vmatrix} a_{22} & \cdots & a_{2,j-1} & a_{2,j+1} & \cdots & a_{2k} \\ \vdots & & \vdots & \vdots & & \vdots \\ a_{i-1,2} & \cdots & a_{i-1,j-1} & a_{i-1,j+1} & \cdots & a_{i-1,k} \\ a_{i+1,2} & \cdots & a_{i+1,j-1} & a_{i+1,j+1} & \cdots & a_{i+1,k} \\ \vdots & & \vdots & \vdots & & \vdots \\ a_{k2} & \cdots & a_{k,j-1} & a_{k,j+1} & \cdots & a_{kk} \end{vmatrix}
$$

$$
=a_{11}M_{11}^{\mathrm{T}}+\sum_{i=2}^{k}a_{i1}(-1)^{1+i}\sum_{j=2}^{k}a_{1j}(-1)^{1+(j-1)}D_{1i,1j}\text{，}
$$

比较上述 D_k 和 D_k^{T} 的展开式，并注意 $M_{11}=M_{11}^{\mathrm{T}}$，$D_{1i,1j}=D_{1i,1j}^{\mathrm{T}}$，则 $D_k=D_k^{\mathrm{T}}$，即 $n=k$ 时性质 1.1 为真。

性质 1.1 说明，在一个行列式中，行与列具有同等地位，凡是对于行成立的性质对于列也同样成立，反之亦然。

性质 1.2 一次对换行列式的两行（列），行列式的值变号，即当 $n\geqslant 2$ 时，

$$
\begin{vmatrix} \cdots & \cdots & \cdots \\ a_{i1} & \cdots & a_{in} \\ \cdots & \cdots & \cdots \\ a_{j1} & \cdots & a_{jn} \\ \cdots & \cdots & \cdots \end{vmatrix}=-\begin{vmatrix} \cdots & \cdots & \cdots \\ a_{j1} & \cdots & a_{jn} \\ \cdots & \cdots & \cdots \\ a_{i1} & \cdots & a_{in} \\ \cdots & \cdots & \cdots \end{vmatrix}\text{。}
$$

证*：对行列式 D_n 的阶数 n 用归纳法。容易证明当 $n=2$ 时性质 1.2 为真，设当 $n=k-1(k\geqslant 3)$ 时性质 1.2 为真，下面证明 $n=k$ 时性质 1.2 也为真。为此设

$$
D_k=\begin{vmatrix} \cdots & \cdots & \cdots \\ a_{i1} & \cdots & a_{ik} \\ \cdots & \cdots & \cdots \\ a_{j1} & \cdots & a_{jk} \\ \cdots & \cdots & \cdots \end{vmatrix}\begin{matrix} \\ \leftarrow \text{第}i\text{行} \\ \\ \leftarrow \text{第}j\text{行} \\ \\ \end{matrix}\to \tilde{D}_k=\begin{vmatrix} \cdots & \cdots & \cdots \\ a_{j1} & \cdots & a_{jk} \\ \cdots & \cdots & \cdots \\ a_{i1} & \cdots & a_{ik} \\ \cdots & \cdots & \cdots \end{vmatrix}\begin{matrix} \\ \leftarrow \text{第}i\text{行} \\ \\ \leftarrow \text{第}j\text{行} \\ \\ \end{matrix}\text{，}
$$

将 D_k 和 $\tilde{D}_k$ 都按第 1 列展开，则

$$
D_k=\sum_{r=1}^{i-1}a_{r1}(-1)^{r+1}M_{r1}+a_{i1}(-1)^{i+1}M_{i1}+\sum_{s=i+1}^{j-1}a_{s1}(-1)^{s+1}M_{s1}
$$

$$
+a_{j1}(-1)^{j+1}M_{j1}+\sum_{t=j+1}^{k}a_{t1}(-1)^{t+1}M_{t1}\text{，}
$$

$$
\tilde{D}_k=\sum_{r=1}^{i-1}a_{r1}(-1)^{r+1}\tilde{M}_{r1}+a_{j1}(-1)^{i+1}\tilde{M}_{i1}+\sum_{s=i+1}^{j-1}a_{s1}(-1)^{s+1}\tilde{M}_{s1}
$$

$$
+a_{i1}(-1)^{j+1}\tilde{M}_{j1}+\sum_{t=j+1}^{k}a_{t1}(-1)^{t+1}\tilde{M}_{t1}\text{，}
$$

一方面，由 $1\leqslant r\leqslant i-1$ 可知 M_{r1} 的第 $i-1$ 行和第 $j-1$ 行分别与 $\tilde{M}_{r1}$ 的第 $j-1$ 行和第 $i-1$ 行相同，且其余各行完全相同，故将 M_{r1} 的第 $i-1$ 行与第 $j-1$ 行对换得到 $\tilde{M}_{r1}$，由归纳假设有 $M_{r1}=-\tilde{M}_{r1}$，同样可知 $M_{s1}=-\tilde{M}_{s1}$，$M_{t1}=-\tilde{M}_{t1}$。

另一方面，由

$$M_{i1}=\begin{vmatrix} \cdots & \cdots & \cdots \\ a_{i-1,2} & \cdots & a_{i-1,k} \\ a_{i+1,2} & \cdots & a_{i+1,k} \\ \vdots & & \vdots \\ a_{j-1,2} & \cdots & a_{j-1,k} \\ a_{j,2} & \cdots & a_{j,k} \\ a_{j+1,2} & \cdots & a_{j+1,k} \\ \cdots & \cdots & \cdots \end{vmatrix}\begin{matrix} \\ \\ \leftarrow \text{第}i\text{行} \\ \\ \\ \leftarrow \text{第}j-1\text{行} \\ \\ \\ \end{matrix}, \quad \tilde{M}_{j1}=\begin{vmatrix} \cdots & \cdots & \cdots \\ a_{i-1,2} & \cdots & a_{i-1,k} \\ a_{j,2} & \cdots & a_{j,k} \\ a_{i+1,2} & \cdots & a_{i+1,k} \\ \vdots & & \vdots \\ a_{j-1,2} & \cdots & a_{j-1,k} \\ a_{j+1,2} & \cdots & a_{j+1,k} \\ \cdots & \cdots & \cdots \end{vmatrix}\begin{matrix} \\ \\ \leftarrow \text{第}i\text{行} \\ \\ \\ \leftarrow \text{第}j-1\text{行} \\ \\ \\ \end{matrix}$$

可知，通过相邻两行对换将 M_{i1} 的第 $j-1$ 行换到第 i 行（共 $j-1-i$ 次）得到 $\tilde{M}_{j1}$，再由归纳假设，有 $M_{i1}=(-1)^{j-1-i}\tilde{M}_{j1}$，于是

$$a_{i1}(-1)^{i+1}M_{i1}=a_{i1}(-1)^{i+1}[(-1)^{j-1-i}\tilde{M}_{j1}]=-a_{i1}(-1)^{j+1}\tilde{M}_{j1},$$

同样可知
$$a_{j1}(-1)^{j+1}M_{j1}=-a_{j1}(-1)^{i+1}\tilde{M}_{i1}。$$

比较 D_k 和 $\tilde{D}_k$ 展开式的右边，并利用上述关系式，则有 $D_k=-\tilde{D}_k$，即 $n=k$ 时性质 1.2 也为真。

以 $r_i(c_i)$ 表示行列式的第 i 行（列），对换第 i 行（列）和第 j 行（列）记作 $r_i \leftrightarrow r_j(c_i \leftrightarrow c_j)$。

推论 如果行列式有两行（列）元素对应相同，则此行列式等于零。

证：因为对换此两行（列）后，D_n 的形式不变，所以 $D_n=-D_n \Rightarrow D_n=0$。

性质 1.3 行列式的值等于任一行（列）各元素与其对应的代数余子式之积的和，即 $D_n=\sum_{k=1}^{n}a_{ik}A_{ik}$。

证*：对换相邻两行，将 D_n 的第 i 行换到第1行（共 $i-1$ 次）得 D_n^*，因为元素 a_{ik} 在 D_n^* 中的余子式 M_{1k}^* 等于它在 D_n 中的余子式 M_{ik}，故有

$$D_n=(-1)^{i-1}D_n^*=(-1)^{i-1}\sum_{k=1}^{n}a_{ik}(-1)^{1+k}M_{ik}=\sum_{k=1}^{n}a_{ik}(-1)^{i+k}M_{ik}=\sum_{k=1}^{n}a_{ik}A_{ik}。$$

性质 1.3 表明行列式可按任一行（列）展开。

例 1.4 计算 $D=\begin{vmatrix} 16 & 0 & 0 & 7 \\ 2 & 0 & 2 & -1 \\ 3 & 1 & -1 & 2 \\ 1 & 0 & 0 & -3 \end{vmatrix}$。

解：由性质 1.3，按第 2 列展开，则

$$D=1\times(-1)^{3+2}\begin{vmatrix} 16 & 0 & 7 \\ 2 & 2 & -1 \\ 1 & 0 & -3 \end{vmatrix}=(-1)\times 2\times(-1)^{2+2}\begin{vmatrix} 16 & 7 \\ 1 & -3 \end{vmatrix}=110。$$

由此可见，哪一行（列）元素中零元素多，就按哪一行（列）进行展开。

性质 1.4 行列式任一行（列）各元素与其另一行（列）对应位置的元素的代数余子式之积的和等于零，即 $\sum_{k=1}^{n}a_{ik}A_{jk}=0$（$i \neq j$）。

证*：做一辅助 n 阶行列式 $B_n=\begin{vmatrix}\cdots & \cdots & \cdots \\ a_{i1} & \cdots & a_{in} \\ \cdots & \cdots & \cdots \\ a_{i1} & \cdots & a_{in} \\ \cdots & \cdots & \cdots\end{vmatrix}\begin{matrix} \\ \to 第i行 \\ \\ \to 第j行 \\ \\ \end{matrix}$，即把 D_n 中的第 j 行元素换成第 i 行元素，其他各行不变。由性质 1.2 的推论可知 $B_n=0$，另一方面，由性质 1.3 按第 j 行展开 B_n，注意到 B_n 中第 j 行元素 a_{ik} 的代数余子式就是 D_n 中的第 j 行元素 a_{jk} 的代数余子式 A_{jk}，故 $B_n=\sum\limits_{k=1}^{n}a_{ik}A_{jk}=0$。

性质 1.5 将行列式的某一行（列）各元素的 λ 倍加到另一行（列）对应位置的元素上，行列式不变，即

$$\begin{vmatrix}\cdots & \cdots & \cdots \\ a_{i1} & \cdots & a_{in} \\ \cdots & \cdots & \cdots \\ a_{j1} & \cdots & a_{jn} \\ \cdots & \cdots & \cdots\end{vmatrix}\overset{r_i\times\lambda+r_j}{=}\begin{vmatrix}\cdots & \cdots & \cdots \\ a_{i1} & \cdots & a_{in} \\ \cdots & \cdots & \cdots \\ a_{j1}+\lambda a_{i1} & \cdots & a_{jn}+\lambda a_{in} \\ \cdots & \cdots & \cdots\end{vmatrix}。$$

证*：做一个辅助 n 阶行列式 $C_n=\begin{vmatrix}\cdots & \cdots & \cdots \\ a_{i1} & \cdots & a_{in} \\ \cdots & \cdots & \cdots \\ a_{j1}+\lambda a_{i1} & \cdots & a_{jn}+\lambda a_{in} \\ \cdots & \cdots & \cdots\end{vmatrix}\begin{matrix} \\ \to 第i行 \\ \\ \to 第j行 \\ \\ \end{matrix}$，将 C_n 按第 j 行展开，注意到 C_n 中第 j 行元素 $a_{jk}+\lambda a_{ik}$ 的代数余子式就是 D_n 中的第 j 行元素 a_{jk} 的代数余子式 A_{jk}，于是

$$C_n=\sum_{k=1}^{n}(a_{jk}+\lambda a_{ik})A_{jk}=\sum_{k=1}^{n}a_{jk}A_{jk}+\sum_{k=1}^{n}\lambda a_{ik}A_{jk}=D_n+\lambda\times 0=D_n。$$

性质 1.5 又称为行列式的保值变换，可以利用它将行列式的某一行（列）化出尽可能多的零元素来，从而达到简化行列式运算的目的。我们通常利用保值变换（$r_i\times\lambda+r_j$ 或 $c_i\times\lambda+c_j$）把行列式化为上（下）三角形行列式，从而求得行列式的值，以下例说明。

例 1.5 计算 $D_4=\begin{vmatrix}2 & 3 & 0 & 4 \\ 0 & 1 & -5 & 4 \\ 1 & -4 & 2 & 1 \\ -1 & 4 & 5 & -7\end{vmatrix}$。

解：$D_4\overset{r_1\leftrightarrow r_3}{=}-\begin{vmatrix}1 & -4 & 2 & 1 \\ 0 & 1 & -5 & 4 \\ 2 & 3 & 0 & 4 \\ -1 & 4 & 5 & -7\end{vmatrix}\overset{\substack{r_1\times(-2)+r_3 \\ r_1\times 1+r_4}}{=}-\begin{vmatrix}1 & -4 & 2 & 1 \\ 0 & 1 & -5 & 4 \\ 0 & 11 & -4 & 2 \\ 0 & 0 & 7 & -6\end{vmatrix}$

$$\overset{r_2\times(-11)+r_3}{=}-\begin{vmatrix}1 & -4 & 2 & 1 \\ 0 & 1 & -5 & 4 \\ 0 & 0 & 51 & -42 \\ 0 & 0 & 7 & -6\end{vmatrix}=-1\times 1\times\begin{vmatrix}51 & -42 \\ 7 & -6\end{vmatrix}=-[51\times(-6)-7\times(-42)]=12。$$

上述解法中，先进行对换 $r_1 \leftrightarrow r_3$，其目的是把 a_{11} 变成1，从而利用保值变换 $r_1\times(-a_{i1})+r_i$ 即可把 $a_{i1}(i=2,3,4)$ 变为0。如果不先作对换 $r_1 \leftrightarrow r_3$，则由于原式中 $a_{11}=2$，那么就需要用保值变换 $r_1\times(-\frac{a_{i1}}{2})+r_i$ 把 $a_{i1}(i=2,3,4)$ 变为0，这样一来，过早出现分数就使得后面的计算比较麻烦。当然也可以采取另外的保值变换（或对换）方式让 a_{11} 变成1或 -1。在解题的第二步中把 $r_1\times(-2)+r_3$ 和 $r_1\times 1+r_4$ 写在一起，这是两次保值变换，只是把第一次保值变换的结果省略了。以后会用到把几个保值变换（或对换）写在一起的省略写法，但要注意各个保值变换（或对换）的次序一般不能颠倒，这是由于后一次保值变换（或对换）是作用在前一次保值变换（或对换）结果上的。

应用性质1.5的要点是"化零"，注意用性质1.5将行列式化为上（下）三角形行列式的步骤。在工程技术上，常用此法在计算机上计算大型行列式的值。

性质 1.6 某一行（列）元素都是两项之和的行列式可表示为两个行列式之和，即

$$\begin{vmatrix} a_{11} & \cdots & a_{1n} \\ \cdots & \cdots & \cdots \\ a_{i1}+b_{i1} & \cdots & a_{in}+b_{in} \\ \cdots & \cdots & \cdots \\ a_{n1} & \cdots & a_{nn} \end{vmatrix} = \begin{vmatrix} a_{11} & \cdots & a_{1n} \\ \cdots & \cdots & \cdots \\ a_{i1} & \cdots & a_{in} \\ \cdots & \cdots & \cdots \\ a_{n1} & \cdots & a_{nn} \end{vmatrix} + \begin{vmatrix} a_{11} & \cdots & a_{1n} \\ \cdots & \cdots & \cdots \\ b_{i1} & \cdots & b_{in} \\ \cdots & \cdots & \cdots \\ a_{n1} & \cdots & a_{nn} \end{vmatrix}。$$

证*：命

$$B_n = \begin{vmatrix} \cdots & \cdots & \cdots \\ a_{i1}+b_{i1} & \cdots & a_{in}+b_{in} \\ \cdots & \cdots & \cdots \end{vmatrix} \to \text{第}i\text{行}，\quad E_n = \begin{vmatrix} \cdots & \cdots & \cdots \\ b_{i1} & \cdots & b_{in} \\ \cdots & \cdots & \cdots \end{vmatrix} \to \text{第}i\text{行}，$$

将 B_n,E_n 按第 i 行展开，注意 B_n 中第 i 行元素 $a_{ik}+b_{ik}$ 的代数余子式和 E_n 中第 i 行元素 b_{ik} 的代数余子式都等于 D_n 中的第 i 行元素 a_{ik} 的代数余子式 A_{ik}，于是 $B_n=\sum\limits_{k=1}^{n}(a_{ik}+b_{ik})A_{ik}=\sum\limits_{k=1}^{n}a_{ik}A_{ik}+\sum\limits_{k=1}^{n}b_{ik}A_{ik}=D_n+E_n$。

性质 1.7 行列式中某一行（列）元素的公因子可提到行列式符号的外面，即

$$\begin{vmatrix} a_{11} & \cdots & a_{1n} \\ \cdots & \cdots & \cdots \\ ka_{i1} & \cdots & ka_{in} \\ \cdots & \cdots & \cdots \\ a_{n1} & \cdots & a_{nn} \end{vmatrix} = k\begin{vmatrix} a_{11} & \cdots & a_{1n} \\ \cdots & \cdots & \cdots \\ a_{i1} & \cdots & a_{in} \\ \cdots & \cdots & \cdots \\ a_{n1} & \cdots & a_{nn} \end{vmatrix}。$$

推论 1 D_n 中某行（列）元素全为0 $\Rightarrow D_n=0$。

推论 2 D_n 中某两行（列）元素对应成比例 $\Rightarrow D_n=0$。

性质1.7及其两个推论请读者自行证明。

例 1.6 计算 $D_n=\begin{vmatrix} x & a & \cdots & a \\ a & x & \cdots & a \\ \vdots & \vdots & & \vdots \\ a & a & \cdots & x \end{vmatrix}$。

解：方法一：$D_n \overset{\substack{r_2\times 1+r_1\\ \vdots\\ r_n\times 1+r_1}}{=} \begin{vmatrix} x+(n-1)a & x+(n-1)a & \cdots & x+(n-1)a \\ a & x & \cdots & a \\ \vdots & \vdots & & \vdots \\ a & a & \cdots & x \end{vmatrix}$

$$=[x+(n-1)a]\begin{vmatrix} 1 & 1 & \cdots & 1 \\ a & x & \cdots & a \\ \vdots & \vdots & & \vdots \\ a & a & \cdots & x \end{vmatrix}$$

$$\overset{\substack{r_1\times(-a)+r_2\\ \vdots\\ r_1\times(-a)+r_n}}{=} [x+(n-1)a]\begin{vmatrix} 1 & 1 & \cdots & 1 \\ 0 & x-a & \cdots & 0 \\ \vdots & \vdots & & \vdots \\ 0 & 0 & \cdots & x-a \end{vmatrix}$$

$$=[x+(n-1)a](x-a)^{n-1}\text{。}$$

方法二：$D_n \overset{\substack{r_1\times(-1)+r_2\\ \vdots\\ r_1\times(-1)+r_n}}{=} \begin{vmatrix} x & a & \cdots & a \\ a-x & x-a & \cdots & 0 \\ \vdots & \vdots & & \vdots \\ a-x & 0 & \cdots & x-a \end{vmatrix}$

$$\underset{\substack{c_n\times 1+c_1\\ \vdots\\ c_2\times 1+c_1}}{=} \begin{vmatrix} x+(n-1)a & a & \cdots & a \\ 0 & x-a & \cdots & 0 \\ \vdots & \vdots & & \vdots \\ 0 & 0 & \cdots & x-a \end{vmatrix} = [x+(n-1)a](x-a)^{n-1}\text{。}$$

例 1.7 计算 $D_n = \begin{vmatrix} 1 & 2 & 3 & \cdots & n-1 & n \\ 2 & 1 & 0 & \cdots & 0 & 0 \\ 3 & 0 & 1 & \cdots & 0 & 0 \\ \vdots & \vdots & \vdots & & \vdots & \vdots \\ n-1 & 0 & 0 & \cdots & 1 & 0 \\ n & 0 & 0 & \cdots & 0 & 1 \end{vmatrix}$。

解：方法一：$D_n \underset{\substack{c_2\times(-2)+c_1\\ c_3\times(-3)+c_1\\ \vdots\\ c_n\times(-n)+c_1}}{=} \begin{vmatrix} 1-(2^2+\cdots+n^2) & 2 & 3 & \cdots & n-1 & n \\ 0 & 1 & 0 & \cdots & 0 & 0 \\ 0 & 0 & 1 & \cdots & 0 & 0 \\ \vdots & \vdots & \vdots & & \vdots & \vdots \\ 0 & 0 & 0 & \cdots & 1 & 0 \\ 0 & 0 & 0 & \cdots & 0 & 1 \end{vmatrix} = 1-(2^2+\cdots+n^2)$。

方法二：按最后一行展开得

$$D_n = \begin{vmatrix} 1 & 2 & 3 & \cdots & n-1 & n \\ 2 & 1 & 0 & \cdots & 0 & 0 \\ 3 & 0 & 1 & \cdots & 0 & 0 \\ \vdots & \vdots & \vdots & & \vdots & \vdots \\ n-1 & 0 & 0 & \cdots & 1 & 0 \\ n & 0 & 0 & \cdots & 0 & 1 \end{vmatrix}$$

$$= n\times(-1)^{n+1}\times\begin{vmatrix}2 & 3 & \cdots & n-1 & n\\ 1 & 0 & \cdots & 0 & 0\\ 0 & 1 & \cdots & 0 & 0\\ \vdots & \vdots & & \vdots & \vdots\\ 0 & 0 & \cdots & 1 & 0\end{vmatrix}+1\times(-1)^{n+n}\times\begin{vmatrix}1 & 2 & 3 & \cdots & n-1\\ 2 & 1 & 0 & \cdots & 0\\ 3 & 0 & 1 & \cdots & 0\\ \vdots & \vdots & \vdots & & \vdots\\ n-1 & 0 & 0 & \cdots & 1\end{vmatrix}$$

$$= n\times(-1)^{n+1}\times n\times(-1)^{1+(n-1)}\times\begin{vmatrix}1 & 0 & \cdots & 0\\ 0 & 1 & \cdots & 0\\ \vdots & \vdots & & \vdots\\ 0 & 0 & \cdots & 1\end{vmatrix}+D_{n-1}=D_{n-1}-n^2,$$

于是 $D_n=D_{n-1}-n^2=D_{n-2}-(n-1)^2-n^2=\cdots$

$$=D_1-2^2-\cdots-(n-1)^2-n^2=1-2^2-\cdots-(n-1)^2-n^2。$$

性质 1.8 $D=\begin{vmatrix}a_{11} & \cdots & a_{1m} & 0 & \cdots & 0\\ \vdots & & \vdots & \vdots & & \vdots\\ a_{m1} & \cdots & a_{mm} & 0 & \cdots & 0\\ * & \cdots & * & b_{11} & \cdots & b_{1n}\\ \vdots & & \vdots & \vdots & & \vdots\\ * & \cdots & * & b_{n1} & \cdots & b_{nn}\end{vmatrix}$

$=\begin{vmatrix}a_{11} & \cdots & a_{1m}\\ \vdots & & \vdots\\ a_{m1} & \cdots & a_{mm}\end{vmatrix}\begin{vmatrix}b_{11} & \cdots & b_{1n}\\ \vdots & & \vdots\\ b_{n1} & \cdots & b_{nn}\end{vmatrix}$，其中“*”处为任意数。

证*：记 $D_1=\begin{vmatrix}a_{11} & \cdots & a_{1m}\\ \vdots & & \vdots\\ a_{m1} & \cdots & a_{mm}\end{vmatrix}\overset{\text{行保值}}{=}\begin{vmatrix}p_1 & & \boldsymbol{O}\\ \vdots & \ddots & \\ * & \cdots & p_m\end{vmatrix}=p_1\cdots p_m$，

$D_2=\begin{vmatrix}b_{11} & \cdots & b_{1n}\\ \vdots & & \vdots\\ b_{n1} & \cdots & b_{nn}\end{vmatrix}\underset{\text{列保值}}{=}\begin{vmatrix}q_1 & & \boldsymbol{O}\\ \vdots & \ddots & \\ * & \cdots & q_n\end{vmatrix}=q_1\cdots q_n$，

$$D\overset{\text{前}m\text{行“行保值”}}{\underset{\text{后}n\text{列“列保值”}}{=}}\begin{vmatrix}p_1 & & \boldsymbol{O} & 0 & \cdots & 0\\ \vdots & \ddots & & \vdots & & \vdots\\ * & \cdots & p_m & 0 & \cdots & 0\\ * & \cdots & * & q_1 & & \boldsymbol{O}\\ \vdots & & \vdots & \vdots & \ddots & \\ * & \cdots & * & * & \cdots & q_n\end{vmatrix}=(p_1\cdots p_m)(q_1\cdots q_n)=D_1D_2。$$

例 1.8 计算 $D_{2n}=\begin{vmatrix}a & & & & & & b\\ & a & & & & b & \\ & & \ddots & & \iddots & & \\ & & & a\ \ b & & & \\ & & & c\ \ d & & & \\ & & \iddots & & \ddots & & \\ & c & & & & d & \\ c & & & & & & d\end{vmatrix}$，其中未写出的元素都是0。

解：方法一：按第 1 行展开，有

$$D_{2n}=a(-1)^{1+1}\begin{vmatrix} D_{2(n-1)} & \begin{matrix}0\\ \vdots\\ 0\end{matrix} \\ \begin{matrix}0 & \cdots & 0\end{matrix} & d \end{vmatrix}+b(-1)^{1+2n}\begin{vmatrix} \begin{matrix}0\\ \vdots\\ 0\end{matrix} & D_{2(n-1)} \\ c & \begin{matrix}0 & \cdots & 0\end{matrix} \end{vmatrix}$$

$$=(-1)^{(2n-1)+(2n-1)}ad\cdot D_{2(n-1)}+(-1)(-1)^{(2n-1)+1}bc\cdot D_{2(n-1)}$$

$$=(ad-bc)D_{2(n-1)}=\cdots=(ad-bc)^{n-1}D_2=(ad-bc)^{n-1}\begin{vmatrix} a & b\\ c & d\end{vmatrix}=(ad-bc)^n\text{。}$$

方法二：$D_{2n}=\begin{vmatrix} a & & & & & & & b\\ & a & & & & & b & \\ & & \ddots & & & \iddots & & \\ & & & a & b & & & \\ & & & c & d & & & \\ & & \iddots & & & \ddots & & \\ & c & & & & & d & \\ c & & & & & & & d \end{vmatrix}$

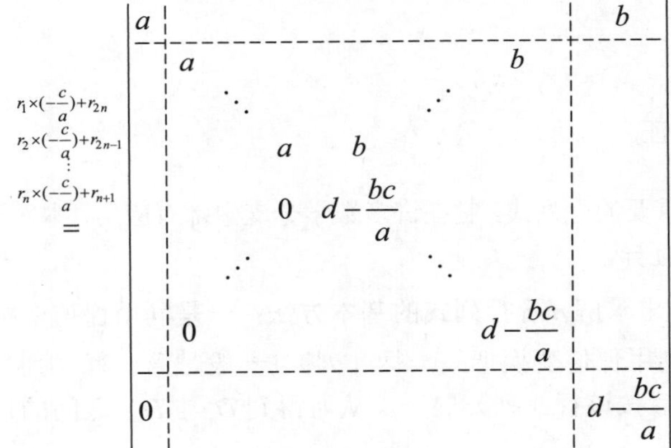

$$=a^n(d-\frac{bc}{a})^n=(ad-bc)^n\text{。}$$

例 1.9 证明范德蒙德行列式

$$D_n=\begin{vmatrix} 1 & 1 & \cdots & 1 & 1\\ x_1 & x_2 & \cdots & x_{n-1} & x_n\\ x_1^2 & x_2^2 & \cdots & x_{n-1}^2 & x_n^2\\ \vdots & \vdots & & \vdots & \vdots\\ x_1^{n-1} & x_2^{n-1} & \cdots & x_{n-1}^{n-1} & x_n^{n-1} \end{vmatrix}=\prod_{1\leqslant j<i\leqslant n}(x_i-x_j)\text{，}$$

其中记号“$\prod$”表示全体同类因子的乘积。

证：$D_n \xlongequal[r_1\times(-x_n)+r_2]{\substack{r_{n-1}\times(-x_n)+r_n\\ r_{n-2}\times(-x_n)+r_{n-1}\\ \vdots}} \left|\begin{array}{cccc:c} 1 & 1 & \cdots & 1 & 1 \\ \hdashline (x_1-x_n) & (x_2-x_n) & \cdots & (x_{n-1}-x_n) & 0 \\ x_1(x_1-x_n) & x_2(x_2-x_n) & \cdots & x_{n-1}(x_{n-1}-x_n) & 0 \\ \vdots & \vdots & & \vdots & \vdots \\ x_1^{n-2}(x_1-x_n) & x_2^{n-2}(x_2-x_n) & \cdots & x_{n-1}^{n-2}(x_{n-1}-x_n) & 0 \end{array}\right|$

$$\xlongequal[\text{按最后一列展开}]{}(-1)^{1+n}\begin{vmatrix} (x_1-x_n) & (x_2-x_n) & \cdots & (x_{n-1}-x_n) \\ x_1(x_1-x_n) & x_2(x_2-x_n) & \cdots & x_{n-1}(x_{n-1}-x_n) \\ \vdots & \vdots & & \vdots \\ x_1^{n-2}(x_1-x_n) & x_2^{n-2}(x_2-x_n) & \cdots & x_{n-1}^{n-2}(x_{n-1}-x_n) \end{vmatrix}$$

$$=(-1)^{1+n}(x_1-x_n)(x_2-x_n)\cdots(x_{n-1}-x_n)\begin{vmatrix} 1 & 1 & \cdots & 1 \\ x_1 & x_2 & \cdots & x_{n-1} \\ \vdots & \vdots & & \vdots \\ x_1^{n-2} & x_2^{n-2} & \cdots & x_{n-1}^{n-2} \end{vmatrix}$$

$$=(-1)^{1+n}(x_1-x_n)(x_2-x_n)\cdots(x_{n-1}-x_n)D_{n-1}$$

$$=(x_n-x_{n-1})(x_n-x_{n-2})\cdots(x_n-x_1)D_{n-1}$$

$$=(x_n-x_{n-1})(x_n-x_{n-2})\cdots(x_n-x_2)(x_n-x_1)\times$$

$$(x_{n-1}-x_{n-2})\cdots(x_{n-1}-x_2)(x_{n-1}-x_1)\times$$

……

$$(x_3-x_2)(x_3-x_1)\times(x_2-x_1),$$

所以 $D_n=\prod\limits_{1\leqslant j<i\leqslant n}(x_i-x_j)$，得证。

范德蒙德行列式是一个重要的行列式，它在许多数学分支中都有应用，本例计算结果也表明 $D_n\neq 0 \Leftrightarrow x_1,x_2,\cdots,x_n$ 两两互异。

从例 1.6～例 1.9 可以看出求解 n 阶行列式的基本方法：一是利用保值变换将其化为上（下）三角形行列式；二是利用保值变换把某一行（列）[一般是第一行（列）或最后一行（列）]化出更多的 0 来，然后按该行（列）展开，从而得到 D_n 与 D_{n-1} 之间的递推关系，再据此算出 D_n。

例 1.10

设

$$D=\begin{vmatrix} 3 & -5 & 2 & 1 \\ 1 & 1 & 0 & -5 \\ -1 & 3 & 1 & 3 \\ 2 & -4 & -1 & -3 \end{vmatrix},$$

D 的元素 a_{ij} 的余子式和代数余子式依次记作 M_{ij} 和 A_{ij}，求

$$A_{11}+A_{12}+A_{13}+A_{14} \text{ 和 } M_{11}+M_{21}+M_{31}+M_{41}。$$

解： $A_{11}+A_{12}+A_{13}+A_{14}=1\times A_{11}+1\times A_{12}+1\times A_{13}+1\times A_{14}$

$$=\begin{vmatrix}1&1&1&1\\1&1&0&-5\\-1&3&1&3\\2&-4&-1&-3\end{vmatrix}=4,$$

$$M_{11}+M_{21}+M_{31}+M_{41}=1\times A_{11}+(-1)\times A_{21}+1\times A_{31}+(-1)\times A_{41}$$

$$=\begin{vmatrix}1&-5&2&1\\-1&1&0&-5\\1&3&1&3\\-1&-4&-1&-3\end{vmatrix}=0。$$

1.3 Cramer 法则

行列式的研究源于对线性方程组的研究，利用行列式对一些较特殊的线性方程组求解就是克拉默在 1750 年提出的 Cramer 法则。

Cramer 法则：对于含有 n 个未知数 $x_1,x_2,\cdots,x_n$ 的 n 个线性方程的线性方程组

$$\begin{cases}a_{11}x_1+a_{12}x_2+\cdots+a_{1n}x_n=b_1\\a_{21}x_1+a_{22}x_2+\cdots+a_{2n}x_n=b_2\\\qquad\cdots\cdots\\a_{n1}x_1+a_{n2}x_2+\cdots+a_{nn}x_n=b_n\end{cases},$$

如果该线性方程组的系数行列式 $D=\begin{vmatrix}a_{11}&a_{12}&\cdots&a_{1n}\\a_{21}&a_{22}&\cdots&a_{2n}\\\vdots&\vdots&&\vdots\\a_{n1}&a_{n2}&\cdots&a_{nn}\end{vmatrix}\neq 0$，那么该线性方程组有唯一解

$x_j=\dfrac{D^{(j)}}{D}\ (j=1,2,\cdots,n)$，其中

$$D^{(j)}=\begin{vmatrix}a_{11}&\cdots&a_{1,j-1}&b_1&a_{1,j+1}&\cdots&a_{1n}\\a_{21}&\cdots&a_{2,j-1}&b_2&a_{2,j+1}&\cdots&a_{2n}\\\vdots&&\vdots&\vdots&\vdots&&\vdots\\a_{n1}&\cdots&a_{n,j-1}&b_n&a_{n,j+1}&\cdots&a_{nn}\end{vmatrix},$$

即 $D^{(j)}(j=1,2,\cdots,n)$ 是把系数行列式 D 中第 j 列元素用方程组右端的常数列代替后所得到的 n 阶行列式。

证*：首先证明存在性，因为第1行与第 $i+1$ 行元素对应相同，于是有

$$\tilde{D}=\begin{vmatrix}b_i&a_{i1}&\cdots&a_{ij}&\cdots&a_{in}\\b_1&a_{11}&\cdots&a_{1j}&\cdots&a_{1n}\\\vdots&\vdots&&\vdots&&\vdots\\b_i&a_{i1}&\cdots&a_{ij}&\cdots&a_{in}\\\vdots&\vdots&&\vdots&&\vdots\\b_n&a_{n1}&\cdots&a_{nj}&\cdots&a_{nn}\end{vmatrix}\begin{matrix}\leftarrow r_1\\ \\ \\ \leftarrow r_{i+1}\\ \\ \\ \end{matrix}=0,$$

而且 $\tilde{D}$ 的第 1 行中元素 a_{ij} 的代数余子式为

$$\tilde{A}_{ij}=(-1)^{1+(j+1)}\begin{vmatrix} b_1 & a_{11} & \cdots & a_{1,j-1} & a_{1,j+1} & \cdots & a_{1n} \\ \vdots & \vdots & & \vdots & \vdots & & \vdots \\ b_n & a_{n1} & \cdots & a_{n,j-1} & a_{n,j+1} & \cdots & a_{nn} \end{vmatrix}$$

$$=(-1)^{j+2}(-1)^{j-1}\begin{vmatrix} a_{11} & \cdots & a_{1,j-1} & b_1 & a_{1,j+1} & \cdots & a_{1n} \\ \vdots & & \vdots & \vdots & \vdots & & \vdots \\ a_{n1} & \cdots & a_{n,j-1} & b_n & a_{n,j+1} & \cdots & a_{nn} \end{vmatrix}=-D^{(j)},$$

那么，将 $\tilde{D}$ 按第 1 行展开可得

$$b_iD+a_{i1}(-D^{(1)})+\cdots+a_{ij}(-D^{(j)})+\cdots+a_{in}(-D^{(n)})=0,$$

因为 $D\neq 0$，所以

$$a_{i1}\frac{D^{(1)}}{D}+\cdots+a_{ij}\frac{D^{(j)}}{D}+\cdots+a_{in}\frac{D^{(n)}}{D}=b_i\quad (i=1,2,\cdots,n),$$

故方程组有解 $$x_j=\frac{D^{(j)}}{D}\ (j=1,2,\cdots,n)。$$

下面证明唯一性，设方程组还有解 $x_1^*,x_2^*,\cdots,x_n^*$，则

$$x_j^*D=\begin{vmatrix} a_{11} & \cdots & a_{1,j-1} & a_{1j}x_j^* & a_{1,j+1} & \cdots & a_{1n} \\ \vdots & & \vdots & \vdots & \vdots & & \vdots \\ a_{n1} & \cdots & a_{n,j-1} & a_{nj}x_j^* & a_{n,j+1} & \cdots & a_{nn} \end{vmatrix}$$

$$=\begin{vmatrix} a_{11} & \cdots & a_{1,j-1} & (a_{11}x_1^*+\cdots+a_{1j}x_j^*+\cdots+a_{1n}x_n^*) & a_{1,j+1} & \cdots & a_{1n} \\ \vdots & & \vdots & \vdots & \vdots & & \vdots \\ a_{n1} & \cdots & a_{n,j-1} & (a_{n1}x_1^*+\cdots+a_{nj}x_j^*+\cdots+a_{nn}x_n^*) & a_{n,j+1} & \cdots & a_{nn} \end{vmatrix}$$

$$=\begin{vmatrix} a_{11} & \cdots & a_{1,j-1} & b_1 & a_{1,j+1} & \cdots & a_{1n} \\ \vdots & & \vdots & \vdots & \vdots & & \vdots \\ a_{n1} & \cdots & a_{n,j-1} & b_n & a_{n,j+1} & \cdots & a_{nn} \end{vmatrix}=D^{(j)},$$

同理可得 $$x_jD=D^{(j)},$$

于是 $$x_j^*D=x_jD\Rightarrow x_j^*=x_j\quad (j=1,2,\cdots,n)。$$

例 1.11 解线性方程组 $\begin{cases} x_1-x_2+x_3+2x_4=0 \\ 2x_1+x_2-x_3+x_4=0 \\ 3x_1+2x_2+x_3+5x_4=5 \\ -x_1-x_2+x_3+x_4=-1 \end{cases}$。

解: 由 $D=\begin{vmatrix} 1 & -1 & 1 & 2 \\ 2 & 1 & -1 & 1 \\ 3 & 2 & 1 & 5 \\ -1 & -1 & 1 & 1 \end{vmatrix}=9$，$D^{(1)}=\begin{vmatrix} 0 & -1 & 1 & 2 \\ 0 & 1 & -1 & 1 \\ 5 & 2 & 1 & 5 \\ -1 & -1 & 1 & 1 \end{vmatrix}=9$，$D^{(2)}=18$，$D^{(3)}=27$，$D^{(4)}=-9$，

解得 $x_1=1$，$x_2=2$，$x_3=3$，$x_4=-1$。

Cramer 法则有以下三大缺点：（1）需计算很多行列式，烦琐；（2）仅限于含有 n 个未知

数 $x_1, x_2, \cdots, x_n$ 的 n 个线性方程的线性方程组的求解；（3）当 $D=0$ 时，法则失效。因此我们更多是利用矩阵方法来求解线性方程组，这一点在后面会讲到。但撇开求解公式，我们有下面重要的定理。

定理 1.1 若非齐次线性方程组 $\begin{cases} a_{11}x_1 + a_{12}x_2 + \cdots + a_{1n}x_n = b_1 \\ a_{21}x_1 + a_{22}x_2 + \cdots + a_{2n}x_n = b_2 \\ \cdots\cdots \\ a_{n1}x_1 + a_{n2}x_2 + \cdots + a_{nn}x_n = b_n \end{cases}$ 的系数行列式 $D \neq 0$，则其有唯一解。反之，若该非齐次线性方程组无解或有多个不同的解，则其系数行列式 $D=0$。

定理 1.2 若齐次线性方程组 $\begin{cases} a_{11}x_1 + a_{12}x_2 + \cdots + a_{1n}x_n = 0 \\ a_{21}x_1 + a_{22}x_2 + \cdots + a_{2n}x_n = 0 \\ \cdots\cdots \\ a_{n1}x_1 + a_{n2}x_2 + \cdots + a_{nn}x_n = 0 \end{cases}$ 的系数行列式 $D \neq 0$，则其只有零解。反之，若该齐次线性方程组有非零解，则其系数行列式 $D=0$。

例 1.12 已知 $\begin{cases} \lambda x_1 + x_2 + x_3 = 0 \\ x_1 + \lambda x_2 + x_3 = 0 \\ x_1 + x_2 + \lambda x_3 = 0 \end{cases}$ 有非零解，求 λ。

解：由定理 1.2 得 $D = \begin{vmatrix} \lambda & 1 & 1 \\ 1 & \lambda & 1 \\ 1 & 1 & \lambda \end{vmatrix} = (\lambda+2)(\lambda-1)^2 = 0$，故 $\lambda = 1$ 或 $\lambda = -2$。

习题 1

1．计算下列行列式。

（1）$\begin{vmatrix} 1 & 0 & -1 & -1 \\ 1 & 1 & 3 & 1 \\ -1 & 0 & -2 & 5 \\ 0 & 5 & 4 & 1 \end{vmatrix}$；（2）$\begin{vmatrix} 0 & 2 & 2 & 2 \\ 2 & 0 & 2 & 2 \\ 2 & 2 & 0 & 2 \\ 2 & 2 & 2 & 0 \end{vmatrix}$；（3）$\begin{vmatrix} 1 & 0 & 2 & a \\ 2 & 0 & b & 0 \\ 3 & c & 4 & 5 \\ d & 0 & 0 & 0 \end{vmatrix}$；

（4）$\begin{vmatrix} -ab & ac & ae \\ bd & -cd & de \\ bf & cf & -ef \end{vmatrix}$；（5）$\begin{vmatrix} a & 0 & 1 & 0 \\ -1 & b & 1 & d \\ 0 & -1 & c & 1 \\ 0 & 0 & -1 & 0 \end{vmatrix}$。

2．计算下列行列式。

（1）$D_{n+1} = \begin{vmatrix} 1 & a_1 & a_2 & \cdots & a_{n-1} & a_n \\ 1 & a_1+b_1 & a_2 & \cdots & a_{n-1} & a_n \\ 1 & a_1 & a_2+b_2 & \cdots & a_{n-1} & a_n \\ \vdots & \vdots & \vdots & & \vdots & \vdots \\ 1 & a_1 & a_2 & \cdots & a_{n-1}+b_{n-1} & a_n \\ 1 & a_1 & a_2 & \cdots & a_{n-1} & a_n+b_n \end{vmatrix}$；

（2）$D_n=\begin{vmatrix} x & -1 & 0 & \cdots & 0 & 0 \\ 0 & x & -1 & \cdots & 0 & 0 \\ 0 & 0 & x & \cdots & 0 & 0 \\ \vdots & \vdots & \vdots & & \vdots & \vdots \\ 0 & 0 & 0 & \cdots & x & -1 \\ a_n & a_{n-1} & a_{n-2} & \cdots & a_2 & x+a_1 \end{vmatrix}$；

（3）$D_n=\begin{vmatrix} a_1+b_1 & a_2 & a_3 & \cdots & a_{n-1} & a_n \\ a_1 & a_2+b_2 & a_3 & \cdots & a_{n-1} & a_n \\ a_1 & a_2 & a_3+b_3 & \cdots & a_{n-1} & a_n \\ \vdots & \vdots & \vdots & & \vdots & \vdots \\ a_1 & a_2 & a_3 & \cdots & a_{n-1}+b_{n-1} & a_n \\ a_1 & a_2 & a_3 & \cdots & a_{n-1} & a_n+b_n \end{vmatrix}$；

（4）$D_{n+1}=\begin{vmatrix} -a_1 & a_1 & 0 & \cdots & 0 & 0 \\ 0 & -a_2 & a_2 & \cdots & 0 & 0 \\ 0 & 0 & -a_3 & \cdots & 0 & 0 \\ \vdots & \vdots & \vdots & & \vdots & \vdots \\ 0 & 0 & 0 & \cdots & -a_n & a_n \\ 1 & 1 & 1 & \cdots & 1 & 1 \end{vmatrix}$；

（5）$D_n=\begin{vmatrix} 0 & 1 & 2 & \cdots & n-2 & n-1 \\ 1 & 0 & 1 & \cdots & n-3 & n-2 \\ 2 & 1 & 0 & \cdots & n-4 & n-3 \\ \vdots & \vdots & \vdots & & \vdots & \vdots \\ n-2 & n-3 & n-4 & \cdots & 0 & 1 \\ n-1 & n-2 & n-3 & \cdots & 1 & 0 \end{vmatrix}$；

（6）$D_n=\begin{vmatrix} a & b & 0 & \cdots & 0 & 0 \\ 0 & a & b & \cdots & 0 & 0 \\ 0 & 0 & a & \cdots & 0 & 0 \\ \vdots & \vdots & \vdots & & \vdots & \vdots \\ 0 & 0 & 0 & \cdots & a & b \\ b & 0 & 0 & \cdots & 0 & a \end{vmatrix}$。

3．设 n 阶行列式 D，把 D 上下翻转或逆时针旋转 90° 或依副对角线（从 a_{1n} 到 a_{n1} 的连线）翻转，依次得

$$D_1=\begin{vmatrix} a_{n1} & \cdots & a_{nn} \\ \vdots & & \vdots \\ a_{11} & \cdots & a_{1n} \end{vmatrix},\quad D_2=\begin{vmatrix} a_{1n} & \cdots & a_{nn} \\ \vdots & & \vdots \\ a_{11} & \cdots & a_{n1} \end{vmatrix},\quad D_3=\begin{vmatrix} a_{nn} & \cdots & a_{1n} \\ \vdots & & \vdots \\ a_{n1} & \cdots & a_{11} \end{vmatrix},$$

证明 $D_1=D_2=(-1)^{\frac{n(n-1)}{2}}D$，$D_3=D$。

4．用 Cramer 法则解线性方程组。

(1) $\begin{cases} 2x_1 - x_2 - x_3 = 4 \\ 3x_1 + 4x_2 - 2x_3 = 11 \\ 3x_1 - 2x_2 + 4x_3 = 11 \end{cases}$；(2) $\begin{cases} x_1 + x_2 + x_3 + x_4 = 5 \\ x_1 + 2x_2 - x_3 + 4x_4 = -2 \\ 2x_1 - 3x_2 - x_3 - 5x_4 = -2 \\ 3x_1 + x_2 + 2x_3 + 11x_4 = 0 \end{cases}$。

5．当λ为何值时，齐次线性方程组

$$\begin{cases} \lambda x_1 + x_2 + x_3 = 0 \\ x_1 - 2x_2 + x_3 = 0 \\ x_1 - x_2 + \lambda x_3 = 0 \end{cases}$$

存在非零解？

第 2 章　矩阵及其运算

矩阵既是线性代数的重要内容，也是处理线性代数问题的重要工具，特别是计算机出现以后，矩阵的方法更是得到了广泛的应用。矩阵概念、理论的创立和发展与线性方程组、线性变换有密切关系，事实上，在矩阵概念出现以前，矩阵的初等行变换就已经在求解线性方程组的消元法中使用了。

近代的矩阵概念直到 19 世纪才逐渐形成。1850 年，西尔维斯特（Sylvester，1814—1897，英国数学家）首先使用了“矩阵（matrix）”这个名词。1858 年，凯利（Cayley，1821—1895，英国数学家）发表了关于矩阵的一篇重要文章《矩阵论的研究报告》，在这篇文章中给出了矩阵相等、零矩阵、单位矩阵的概念，定义了矩阵的和、数乘矩阵、矩阵乘法、转置和逆矩阵，虽然凯利当时并没有使用“矩阵”这一术语，但由于凯利首先将矩阵作为一个独立的数学对象加以研究，并得到许多重要成果，因此他也被认为是矩阵论的创立者之一。

2.1　矩阵

定义 2.1　由数域 F 上的 $m\times n$ 个数 a_{ij} $(i=1,2,\cdots,m;\ j=1,2,\cdots,n)$ 排成 m 行 n 列的数表

$$\begin{pmatrix} a_{11} & a_{12} & \cdots & a_{1n} \\ a_{21} & a_{22} & \cdots & a_{2n} \\ \vdots & \vdots & & \vdots \\ a_{m1} & a_{m2} & \cdots & a_{mn} \end{pmatrix}$$

称为数域 F 上的 m 行 n 列矩阵，简称 $m\times n$ 矩阵，简记为 $\boldsymbol{A}$ 或 $\boldsymbol{A}=(a_{ij})_{m\times n}$，其中 a_{ij} 称为矩阵 $\boldsymbol{A}$ 的第 i 行第 j 列元素，加一个“( )”是为了表示它是一个整体，当然也可用“[ ]”或“{ }”或其他符号，但不能用符号“| |”。为了指明它的行数和列数，又记为 $\boldsymbol{A}_{m\times n}$，而数域 F 上的一切 m 行 n 列矩阵的集合则记为 $F^{m\times n}$。

所有元素都是 0 的矩阵称为零矩阵，记作 $\boldsymbol{O}$。行数和列数都等于 n 的矩阵称为 n 阶矩阵或 n 阶方阵。

矩阵的应用非常广泛，下面仅举几例。

例 2.1　由一个线性方程组 $\begin{cases} a_{11}x_1+a_{12}x_2+\cdots+a_{1n}x_n=b_1 \\ a_{21}x_1+a_{22}x_2+\cdots+a_{2n}x_n=b_2 \\ \quad\cdots\cdots \\ a_{m1}x_1+a_{m2}x_2+\cdots+a_{mn}x_n=b_m \end{cases}$ 可以确定系数矩阵

$\boldsymbol{A}_{m\times n}=\begin{pmatrix} a_{11} & a_{12} & \cdots & a_{1n} \\ a_{21} & a_{22} & \cdots & a_{2n} \\ \vdots & \vdots & & \vdots \\ a_{m1} & a_{m2} & \cdots & a_{mn} \end{pmatrix}$，未知数矩阵 $\boldsymbol{x}_{n\times 1}=\begin{pmatrix} x_1 \\ x_2 \\ \vdots \\ x_n \end{pmatrix}$，常数项矩阵 $\boldsymbol{b}_{m\times 1}=\begin{pmatrix} b_1 \\ b_2 \\ \vdots \\ b_m \end{pmatrix}$ 和增广矩阵

$(\boldsymbol{A}_{m\times n}|\boldsymbol{b}_{m\times 1})=\left(\begin{array}{cccc|c} a_{11} & a_{12} & \cdots & a_{1n} & b_1 \\ a_{21} & a_{22} & \cdots & a_{2n} & b_2 \\ \vdots & \vdots & & \vdots & \vdots \\ a_{m1} & a_{m2} & \cdots & a_{mn} & b_m \end{array}\right)$（中间那条竖线起分隔和提醒作用），于是，一个线性方程组是否有解？解是什么？这些信息完全由其系数和右端常数项确定，即由其增广矩阵确定。

事实上，增广矩阵是最早出现的矩阵。“矩阵”一词来源于拉丁语，表示排数的意思，即“矩形阵列”，1850 年西尔维斯特首次使用矩阵术语。

例 2.2 4 个城市间的单向航线如图 2.1 所示，若令

$$a_{ij}=\begin{cases}1, & \text{从}i\text{市到}j\text{市有一条单向航线} \\ 0, & \text{从}i\text{市}j\text{到市没有单向航线}\end{cases},$$

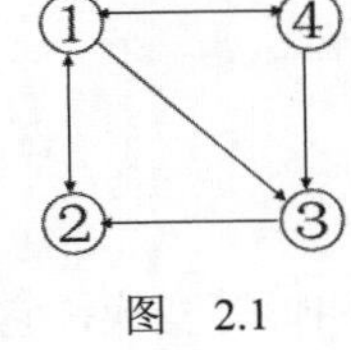

图 2.1

则图 2.1 可用矩阵表示为

$$\boldsymbol{A}=(a_{ij})=\begin{pmatrix} 0 & 1 & 1 & 1 \\ 1 & 0 & 0 & 0 \\ 0 & 1 & 0 & 0 \\ 1 & 0 & 1 & 0 \end{pmatrix}。$$

一般地，若干个点（元素）之间的单向关系或双向关系都可用这样的矩阵表示，显然用矩阵表示比用图表示更简洁清晰，特别是在点（元素）的个数比较多的时候，而且也方便进一步提取所需信息。

例 2.3 转移概率问题（醉汉模型，如图 2.2 所示）。

若醉汉 Q 现在位于点 $i(1<i<5)$，则下一时刻向左移动一格或向右移动一格或停留原处的概率均为 $\frac{1}{3}$；若 Q 现在位于点 1 或点 5（墙壁），则下一时刻停留在此处的概率为 1。于是，一步转移概率矩阵

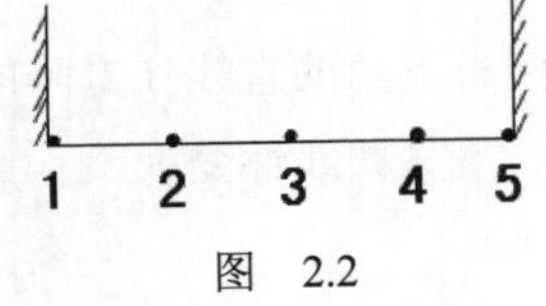

图 2.2

$$\boldsymbol{P}=\begin{matrix} & & X_{m+1}\text{的状态} \\ & & \begin{matrix}1 & 2 & 3 & 4 & 5\end{matrix} \\ X_m\text{的状态} & \begin{matrix}1\\2\\3\\4\\5\end{matrix} & \begin{pmatrix} 1 & 0 & 0 & 0 & 0 \\ \frac{1}{3} & \frac{1}{3} & \frac{1}{3} & 0 & 0 \\ 0 & \frac{1}{3} & \frac{1}{3} & \frac{1}{3} & 0 \\ 0 & 0 & \frac{1}{3} & \frac{1}{3} & \frac{1}{3} \\ 0 & 0 & 0 & 0 & 1 \end{pmatrix}\end{matrix}$$

例 2.4 设变量 $y_1,y_2,\cdots,y_m$ 可由变量 $x_1,x_2,\cdots,x_n$ 表示为

$$\begin{cases} y_1=a_{11}x_1+a_{12}x_2+\cdots+a_{1n}x_n \\ y_2=a_{21}x_1+a_{22}x_2+\cdots+a_{2n}x_n \\ \quad\cdots\cdots \\ y_m=a_{m1}x_1+a_{m2}x_2+\cdots+a_{mn}x_n \end{cases},$$

则称之为由变量 $x_1,x_2,\cdots,x_n$ 到变量 $y_1,y_2,\cdots,y_m$ 的线性变换，其中 a_{ij} 为常数。由线性变换的系数 a_{ij} 构成的矩阵 $\boldsymbol{A}=(a_{ij})_{m\times n}$ 称为该线性变换的系数矩阵。

给定一个线性变换，其系数矩阵也就确定了；反之，如果给一个矩阵作为线性变换的系数矩阵，则线性变换也就确定了，在这个意义上，线性变换与矩阵之间存在一一对应关系。

例如，线性变换

$$\begin{cases} y_1 = x_1 \\ y_2 = x_2 \\ \quad\cdots\cdots \\ y_n = x_n \end{cases}$$

叫恒等变换，它对应的一个 n 阶方阵

$$\begin{pmatrix} 1 & 0 & \cdots & 0 \\ 0 & 1 & \cdots & 0 \\ \vdots & \vdots & & \vdots \\ 0 & 0 & \cdots & 1 \end{pmatrix}$$

叫 n 阶单位矩阵，简称单位阵，记作 $\begin{pmatrix} 1 & & & \\ & 1 & & \\ & & \ddots & \\ & & & 1 \end{pmatrix}$ 或 $\boldsymbol{E}$ 或 $\boldsymbol{E}_n$。这个方阵的特点是：从左上角到右下角的直线（方阵的主对角线）上的元素都是1，其他元素都是0。

又如线性变换

$$\begin{cases} y_1 = \lambda_1 x_1 \\ y_2 = \lambda_2 x_2 \\ \quad\cdots \\ y_n = \lambda_n x_n \end{cases}$$

叫缩放变换，它对应的一个 n 阶方阵

$$\begin{pmatrix} \lambda_1 & 0 & \cdots & 0 \\ 0 & \lambda_2 & \cdots & 0 \\ \vdots & \vdots & & \vdots \\ 0 & 0 & \cdots & \lambda_n \end{pmatrix}$$

称为 n 阶对角矩阵，简称对角阵，记作 $\boldsymbol{\Lambda}$ 或 $\begin{pmatrix} \lambda_1 & & & \\ & \lambda_2 & & \\ & & \ddots & \\ & & & \lambda_n \end{pmatrix}$ 或 $\mathrm{diag}(\lambda_1,\lambda_2,\cdots,\lambda_n)$。

由于矩阵和线性变换之间存在一一对应关系，因此可以利用矩阵来研究线性变换，也可以利用线性变换来解释矩阵的涵义。

例如矩阵 $\begin{pmatrix} -1 & 0 \\ 0 & 1 \end{pmatrix}$ 所对应的线性变换 $\begin{cases} x_1 = -x \\ y_1 = y \end{cases}$ 可看作是 xOy 平面上把点 $P(x,y)$ 变为点 $P_1(-x,y)$ 的变换，由于点 P_1 与点 P 关于 y 轴对称，因此这是一个关于 y 轴的对称变换。同

理，矩阵$\begin{pmatrix} 1 & 0 \\ 0 & -1 \end{pmatrix}$、$\begin{pmatrix} 0 & 1 \\ 1 & 0 \end{pmatrix}$所对应的线性变换分别是$xOy$平面上关于$x$轴、直线$y=x$的对称变换。

又如矩阵$\begin{pmatrix} 1 & 0 \\ 0 & 0 \end{pmatrix}$所对应的线性变换$\begin{cases} x_1 = x \\ y_1 = 0 \end{cases}$可看作是$xOy$平面上把点$P(x,y)$变为点$P_1(x,0)$的变换，由于点$P_1$是点$P$在$x$轴上的投影，因此这是一个投影变换，如图 2.3 所示。

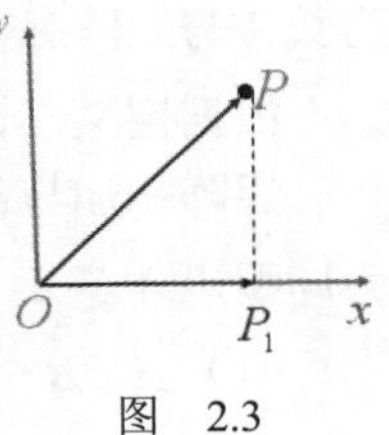

图　2.3

又如矩阵$\begin{pmatrix} \cos\varphi & -\sin\varphi \\ \sin\varphi & \cos\varphi \end{pmatrix}$所对应的线性变换$\begin{cases} x_1 = x\cos\varphi - y\sin\varphi \\ y_1 = x\sin\varphi + y\cos\varphi \end{cases}$可看作是把平面上点$P(x,y)$变为点$P_1(x_1,y_1)$的变换，设$\overrightarrow{OP}$的长度为$r$，辐角为$\theta$，即$x = r\cos\theta, y = r\sin\theta$，那么

$$x_1 = r(\cos\theta\cos\varphi - \sin\theta\sin\varphi) = r\cos(\theta+\varphi),$$

$$y_1 = r(\cos\theta\sin\varphi + \sin\theta\cos\varphi) = r\sin(\theta+\varphi),$$

表明$\overrightarrow{OP_1}$的长度也为r，而辐角为$\theta+\varphi$。因此，这是把向量$\overrightarrow{OP}$（绕O点依逆时针方向）旋转φ角（即把点P以原点为中心逆时针旋转φ角）的旋转变换，如图 2.4 所示。

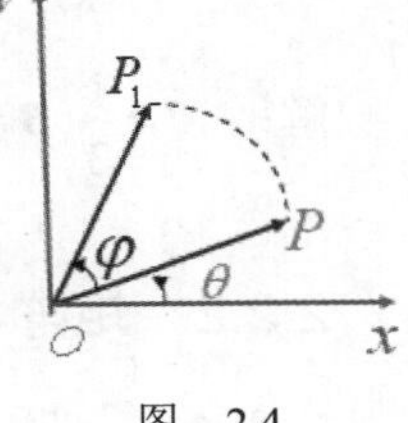

图　2.4

2.2　矩阵的基本运算

2.2.1　矩阵的线性运算

定义 2.2　设$\boldsymbol{A} = (a_{ij})_{m\times n}$，$\boldsymbol{B} = (b_{ij})_{m\times n}$，若$a_{ij} = b_{ij}$ $(i = 1,2,\cdots,m;\ j = 1,2,\cdots,n)$，则称矩阵$\boldsymbol{A}$与$\boldsymbol{B}$相等，记为$\boldsymbol{A} = \boldsymbol{B}$。

根据定义，若两矩阵相等，则两矩阵不仅行数相同、列数相同，而且对应位置上的元素也相同。如果两个矩阵的行数相同、列数也相同，则称这两个矩阵同型。显然，矩阵同型才可能相等，不同型则不相等。

定义 2.3　设$\boldsymbol{A} = (a_{ij})_{m\times n}$，$\boldsymbol{B} = (b_{ij})_{m\times n}$，称

$$\boldsymbol{A}+\boldsymbol{B} \triangleq (a_{ij}+b_{ij})_{m\times n} = \begin{pmatrix} a_{11}+b_{11} & \cdots & a_{1n}+b_{1n} \\ \vdots & & \vdots \\ a_{m1}+b_{m1} & \cdots & a_{mn}+b_{mn} \end{pmatrix}$$

为矩阵$\boldsymbol{A}$与$\boldsymbol{B}$之和。

定义 2.4　设$\boldsymbol{A} = (a_{ij})_{m\times n}$，称$-\boldsymbol{A} \triangleq (-a_{ij})_{m\times n}$为矩阵$\boldsymbol{A}$的负矩阵，从而规定矩阵的减法为$\boldsymbol{A}-\boldsymbol{B} = \boldsymbol{A}+(-\boldsymbol{B})$。

根据定义，只有同型矩阵才能相加减。两个矩阵相加减时，只要把其对应位置上的元素一一相加减即可。

定义 2.5　设$\boldsymbol{A} = (a_{ij})_{m\times n}$，$\lambda$为一常数，称

$$\lambda \times \boldsymbol{A} = \lambda \boldsymbol{A} = \boldsymbol{A}\lambda \triangleq (\lambda a_{ij})_{m\times n} = \begin{pmatrix} \lambda a_{11} & \cdots & \lambda a_{1n} \\ \vdots & & \vdots \\ \lambda a_{m1} & \cdots & \lambda a_{mn} \end{pmatrix}$$

为数λ与矩阵$\boldsymbol{A}$的乘积。

根据定义，计算常数λ与矩阵$\boldsymbol{A}$之积时，只要将常数λ遍乘矩阵$\boldsymbol{A}$的每一元素即可。

矩阵相加与常数乘以矩阵合起来，统称为矩阵的线性运算，满足下列运算规律（设$\boldsymbol{A}, \boldsymbol{B}, \boldsymbol{C}$为同型矩阵，$\lambda, \mu$为常数）：

（1）$\boldsymbol{A}+\boldsymbol{B}=\boldsymbol{B}+\boldsymbol{A}$；（2）$(\boldsymbol{A}+\boldsymbol{B})+\boldsymbol{C}=\boldsymbol{A}+(\boldsymbol{B}+\boldsymbol{C})$；

（3）$\boldsymbol{A}+\boldsymbol{O}=\boldsymbol{A}$；（4）$\boldsymbol{A}+(-\boldsymbol{A})=\boldsymbol{O}$；

（5）$1\boldsymbol{A}=\boldsymbol{A}$；（6）$(\lambda\mu)\boldsymbol{A}=\lambda(\mu\boldsymbol{A})$；

（7）$(\lambda+\mu)\boldsymbol{A}=\lambda\boldsymbol{A}+\mu\boldsymbol{A}$；（8）$\lambda(\boldsymbol{A}+\boldsymbol{B})=\lambda\boldsymbol{A}+\lambda\boldsymbol{B}$。

其中式（3）、式（4）分别说明零矩阵在矩阵加法运算中起着数零的作用，而负矩阵则起着相反数的作用。

例 2.5 设$\boldsymbol{A}=\begin{pmatrix} 1 & -2 & 0 \\ 4 & 3 & 5 \end{pmatrix}$，$\boldsymbol{B}=\begin{pmatrix} 8 & 2 & 6 \\ 5 & 3 & 4 \end{pmatrix}$满足$2\boldsymbol{A}+\boldsymbol{X}=\boldsymbol{B}-2\boldsymbol{X}$，求$\boldsymbol{X}$。

解：$\boldsymbol{X}=\dfrac{1}{3}(\boldsymbol{B}-2\boldsymbol{A})=\begin{pmatrix} 2 & 2 & 2 \\ -1 & -1 & -2 \end{pmatrix}$。

2.2.2 矩阵与矩阵相乘

定义 2.6 设矩阵$\boldsymbol{A}=(a_{ij})_{m\times s}$，$\boldsymbol{B}=(b_{ij})_{s\times n}$，令

$$c_{ij}=a_{i1}b_{1j}+a_{i2}b_{2j}+\cdots+a_{is}b_{sj}=\sum_{k=1}^{s}a_{ik}b_{kj} \quad (i=1,2,\cdots,m;\ j=1,2,\cdots,n),$$

则称$\boldsymbol{C}=\boldsymbol{AB}\triangleq(c_{ij})_{m\times n}$为矩阵$\boldsymbol{A}$与矩阵$\boldsymbol{B}$之乘积。

请读者注意，根据定义有矩阵$\boldsymbol{A}$的列数等于矩阵$\boldsymbol{B}$的行数，乘积$\boldsymbol{AB}$才有意义；乘积$\boldsymbol{AB}$的行数等于$\boldsymbol{A}$的行数，列数等于$\boldsymbol{B}$的列数；乘积$\boldsymbol{AB}$中第i行第j列元素，等于矩阵$\boldsymbol{A}$的第i行元素与矩阵$\boldsymbol{B}$的第j列元素对应相乘后再相加。

例 2.6 已知$\boldsymbol{A}=\begin{pmatrix} 3 & -1 \\ \hline 0 & 3 \\ \hline 1 & 0 \end{pmatrix}$，$\boldsymbol{B}=\left(\begin{array}{c|c|c|c} 1 & 0 & 1 & -1 \\ 0 & 2 & 1 & 0 \end{array}\right)$，求$\boldsymbol{AB}$与$\boldsymbol{BA}$。

解：
$$\boldsymbol{AB}=\begin{pmatrix} 3\times1+(-1)\times0 & 3\times0+(-1)\times2 & 3\times1+(-1)\times1 & 3\times(-1)+(-1)\times0 \\ 0\times1+3\times0 & 0\times0+3\times2 & 0\times1+3\times1 & 0\times(-1)+3\times0 \\ 1\times1+0\times0 & 1\times0+0\times2 & 1\times1+0\times1 & 1\times(-1)+0\times0 \end{pmatrix}_{3\times4}$$

$$=\begin{pmatrix} 3 & -2 & 2 & -3 \\ 0 & 6 & 3 & 0 \\ 1 & 0 & 1 & -1 \end{pmatrix}。$$

$\boldsymbol{BA}$无意义。

注：可见，矩阵相乘不满足交换律，这是它与数的乘法的第1个基本区别。请问能否给出

矩阵另外一种乘积定义，使之满足交换律，并寻求其实际意义呢？

对于两个n阶方阵$\boldsymbol{A},\boldsymbol{B}$，若$\boldsymbol{AB}=\boldsymbol{BA}$，则称方阵$\boldsymbol{A}$与$\boldsymbol{B}$是可交换的。例如，不难验证$\begin{pmatrix}\lambda_1&&\\&\lambda_2&\\&&\lambda_3\end{pmatrix}\begin{pmatrix}\mu_1&&\\&\mu_2&\\&&\mu_3\end{pmatrix}=\begin{pmatrix}\lambda_1\mu_1&&\\&\lambda_2\mu_2&\\&&\lambda_3\mu_3\end{pmatrix}=\begin{pmatrix}\mu_1&&\\&\mu_2&\\&&\mu_3\end{pmatrix}\begin{pmatrix}\lambda_1&&\\&\lambda_2&\\&&\lambda_3\end{pmatrix}$，所以$\begin{pmatrix}\lambda_1&&\\&\lambda_2&\\&&\lambda_3\end{pmatrix}$与$\begin{pmatrix}\mu_1&&\\&\mu_2&\\&&\mu_3\end{pmatrix}$是可交换的。

例 2.7 已知$\boldsymbol{A}=\begin{pmatrix}1&2\\1&2\end{pmatrix}$，$\boldsymbol{B}=\begin{pmatrix}1&-1\\-1&1\end{pmatrix}$，求$\boldsymbol{AB}$与$\boldsymbol{BA}$。

解： $\boldsymbol{AB}=\begin{pmatrix}-1&1\\-1&1\end{pmatrix}$，$\boldsymbol{BA}=\begin{pmatrix}0&0\\0&0\end{pmatrix}$。

注： 再次说明矩阵相乘不满足交换律。还有两个非零矩阵相乘，乘积可能是零矩阵，从而不能从$\boldsymbol{BA}=\boldsymbol{O}$必然推出$\boldsymbol{A}=\boldsymbol{O}$或$\boldsymbol{B}=\boldsymbol{O}$，这是矩阵乘法与数的乘法的第2个基本区别。

例 2.8 已知$\boldsymbol{A}=\begin{pmatrix}1&2\\0&3\end{pmatrix},\boldsymbol{B}=\begin{pmatrix}1&0\\0&4\end{pmatrix},\boldsymbol{C}=\begin{pmatrix}1&1\\0&0\end{pmatrix}$求$\boldsymbol{AC}$与$\boldsymbol{BC}$。

解： $\boldsymbol{AC}=\begin{pmatrix}1&1\\0&0\end{pmatrix}$，$\boldsymbol{BC}=\begin{pmatrix}1&1\\0&0\end{pmatrix}$。

注： 可见$\boldsymbol{AC}=\boldsymbol{BC}$，但$\boldsymbol{A}\neq\boldsymbol{B}$，因此矩阵乘法不满足消去律，这是它与数的乘法的第3个基本区别。

矩阵的乘法满足下列运算律（假设运算都是可行的）。

（1）$(\boldsymbol{AB})\boldsymbol{C}=\boldsymbol{A}(\boldsymbol{BC})$；

（2）$\boldsymbol{A}(\boldsymbol{B}+\boldsymbol{C})=\boldsymbol{AB}+\boldsymbol{AC}$，

$(\boldsymbol{A}+\boldsymbol{B})\boldsymbol{C}=\boldsymbol{AC}+\boldsymbol{BC}$；

（3）$\lambda(\boldsymbol{AB})=(\lambda\boldsymbol{A})\boldsymbol{B}=\boldsymbol{A}(\lambda\boldsymbol{B})$（式中$\lambda$为常数）；

（4）$\boldsymbol{E}_m\boldsymbol{A}_{m\times n}=\boldsymbol{A}$，$\boldsymbol{A}_{m\times n}\boldsymbol{E}_n=\boldsymbol{A}$。

其中运算律（4）表明，单位矩阵$\boldsymbol{E}$在矩阵乘法中起着数1的作用。

例 2.9 利用矩阵乘法，可把线性方程组$\begin{cases}a_{11}x_1+a_{12}x_2+\cdots+a_{1n}x_n=b_1\\a_{21}x_1+a_{22}x_2+\cdots+a_{2n}x_n=b_2\\\cdots\\a_{m1}x_1+a_{m2}x_2+\cdots+a_{mn}x_n=b_m\end{cases}$写成$\boldsymbol{Ax}=\boldsymbol{b}$；把$\begin{cases}a_{11}x_1+a_{12}x_2+\cdots+a_{1n}x_n=0\\a_{21}x_1+a_{22}x_2+\cdots+a_{2n}x_n=0\\\cdots\\a_{m1}x_1+a_{m2}x_2+\cdots+a_{mn}x_n=0\end{cases}$写成$\boldsymbol{Ax}=\boldsymbol{0}$，式中$\boldsymbol{0}=\begin{pmatrix}0\\0\\\vdots\\0\end{pmatrix}_{m\times1}$；可把线性变换$\begin{cases}y_1=a_{11}x_1+a_{12}x_2+\cdots+a_{1n}x_n\\y_2=a_{21}x_1+a_{22}x_2+\cdots+a_{2n}x_n\\\cdots\\y_m=a_{m1}x_1+a_{m2}x_2+\cdots+a_{mn}x_n\end{cases}$写成$\boldsymbol{y}=\boldsymbol{Ax}$，式中$\boldsymbol{y}=\begin{pmatrix}y_1\\y_2\\\vdots\\y_m\end{pmatrix}$，$\boldsymbol{x}=\begin{pmatrix}x_1\\x_2\\\vdots\\x_n\end{pmatrix}$。

实际上，矩阵的乘法运算就是在研究矩阵连续进行两次线性变换时由凯利在 1855 年引入的。

设有两个线性变换

$$\begin{cases} y_1 = a_{11}x_1 + a_{12}x_2 + a_{13}x_3 \\ y_2 = a_{21}x_1 + a_{22}x_2 + a_{23}x_3 \end{cases}, \qquad (1)$$

和

$$\begin{cases} x_1 = b_{11}t_1 + b_{12}t_2 \\ x_2 = b_{21}t_1 + b_{22}t_2 \\ x_3 = b_{31}t_1 + b_{32}t_2 \end{cases}, \qquad (2)$$

若想求出从 t_1,t_2 到 y_1,y_2 的线性变换，可将线性变换（2）代入线性变换（1），便得

$$\begin{cases} y_1 = (a_{11}b_{11} + a_{12}b_{21} + a_{13}b_{31})t_1 + (a_{11}b_{12} + a_{12}b_{22} + a_{13}b_{32})t_2 \\ y_2 = (a_{21}b_{11} + a_{22}b_{21} + a_{23}b_{31})t_1 + (a_{21}b_{12} + a_{22}b_{22} + a_{23}b_{32})t_2 \end{cases}。 \qquad (3)$$

线性变换（3）可看成是先作线性变换（2）再作线性变换（1）的结果，它们所对应的矩阵有

$$\begin{pmatrix} a_{11} & a_{12} & a_{13} \\ a_{21} & a_{22} & a_{23} \end{pmatrix}\begin{pmatrix} b_{11} & b_{12} \\ b_{21} & b_{22} \\ b_{31} & b_{32} \end{pmatrix}$$
$$= \begin{pmatrix} a_{11}b_{11} + a_{12}b_{21} + a_{13}b_{31} & a_{11}b_{12} + a_{12}b_{22} + a_{13}b_{32} \\ a_{21}b_{11} + a_{22}b_{21} + a_{23}b_{31} & a_{21}b_{12} + a_{22}b_{22} + a_{23}b_{32} \end{pmatrix}。$$

例如，平面 xOy 中有投影变换 $\boldsymbol{y} = \boldsymbol{Ax} = \begin{pmatrix} 1 & 0 \\ 0 & 0 \end{pmatrix}\boldsymbol{x}$ 和关于直线 $y = x$ 的对称变换 $\boldsymbol{y} = \boldsymbol{Bx} = \begin{pmatrix} 0 & 1 \\ 1 & 0 \end{pmatrix}\boldsymbol{x}$，如果在平面 xOy 中先进行投影变换再关于直线 $y = x$ 对称变换，则 $\boldsymbol{z} = \boldsymbol{By} = \boldsymbol{B}(\boldsymbol{Ax}) = (\boldsymbol{BA})\boldsymbol{x} = \begin{pmatrix} 0 & 1 \\ 1 & 0 \end{pmatrix}\begin{pmatrix} 1 & 0 \\ 0 & 0 \end{pmatrix}\boldsymbol{x} = \begin{pmatrix} 0 & 0 \\ 1 & 0 \end{pmatrix}\boldsymbol{x}$，就要将两个矩阵相乘。如果在平面 xOy 中先进行关于直线 $y = x$ 对称变换再投影变换，则 $\boldsymbol{z} = \boldsymbol{Ay} = \boldsymbol{A}(\boldsymbol{Bx}) = (\boldsymbol{AB})\boldsymbol{x} = \begin{pmatrix} 1 & 0 \\ 0 & 0 \end{pmatrix}\begin{pmatrix} 0 & 1 \\ 1 & 0 \end{pmatrix}\boldsymbol{x} = \begin{pmatrix} 0 & 1 \\ 0 & 0 \end{pmatrix}\boldsymbol{x}$。而且从上面分析还可以看出，先投影再对称不同于先对称再投影（请读者自行画图验证），即一般来说 $\boldsymbol{AB} \neq \boldsymbol{BA}$。

定义 2.7 设 $\boldsymbol{A}$ 是方阵，k 为正整数，称 $\boldsymbol{A}^k = \boldsymbol{A} \cdot \boldsymbol{A} \cdots \boldsymbol{A}$（$k$ 个 $\boldsymbol{A}$ 相乘）为 $\boldsymbol{A}$ 的 k 次幂。

由于矩阵乘法适合结合律，所以方阵的幂满足以下运算律（k、l 为正整数）。

（1）$\boldsymbol{A}^k\boldsymbol{A}^l = \boldsymbol{A}^{k+l}$；

（2）$(\boldsymbol{A}^k)^l = \boldsymbol{A}^{kl}$。

又因矩阵乘法不满足交换律，所以对于两个 n 阶方阵 $\boldsymbol{A}$ 与 $\boldsymbol{B}$，一般说来 $(\boldsymbol{AB})^k \neq \boldsymbol{A}^k\boldsymbol{B}^k$，$(\boldsymbol{A}+\boldsymbol{B})^2 \neq \boldsymbol{A}^2 + 2\boldsymbol{AB} + \boldsymbol{B}^2$，$(\boldsymbol{A}+\boldsymbol{B})(\boldsymbol{A}-\boldsymbol{B}) \neq \boldsymbol{A}^2 - \boldsymbol{B}^2$。

例 2.10 $\boldsymbol{A} = \begin{pmatrix} 1 & 0 & 1 \\ 0 & 2 & 0 \\ 0 & 0 & 1 \end{pmatrix}$，求 $\boldsymbol{A}^k$ $(k = 2,3,\cdots)$。

解：由 $A^2=\begin{pmatrix}1&0&1\\0&2&0\\0&0&1\end{pmatrix}\begin{pmatrix}1&0&1\\0&2&0\\0&0&1\end{pmatrix}=\begin{pmatrix}1&0&2\\0&2^2&0\\0&0&1\end{pmatrix}$，

$$A^3=A^2A=\begin{pmatrix}1&0&2\\0&2^2&0\\0&0&1\end{pmatrix}\begin{pmatrix}1&0&1\\0&2&0\\0&0&1\end{pmatrix}=\begin{pmatrix}1&0&3\\0&2^3&0\\0&0&1\end{pmatrix},$$

可以归纳验证得到 $A^k=\begin{pmatrix}1&0&k\\0&2^k&0\\0&0&1\end{pmatrix}$。

例 2.2 中有一个 4 个城市间的单向航线矩阵 A，由

$$A=(a_{ij})=\begin{pmatrix}0&1&1&1\\1&0&0&0\\0&1&0&0\\1&0&1&0\end{pmatrix},$$

有

$$A^2=\begin{pmatrix}2&1&1&0\\0&1&1&1\\1&0&0&0\\0&2&1&1\end{pmatrix}\overset{\text{记作}}{=}(b_{ij}),$$

则 b_{ij} 为从 i 市经一次中转到 j 市的单向航线条数。

例如以下情况。

（1）$b_{23}=1$，显示从②市经一次中转到③市的单向航线有 1 条（②→①→③，参看图 2.1）。

（2）$b_{42}=2$，显示从④市经一次中转到②市的单向航线有 2 条（④→①→②，④→③→②）。

（3）$b_{11}=2$，显示过①市的双向航线有 2 条（①→②→①，①→④→①）。

（4）$b_{33}=0$，显示③市没有双向航线。

设 $\varphi(x)=a_0+a_1x+\cdots+a_mx^m$ 为 x 的 m 次多项式，A 为 n 阶方阵，则称 $\varphi(A)=a_0E+a_1A+\cdots+a_mA^m$ 为方阵 A 的 m 次多项式。因为方阵 A^k、A^l 和 E 都是可交换的，所以方阵 A 的两个多项式 $\varphi(A)$ 和 $f(A)$ 总是可交换的，即

$$\varphi(A)f(A)=f(A)\varphi(A),$$

从而 A 的几个多项式可以像数 x 的多项式一样相乘或分解因式。例如

$$(E+A)(2E-A)=2E+A-A^2,$$

$$(E-A)^3=E-3A+3A^2-A^3。$$

设 $\Lambda=\text{diag}(\lambda_1,\lambda_2,\cdots,\lambda_n)$，则 $\Lambda^k=\text{diag}(\lambda_1{}^k,\lambda_2{}^k,\cdots,\lambda_n{}^k)$，$k$ 为正整数，从而

$$\varphi(\Lambda)=a_0E+a_1\Lambda+\cdots+a_m\Lambda^m$$

$$=a_0\begin{pmatrix}1&&&\\&1&&\\&&\ddots&\\&&&1\end{pmatrix}+a_1\begin{pmatrix}\lambda_1&&&\\&\lambda_2&&\\&&\ddots&\\&&&\lambda_n\end{pmatrix}+\cdots+a_m\begin{pmatrix}\lambda_1{}^m&&&\\&\lambda_2{}^m&&\\&&\ddots&\\&&&\lambda_n{}^m\end{pmatrix}$$

$$=\begin{pmatrix}a_0+a_1\lambda_1+\cdots+a_m\lambda_1{}^m&&&\\&a_0+a_1\lambda_2+\cdots+a_m\lambda_2{}^m&&\\&&\ddots&\\&&&a_0+a_1\lambda_n+\cdots+a_m\lambda_n{}^m\end{pmatrix}$$

$$=\begin{pmatrix}\varphi(\lambda_1)&&&\\&\varphi(\lambda_2)&&\\&&\ddots&\\&&&\varphi(\lambda_n)\end{pmatrix}。$$

2.2.3 矩阵的转置

定义 2.8 把矩阵 $\boldsymbol{A}$ 的行换到同序数的列得到的一个新矩阵，叫 $\boldsymbol{A}$ 的转置矩阵，记作 $\boldsymbol{A}^{\mathrm{T}}$，即 $\boldsymbol{A}=\begin{pmatrix}a_{11}&a_{12}&\cdots&a_{1n}\\a_{21}&a_{22}&\cdots&a_{2n}\\\vdots&\vdots&&\vdots\\a_{m1}&a_{m2}&\cdots&a_{mn}\end{pmatrix}$，$\boldsymbol{A}^{\mathrm{T}}=\begin{pmatrix}a_{11}&a_{21}&\cdots&a_{m1}\\a_{12}&a_{22}&\cdots&a_{m2}\\\vdots&\vdots&&\vdots\\a_{1n}&a_{2n}&\cdots&a_{mn}\end{pmatrix}$。

矩阵的转置也是一种运算，其满足下列运算律（假设运算都是可行的）。

（1）$(\boldsymbol{A}^{\mathrm{T}})^{\mathrm{T}}=\boldsymbol{A}$；　　（2）$(\boldsymbol{A}+\boldsymbol{B})^{\mathrm{T}}=\boldsymbol{A}^{\mathrm{T}}+\boldsymbol{B}^{\mathrm{T}}$；

（3）$(\lambda\boldsymbol{A})^{\mathrm{T}}=\lambda\boldsymbol{A}^{\mathrm{T}}$（$\lambda$ 为常数）；　　（4）$(\boldsymbol{AB})^{\mathrm{T}}=\boldsymbol{B}^{\mathrm{T}}\boldsymbol{A}^{\mathrm{T}}$。

这里仅验证运算律（4），设 $\boldsymbol{A}=(a_{ij})_{m\times s}$，$\boldsymbol{B}=(b_{ij})_{s\times n}$，记 $\boldsymbol{AB}\triangleq\boldsymbol{C}=(c_{ij})_{m\times n}$，$\boldsymbol{B}^{\mathrm{T}}\boldsymbol{A}^{\mathrm{T}}\triangleq\boldsymbol{D}=(d_{ij})_{n\times m}$，于是按矩阵乘法定义，有

$$[左]_{ij}=c_{ji}=a_{j1}b_{1i}+a_{j2}b_{2i}+\cdots+a_{js}b_{si},$$

$$[右]_{ij}=d_{ij}=b_{1i}a_{j1}+b_{2i}a_{j2}+\cdots+b_{si}a_{js},$$

故 $d_{ij}=c_{ji}\ (i=1,2,\cdots,n;\ j=1,2,\cdots,m)$，即 $(\boldsymbol{AB})^{\mathrm{T}}=\boldsymbol{B}^{\mathrm{T}}\boldsymbol{A}^{\mathrm{T}}$。

设 n 阶方阵 $\boldsymbol{A}$ 满足 $\boldsymbol{A}^{\mathrm{T}}=\boldsymbol{A}$，即 $a_{ij}=a_{ji}\ (i,j=1,2,\cdots,n)$，那么 $\boldsymbol{A}$ 称为对称矩阵，简称对称阵，其元素关于主对角线对称，例如，$\boldsymbol{E}$、$\boldsymbol{\Lambda}$ 都是对称阵。若 n 阶方阵满足 $\boldsymbol{A}^{\mathrm{T}}=-\boldsymbol{A}$，即 $a_{ij}=-a_{ji}\ (i,j=1,2,\cdots,n)$，那么 $\boldsymbol{A}$ 称为反对称矩阵，简称反对称阵，其主对角线上元素为 0。

例 2.11 设矩阵 $\boldsymbol{X}=(x_1\ \ x_2\ \ \cdots\ \ x_n)^{\mathrm{T}}$ 满足 $\boldsymbol{X}^{\mathrm{T}}\boldsymbol{X}=1$，$\boldsymbol{E}$ 为 n 阶单位阵，$\boldsymbol{H}=\boldsymbol{E}-2\boldsymbol{XX}^{\mathrm{T}}$，证明 $\boldsymbol{H}$ 是对称阵，且 $\boldsymbol{HH}^{\mathrm{T}}=\boldsymbol{E}$。

证： $\boldsymbol{H}^{\mathrm{T}}=(\boldsymbol{E}-2\boldsymbol{XX}^{\mathrm{T}})^{\mathrm{T}}=\boldsymbol{E}^{\mathrm{T}}-2(\boldsymbol{XX}^{\mathrm{T}})^{\mathrm{T}}=\boldsymbol{E}-2\boldsymbol{XX}^{\mathrm{T}}=\boldsymbol{H}$，所以 $\boldsymbol{H}$ 是对称阵。且

$$\begin{aligned}\boldsymbol{HH}^{\mathrm{T}}&=(\boldsymbol{E}-2\boldsymbol{XX}^{\mathrm{T}})^2=\boldsymbol{E}-4\boldsymbol{XX}^{\mathrm{T}}+4(\boldsymbol{XX}^{\mathrm{T}})(\boldsymbol{XX}^{\mathrm{T}})\\&=\boldsymbol{E}-4\boldsymbol{XX}^{\mathrm{T}}+4\boldsymbol{X}(\boldsymbol{X}^{\mathrm{T}}\boldsymbol{X})\boldsymbol{X}^{\mathrm{T}}\end{aligned}$$

$$=E-4XX^{\mathrm{T}}+4XX^{\mathrm{T}}=E\text{。}$$

例 2.12 证明（1）对任意矩阵 $\boldsymbol{A}$，$\boldsymbol{A}^{\mathrm{T}}\boldsymbol{A}$ 和 $\boldsymbol{A}\boldsymbol{A}^{\mathrm{T}}$ 都是对称阵；（2）设 $\boldsymbol{A}$ 与 $\boldsymbol{B}$ 是两个对称阵，则 $\boldsymbol{AB}=\boldsymbol{BA}$ 的充分必要条件是 $\boldsymbol{AB}$ 是对称阵。

证：（1）对任意矩阵 $\boldsymbol{A}$，都有 $(\boldsymbol{A}^{\mathrm{T}}\boldsymbol{A})^{\mathrm{T}}=\boldsymbol{A}^{\mathrm{T}}(\boldsymbol{A}^{\mathrm{T}})^{\mathrm{T}}=\boldsymbol{A}^{\mathrm{T}}\boldsymbol{A}$ 和 $(\boldsymbol{A}\boldsymbol{A}^{\mathrm{T}})^{\mathrm{T}}=(\boldsymbol{A}^{\mathrm{T}})^{\mathrm{T}}\boldsymbol{A}^{\mathrm{T}}=\boldsymbol{A}\boldsymbol{A}^{\mathrm{T}}$，因此 $\boldsymbol{A}^{\mathrm{T}}\boldsymbol{A}$ 和 $\boldsymbol{A}\boldsymbol{A}^{\mathrm{T}}$ 都是对称阵。

（2）因为 $\boldsymbol{A}$ 与 $\boldsymbol{B}$ 是两个对称阵，所以 $\boldsymbol{A}^{\mathrm{T}}=\boldsymbol{A}$，$\boldsymbol{B}^{\mathrm{T}}=\boldsymbol{B}$，（先证明充分性）于是由 $\boldsymbol{AB}$ 是对称阵可以推出 $\boldsymbol{AB}=(\boldsymbol{AB})^{\mathrm{T}}=\boldsymbol{B}^{\mathrm{T}}\boldsymbol{A}^{\mathrm{T}}=\boldsymbol{BA}$；（再证明必要性）于是由 $\boldsymbol{AB}=\boldsymbol{BA}$ 可以推出 $(\boldsymbol{AB})^{\mathrm{T}}=\boldsymbol{B}^{\mathrm{T}}\boldsymbol{A}^{\mathrm{T}}=\boldsymbol{BA}=\boldsymbol{AB}$，即 $\boldsymbol{AB}$ 是对称阵。

2.2.4 方阵的行列式

定义 2.9 由 n 阶方阵 $\boldsymbol{A}$ 的元素按照原来的相对位置构成的行列式，称为方阵 $\boldsymbol{A}$ 的行列式，记作 $|\boldsymbol{A}|$ 或者 $\det\boldsymbol{A}$。

由方阵 $\boldsymbol{A}$ 确定 $|\boldsymbol{A}|$ 满足下列运算律（设 $\boldsymbol{A}$、$\boldsymbol{B}$ 为 n 阶方阵，λ 为常数）：

（1）$|\boldsymbol{A}^{\mathrm{T}}|=|\boldsymbol{A}|$；　　（2）$|\lambda\boldsymbol{A}|=\lambda^n|\boldsymbol{A}|$；

（3）$|\boldsymbol{AB}|=|\boldsymbol{A}|\times|\boldsymbol{B}|$，$|\boldsymbol{A}^k|=|\boldsymbol{A}|^k$（$k$ 为正整数）。

注：方阵是一个数表，用“( )”表示，而行列式是由方阵得到的一个数，用“| |”表示，这种表示方法在 1841 年由凯利引入。$\boldsymbol{A}_{n\times n}\boldsymbol{B}_{n\times n}\neq\boldsymbol{BA}$，而 $|\boldsymbol{A}_{n\times n}\boldsymbol{B}_{n\times n}|=|\boldsymbol{BA}|$。

我们仅证明运算律（3）。设 $\boldsymbol{A}=(a_{ij})_{n\times n}$，$\boldsymbol{B}=(b_{ij})_{n\times n}$，记 $2n$ 阶行列式

$$D=\begin{vmatrix} a_{11} & \cdots & a_{1n} & 0 & \cdots & 0 \\ \vdots & & \vdots & \vdots & & \vdots \\ a_{n1} & \cdots & a_{nn} & 0 & \cdots & 0 \\ -1 & & & b_{11} & \cdots & b_{1n} \\ & \ddots & & \vdots & & \vdots \\ & & -1 & b_{n1} & \cdots & b_{nn} \end{vmatrix}=\begin{vmatrix} \boldsymbol{A} & \boldsymbol{O} \\ -\boldsymbol{E} & \boldsymbol{B} \end{vmatrix},$$

由行列式性质 1.8 可知 $D=|\boldsymbol{A}|\times|\boldsymbol{B}|$。

而另一方面

$$D=\begin{vmatrix} a_{11} & \cdots & a_{1n} & 0 & \cdots & 0 \\ \vdots & & \vdots & \vdots & & \vdots \\ a_{n1} & \cdots & a_{nn} & 0 & \cdots & 0 \\ -1 & & & b_{11} & \cdots & b_{1n} \\ & \ddots & & \vdots & & \vdots \\ & & -1 & b_{n1} & \cdots & b_{nn} \end{vmatrix}\underset{\substack{c_1\times b_{11}+c_{n+1}\\ c_2\times b_{21}+c_{n+1}\\ \cdots \\ c_n\times b_{n1}+c_{n+1}\\ \cdots \\ c_1\times b_{1n}+c_{2n}\\ \cdots \\ c_n\times b_{nn}+c_{2n}}}{=}\begin{vmatrix} a_{11} & \cdots & a_{1n} & c_{11} & \cdots & c_{1n} \\ \vdots & & \vdots & \vdots & & \vdots \\ a_{n1} & \cdots & a_{nn} & c_{n1} & \cdots & c_{nn} \\ -1 & & & 0 & \cdots & 0 \\ & \ddots & & \vdots & & \vdots \\ & & -1 & 0 & \cdots & 0 \end{vmatrix},$$

式中 $c_{11}=a_{11}b_{11}+a_{12}b_{21}+\cdots+a_{1n}b_{n1}$，$c_{21}=a_{21}b_{11}+a_{22}b_{21}+\cdots+a_{2n}b_{n1}$，…，$c_{nn}=a_{n1}b_{1n}+a_{n2}b_{2n}+\cdots+a_{nn}b_{nn}$，故若记 $\boldsymbol{C}=(c_{ij})_{n\times n}$，则有 $\boldsymbol{C}=\boldsymbol{AB}$。再有

$$D=\begin{vmatrix} a_{11} & \cdots & a_{1n} & c_{11} & \cdots & c_{1n} \\ \vdots & & \vdots & \vdots & & \vdots \\ a_{n1} & \cdots & a_{nn} & c_{n1} & \cdots & c_{nn} \\ -1 & & & 0 & \cdots & 0 \\ & \ddots & & \vdots & & \vdots \\ & & -1 & 0 & \cdots & 0 \end{vmatrix} \xlongequal[\substack{r_1\leftrightarrow r_{n+1}\\ r_2\leftrightarrow r_{n+2}\\ \cdots \\ r_n\leftrightarrow r_{2n}}]{} (-1)^n \begin{vmatrix} -1 & & & 0 & \cdots & 0 \\ & \ddots & & \vdots & & \vdots \\ & & -1 & 0 & \cdots & 0 \\ a_{11} & \cdots & a_{1n} & c_{11} & \cdots & c_{1n} \\ \vdots & & \vdots & \vdots & & \vdots \\ a_{n1} & \cdots & a_{nn} & c_{n1} & \cdots & c_{nn} \end{vmatrix},$$

由行列式性质 1.8 可知 $D=(-1)^n\left|-\boldsymbol{E}\right|\times\left|\boldsymbol{C}\right|=\left|\boldsymbol{C}\right|$。

综上有 $\left|\boldsymbol{AB}\right|=\left|\boldsymbol{A}\right|\times\left|\boldsymbol{B}\right|$。

2.2.5　共轭矩阵*

当 $\boldsymbol{A}=(a_{ij})_{m\times n}$ 为复矩阵时，用 $\overline{a}_{ij}$ 表示 a_{ij} 的共轭复数，则称 $\overline{\boldsymbol{A}}=(\overline{a}_{ij})_{m\times n}$ 为 $\boldsymbol{A}$ 的共轭矩阵。共轭矩阵满足下列运算律（设 $\boldsymbol{A},\boldsymbol{B}$ 为复矩阵，λ 为复数，且运算都是可行的）：

（1）$\overline{(\boldsymbol{A}+\boldsymbol{B})}=\overline{\boldsymbol{A}}+\overline{\boldsymbol{B}}$；　　（2）$\overline{(\lambda\boldsymbol{A})}=\overline{\lambda}\,\overline{\boldsymbol{A}}$；

（3）$\overline{(\boldsymbol{A}\boldsymbol{B})}=\overline{\boldsymbol{A}}\,\overline{\boldsymbol{B}}$；　　（4）$(\overline{\boldsymbol{A}})^{\mathrm{T}}=\overline{(\boldsymbol{A}^{\mathrm{T}})}\triangleq\boldsymbol{A}^{\mathrm{H}}$。

2.3　逆矩阵

在 2.2 节我们学习了矩阵的加法、减法、乘法运算，没有学习除法运算。在实数四则运算中，除以某个数就是乘以该数的倒数，因此，这节主要研究矩阵的倒数（逆矩阵）问题。数 $a\neq 0$ 的倒数 b 是由关系式 $ab=ba=1$ 定义的，仿此我们引入以下定义。

定义 2.10　对于 n 阶方阵 $\boldsymbol{A}$，若有 n 阶方阵 $\boldsymbol{B}$ 满足 $\boldsymbol{AB}=\boldsymbol{BA}=\boldsymbol{E}$，则称 $\boldsymbol{A}$ 可逆，且称 $\boldsymbol{B}$ 为 $\boldsymbol{A}$ 的逆矩阵。

例如，由 $\begin{pmatrix}0 & -1\\ 1 & 0\end{pmatrix}\begin{pmatrix}0 & 1\\ -1 & 0\end{pmatrix}=\begin{pmatrix}0 & 1\\ -1 & 0\end{pmatrix}\begin{pmatrix}0 & -1\\ 1 & 0\end{pmatrix}=\begin{pmatrix}1 & 0\\ 0 & 1\end{pmatrix}$ 可知 $\begin{pmatrix}0 & 1\\ -1 & 0\end{pmatrix}$ 是 $\begin{pmatrix}0 & -1\\ 1 & 0\end{pmatrix}$ 的逆矩阵；当 $\lambda_1\cdots\lambda_n\neq 0$ 时，由

$$\begin{pmatrix}\lambda_1 & & \\ & \ddots & \\ & & \lambda_n\end{pmatrix}\begin{pmatrix}\lambda_1^{-1} & & \\ & \ddots & \\ & & \lambda_n^{-1}\end{pmatrix}=\begin{pmatrix}\lambda_1^{-1} & & \\ & \ddots & \\ & & \lambda_n^{-1}\end{pmatrix}\begin{pmatrix}\lambda_1 & & \\ & \ddots & \\ & & \lambda_n\end{pmatrix}=\boldsymbol{E}$$

可知 $\begin{pmatrix}\lambda_1^{-1} & & \\ & \ddots & \\ & & \lambda_n^{-1}\end{pmatrix}$ 是 $\begin{pmatrix}\lambda_1 & & \\ & \ddots & \\ & & \lambda_n\end{pmatrix}$ 的逆矩阵；由于零矩阵乘以任何矩阵都是零矩阵，故零矩阵没有逆矩阵。

方阵在什么条件下可逆？若有逆矩阵，则其是否唯一？又如何求出逆矩阵？下面我们逐一解答这些问题。

命题 2.1　若方阵 $\boldsymbol{A}$ 可逆，则 $\boldsymbol{A}$ 的逆矩阵唯一，这时其逆矩阵就可记作 $\boldsymbol{A}^{-1}$。

证：设 $\boldsymbol{B}$ 与 $\boldsymbol{C}$ 都是 $\boldsymbol{A}$ 的逆矩阵，则有 $\boldsymbol{AB}=\boldsymbol{BA}=\boldsymbol{E}$，$\boldsymbol{AC}=\boldsymbol{CA}=\boldsymbol{E}$，于是 $\boldsymbol{B}=\boldsymbol{BE}=\boldsymbol{B}(\boldsymbol{AC})=(\boldsymbol{BA})\boldsymbol{C}=\boldsymbol{EC}=\boldsymbol{C}$。

注：由于矩阵的乘法运算不满足交换律，即 $\dfrac{\boldsymbol{B}}{\boldsymbol{A}}$ 不能明确表示是 $\boldsymbol{A}^{-1}\boldsymbol{B}$ 还是 $\boldsymbol{B}\boldsymbol{A}^{-1}$，因而 $\boldsymbol{A}$ 的逆矩阵 $\boldsymbol{A}^{-1}$ 不能记为 $\dfrac{1}{\boldsymbol{A}}$，这与数 a 的倒数可记为 $\dfrac{1}{a}$ 不同。

定义 2.11 设 $\boldsymbol{A}$ 为 n 阶方阵，A_{ij} 是 $|\boldsymbol{A}|$ 中元素 a_{ij} 的代数余子式，则称

$$\begin{pmatrix} A_{11} & A_{21} & \cdots & A_{n1} \\ A_{12} & A_{22} & \cdots & A_{n2} \\ \vdots & \vdots & & \vdots \\ A_{1n} & A_{2n} & \cdots & A_{nn} \end{pmatrix}$$

为 $\boldsymbol{A}$ 的伴随方阵，简称伴随阵，记作 $\boldsymbol{A}^*$。

例 2.13 求 $\boldsymbol{A}=\begin{pmatrix} 3 & -1 & 0 \\ -2 & 1 & 1 \\ 1 & -1 & 4 \end{pmatrix}$ 的伴随方阵 $\boldsymbol{A}^*$。

解：因为 $A_{11}=(-1)^{1+1}\begin{vmatrix} 1 & 1 \\ -1 & 4 \end{vmatrix}=5$，$A_{12}=(-1)^{1+2}\begin{vmatrix} -2 & 1 \\ 1 & 4 \end{vmatrix}=9$，$A_{13}=1$，$A_{21}=4$，$A_{22}=12$，$A_{23}=2$，$A_{31}=-1$，$A_{32}=-3$，$A_{33}=1$，

所以 $\boldsymbol{A}^*=\begin{pmatrix} 5 & 4 & -1 \\ 9 & 12 & -3 \\ 1 & 2 & 1 \end{pmatrix}$。

命题 2.2 设 $\boldsymbol{A}$ 为 n 阶方阵，则 $\boldsymbol{A}\boldsymbol{A}^*=\boldsymbol{A}^*\boldsymbol{A}=|\boldsymbol{A}|\boldsymbol{E}$。

证：
$$\boldsymbol{A}\boldsymbol{A}^*=\begin{pmatrix} a_{11} & a_{12} & \cdots & a_{1n} \\ a_{21} & a_{22} & \cdots & a_{2n} \\ \vdots & \vdots & & \vdots \\ a_{n1} & a_{n2} & \cdots & a_{nn} \end{pmatrix}\begin{pmatrix} A_{11} & A_{21} & \cdots & A_{n1} \\ A_{12} & A_{22} & \cdots & A_{n2} \\ \vdots & \vdots & & \vdots \\ A_{1n} & A_{2n} & \cdots & A_{nn} \end{pmatrix}$$

$$=\begin{pmatrix} \sum\limits_{k=1}^{n} a_{1k}A_{1k} & \sum\limits_{k=1}^{n} a_{1k}A_{2k} & \cdots & \sum\limits_{k=1}^{n} a_{1k}A_{nk} \\ \sum\limits_{k=1}^{n} a_{2k}A_{1k} & \sum\limits_{k=1}^{n} a_{2k}A_{2k} & \cdots & \sum\limits_{k=1}^{n} a_{2k}A_{nk} \\ \vdots & \vdots & & \vdots \\ \sum\limits_{k=1}^{n} a_{nk}A_{1k} & \sum\limits_{k=1}^{n} a_{nk}A_{2k} & \cdots & \sum\limits_{k=1}^{n} a_{nk}A_{nk} \end{pmatrix}$$

$$=\begin{pmatrix} |\boldsymbol{A}| & 0 & \cdots & 0 \\ 0 & |\boldsymbol{A}| & \cdots & 0 \\ \vdots & \vdots & & \vdots \\ 0 & 0 & \cdots & |\boldsymbol{A}| \end{pmatrix}=|\boldsymbol{A}|\boldsymbol{E},$$

同理可证 $\boldsymbol{A}^*\boldsymbol{A}=|\boldsymbol{A}|\boldsymbol{E}$。

定理 2.1 n 阶方阵 $\boldsymbol{A}$ 可逆的充分必要条件是 $|\boldsymbol{A}|\neq 0$，而且当 $\boldsymbol{A}$ 可逆时，其 $\boldsymbol{A}^{-1}=\dfrac{1}{|\boldsymbol{A}|}\boldsymbol{A}^*$，式中 $\boldsymbol{A}^*$ 为 $\boldsymbol{A}$ 的伴随方阵。

证：若A^{-1}存在，则由$AA^{-1}=E$可得$|A|\times|A^{-1}|=1$，即得$|A|\neq 0$。

若$|A|\neq 0$，则由命题 2.2 有$A(\frac{1}{|A|}A^*)=(\frac{1}{|A|}A^*)A=\frac{1}{|A|}(A^*A)=E$，由定义知$A$可逆，且$A^{-1}=\frac{1}{|A|}A^*$。

方阵A可逆时，亦称A为非奇异方阵；方阵A不可逆时，亦称A为奇异方阵。

例 2.14 求$A=\begin{pmatrix}3&-1&0\\-2&1&1\\1&-1&4\end{pmatrix}$的逆矩阵。

解： $|A|=6$，$A^{-1}=\frac{1}{6}A^*=\frac{1}{6}\begin{pmatrix}5&4&-1\\9&12&-3\\1&2&1\end{pmatrix}$。

例 2.15 设$A=\begin{pmatrix}5&-1&0\\-2&3&1\\2&-1&6\end{pmatrix}$，$C=\begin{pmatrix}2&1\\2&0\\3&5\end{pmatrix}$满足$AX=C+2X$，求$X$。

解： 合并同类项得$(A-2E)X=C$，而$|A-2E|=5$，因此

$$X=(A-2E)^{-1}C=\frac{1}{5}\begin{pmatrix}5&4&-1\\10&12&-3\\0&1&1\end{pmatrix}\begin{pmatrix}2&1\\2&0\\3&5\end{pmatrix}=\begin{pmatrix}3&0\\7&-1\\1&1\end{pmatrix}。$$

例 2.16 设$A=\begin{pmatrix}1&1&-1\\-1&1&1\\1&-1&1\end{pmatrix}$满足$A^*X=A^{-1}+2X$，求$X$。

解： 合并同类项得$(A^*-2E)X=A^{-1}$，两边左乘A得$(AA^*-2A)X=E$，即$(|A|E-2A)X=E$，而$|A|=4$，所以

$$X=(4E-2A)^{-1}=\frac{1}{4}\begin{pmatrix}1&1&0\\0&1&1\\1&0&1\end{pmatrix}。$$

由定理 2.1，可得命题 2.3。

命题 2.3 A、B均为n阶方阵，则$AB=E$（或$BA=E$）的充分必要条件是$A^{-1}=B$。

证： 命题的充分性很显然，下面证明必要性，因为$AB=E$，所以$|AB|=|E|$，即$|A|\times|B|=1$，即得$|A|\neq 0$，于是A可逆，而且$A^{-1}=A^{-1}E=A^{-1}(AB)=(A^{-1}A)B=EB=B$。

例 2.17 设A满足$A^2-2A-5E=O$，求$(A+E)^{-1}$。

解： 由命题 2.3 可知，若有$(A+E)B=kE(k\neq 0)$，则$(A+E)^{-1}=\frac{1}{k}B$，于是

$$A^2-2A-5E=O\Rightarrow(A+E)(A-3E)=2E$$
$$\Rightarrow(A+E)\left(\frac{1}{2}(A-3E)\right)=E\Rightarrow(A+E)^{-1}=\frac{1}{2}(A-3E)。$$

命题 2.4 若A、B均为方阵且都可逆，则有下列公式：

（1）$\left|A^{-1}\right|=|A|^{-1}$；

（2）$(A^{\mathrm{T}})^{-1}=(A^{-1})^{\mathrm{T}}$，$(A^{-1})^{-1}=A$；$(A^{*})^{-1}=(A^{-1})^{*}=|A|^{-1}A$；

（3）$(\lambda A)^{-1}=\dfrac{1}{\lambda}A^{-1}$（常数 $\lambda\neq 0$），$(AB)^{-1}=B^{-1}A^{-1}$。

证：（1）$AA^{-1}=E\Rightarrow\left|AA^{-1}\right|=|E|\Rightarrow|A|\times\left|A^{-1}\right|=1\Rightarrow\left|A^{-1}\right|=|A|^{-1}$。

（2）$A^{\mathrm{T}}(A^{-1})^{\mathrm{T}}=(A^{-1}A)^{\mathrm{T}}=E^{\mathrm{T}}=E\Rightarrow(A^{\mathrm{T}})^{-1}=(A^{-1})^{\mathrm{T}}$，

$A^{-1}A=E\Rightarrow(A^{-1})^{-1}=A$，

$A^{*}(|A|^{-1}A)=|A|^{-1}A^{*}A=|A|^{-1}|A|E=E\Rightarrow(A^{*})^{-1}=|A|^{-1}A$，

$(A^{-1})^{*}A^{-1}=\left|A^{-1}\right|E\Rightarrow(A^{-1})^{*}=\left|A^{-1}\right|EA=|A|^{-1}A$。

（3）$(\lambda A)(\dfrac{1}{\lambda}A^{-1})=AA^{-1}=E\Rightarrow(\lambda A)^{-1}=\dfrac{1}{\lambda}A^{-1}$，

$(AB)(B^{-1}A^{-1})=A(BB^{-1})A^{-1}=AEA^{-1}=E\Rightarrow(AB)^{-1}=B^{-1}A^{-1}$。

最后，当方阵 A 可逆时，我们还可定义 $A^{0}=E$，$A^{-k}=(A^{-1})^{k}$ $(k=1,2,\cdots)$，则仍然有 $A^{k}A^{l}=A^{k+l}$，$(A^{k})^{l}=A^{kl}$（k,l 为整数）。

2.4 矩阵分块法

对于行数和列数较高的矩阵 A，经常采用分块法来运算，使大矩阵的运算化成小矩阵的运算，从而可使得某些问题的讨论变得简单。我们用若干条横线与纵线将矩阵 A 划分为若干个小矩阵，这些小矩阵被称为 A 的子矩阵，以子矩阵为其元素的矩阵称为分块矩阵。例如

$$A=\left(\begin{array}{cc|cc}1&0&-1&1\\-1&0&1&0\\\hline 0&0&2&-1\\0&0&0&-3\end{array}\right)=\begin{pmatrix}A_{11}&A_{12}\\A_{21}&A_{22}\end{pmatrix},$$

$$A=\left(\begin{array}{c|c|c|c}1&0&-1&1\\-1&0&1&0\\0&0&2&-1\\0&0&0&-3\end{array}\right)=\begin{pmatrix}b_1&b_2&b_3&b_4\end{pmatrix}。$$

其特点：同行上的子矩阵“行数”相同，同列上的子矩阵“列数”相同。

分块矩阵的运算规则与普通矩阵的运算规则相类似，分别说明如下。

1．加法

对 $A_{m\times n},B_{m\times n}$ 采取相同的分块法，有 $A_{m\times n}=\begin{pmatrix}A_{11}&\cdots&A_{1r}\\\vdots&&\vdots\\A_{s1}&\cdots&A_{sr}\end{pmatrix}$，$B_{m\times n}=\begin{pmatrix}B_{11}&\cdots&B_{1r}\\\vdots&&\vdots\\B_{s1}&\cdots&B_{sr}\end{pmatrix}$，式中 A_{ij} 与 B_{ij} 行数相同、列数相同，那么

$$A+B=\begin{pmatrix} A_{11}+B_{11} & \cdots & A_{1r}+B_{1r} \\ \vdots & & \vdots \\ A_{s1}+B_{s1} & \cdots & A_{sr}+B_{sr} \end{pmatrix}。$$

2．数乘

$$\lambda A_{m\times n}=\begin{pmatrix} \lambda A_{11} & \cdots & \lambda A_{1r} \\ \vdots & & \vdots \\ \lambda A_{s1} & \cdots & \lambda A_{sr} \end{pmatrix}。$$

3．乘法

设 $A_{m\times l}$ 的列划分方式与 $B_{l\times n}$ 的行划分方式相同，有

$$A_{m\times l}=\begin{pmatrix} A_{11} & \cdots & A_{1t} \\ \vdots & & \vdots \\ A_{s1} & \cdots & A_{st} \end{pmatrix},\quad B_{l\times n}=\begin{pmatrix} B_{11} & \cdots & B_{1r} \\ \vdots & & \vdots \\ B_{t1} & \cdots & B_{tr} \end{pmatrix},$$

式中 $A_{i1},\cdots,A_{it}$ 的列数分别等于 $B_{1j},\cdots,B_{tj}$ 的行数，那么

$$AB=\begin{pmatrix} C_{11} & \cdots & C_{1r} \\ \vdots & & \vdots \\ C_{s1} & \cdots & C_{sr} \end{pmatrix},$$

式中 $C_{ij}=A_{i1}B_{1j}+\cdots+A_{it}B_{tj}(i=1,2,\cdots,s;\ j=1,2,\cdots,r)$。

例 2.18 设 $A=\left(\begin{array}{cc|cc} 1 & 0 & 0 & 0 \\ 0 & 1 & 0 & 0 \\ \hline -1 & 2 & 1 & 0 \\ 1 & 1 & 0 & 1 \end{array}\right)=\begin{pmatrix} E & O \\ A_{21} & E \end{pmatrix}$，

$$B=\left(\begin{array}{cc|cc} 1 & 0 & 1 & 0 \\ -1 & 2 & 0 & 1 \\ \hline 1 & 0 & 4 & 1 \\ -1 & -1 & 2 & 0 \end{array}\right)=\begin{pmatrix} B_{11} & E \\ B_{21} & B_{22} \end{pmatrix},$$

则 $AB=\begin{pmatrix} B_{11} & E \\ A_{21}B_{11}+B_{21} & A_{21}+B_{22} \end{pmatrix}=\left(\begin{array}{cc|cc} 1 & 0 & 1 & 0 \\ -1 & 2 & 0 & 1 \\ \hline -2 & 4 & 3 & 3 \\ -1 & 1 & 3 & 1 \end{array}\right)$。

4．转置

设 $A_{m\times n}=\begin{pmatrix} A_{11} & \cdots & A_{1r} \\ \vdots & & \vdots \\ A_{s1} & \cdots & A_{sr} \end{pmatrix}$，则 $A^{\mathrm{T}}=\begin{pmatrix} A_{11}^{\mathrm{T}} & \cdots & A_{s1}^{\mathrm{T}} \\ \vdots & & \vdots \\ A_{1r}^{\mathrm{T}} & \cdots & A_{sr}^{\mathrm{T}} \end{pmatrix}$。

5．分块对角矩阵运算

设 A 为 n 阶方阵，若 A 的分块矩阵只在对角线上有非零子矩阵，其余子矩阵都为零矩阵，且在对角线上的子矩阵都是方阵，即

$$A=\begin{pmatrix}A_1 & & & \\ & A_2 & & \\ & & \ddots & \\ & & & A_s\end{pmatrix},$$

式中 $A_1, A_2, \cdots, A_s$ 都是方阵，那么称 A 为分块对角矩阵。

分块对角矩阵有下面性质：

（1）$\begin{pmatrix}A_1 & & & \\ & A_2 & & \\ & & \ddots & \\ & & & A_s\end{pmatrix}^{\mathrm{T}}=\begin{pmatrix}A_1^{\mathrm{T}} & & & \\ & A_2^{\mathrm{T}} & & \\ & & \ddots & \\ & & & A_s^{\mathrm{T}}\end{pmatrix}$；

（2）$|A|=|A_1|\times|A_2|\times\cdots\times|A_s|$；

（3）$\begin{pmatrix}A_1 & & & \\ & A_2 & & \\ & & \ddots & \\ & & & A_s\end{pmatrix}\begin{pmatrix}B_1 & & & \\ & B_2 & & \\ & & \ddots & \\ & & & B_s\end{pmatrix}=\begin{pmatrix}A_1B_1 & & & \\ & A_2B_2 & & \\ & & \ddots & \\ & & & A_sB_s\end{pmatrix}$，式中 A_i 与 $B_i\,(i=1,2,\cdots,s)$ 是同阶方阵；

（4）A 可逆 $\Leftrightarrow$ $A_i\ (i=1,2,\cdots,s)$ 都可逆，且有 $A^{-1}=\begin{pmatrix}A_1^{-1} & & & \\ & A_2^{-1} & & \\ & & \ddots & \\ & & & A_s^{-1}\end{pmatrix}$。

可见，分块对角矩阵与对角阵 Λ 的性质类似，请读者自行证明。那么，若 $A=\begin{pmatrix}O & & & A_1 \\ & & A_2 & \\ & \ddots & & \\ A_s & & & O\end{pmatrix}$，式中 $A_1, A_2, \cdots, A_s$ 都是方阵，其转置矩阵、行列式和逆矩阵（若逆矩阵存在）呢？

例 2.19 设 $A=\left(\begin{array}{c|cc}5 & 0 & 0 \\ \hline 0 & 3 & 1 \\ 0 & 2 & 1\end{array}\right)$，求 A^{-1}。

解：$A=\left(\begin{array}{c|cc}5 & 0 & 0 \\ \hline 0 & 3 & 1 \\ 0 & 2 & 1\end{array}\right)=\begin{pmatrix}A_1 & \\ & A_2\end{pmatrix}$，故 $A^{-1}=\begin{pmatrix}A_1^{-1} & \\ & A_2^{-1}\end{pmatrix}=\left(\begin{array}{c|cc}1/5 & 0 & 0 \\ \hline 0 & 1 & -1 \\ 0 & -2 & 3\end{array}\right)$。

例 2.20 设 $A_{m\times m}$ 与 $B_{n\times n}$ 都可逆，$M=\begin{pmatrix}A & O \\ C & B\end{pmatrix}$，求 M^{-1}。

解：因为 $|M|=|A|\times|B|\neq 0$，所以 M 可逆，于是设 $M^{-1}=\begin{pmatrix}X_1 & X_2 \\ X_3 & X_4\end{pmatrix}$，由

$$\begin{pmatrix} A & O \\ C & B \end{pmatrix}\begin{pmatrix} X_1 & X_2 \\ X_3 & X_4 \end{pmatrix}=\begin{pmatrix} E_m & O \\ O & E_n \end{pmatrix}\text{得}\begin{cases} AX_1=E_m \\ AX_2=O \\ CX_1+BX_3=O \\ CX_2+BX_4=E_n \end{cases},$$

可解得$\begin{cases} X_1=A^{-1} \\ X_2=O \\ X_3=-B^{-1}CA^{-1} \\ X_4=B^{-1} \end{cases}$，所以$M^{-1}=\begin{pmatrix} A^{-1} & O \\ -B^{-1}CA^{-1} & B^{-1} \end{pmatrix}$。

例 2.21 设$A^{\mathrm{T}}A=O$，证明$A=O$。

证： 把矩阵$A_{m\times n}$按列分块，即$A=(\alpha_1\ \ \alpha_2\ \ \cdots\ \ \alpha_n)$，$\alpha_i\in R^{m\times 1}(i=1,\cdots,n)$

则

$$O=A^{\mathrm{T}}A=\begin{pmatrix} \alpha_1^{\mathrm{T}} \\ \alpha_2^{\mathrm{T}} \\ \vdots \\ \alpha_n^{\mathrm{T}} \end{pmatrix}(\alpha_1\ \ \alpha_2\ \ \cdots\ \ \alpha_n)=\begin{pmatrix} \alpha_1^{\mathrm{T}}\alpha_1 & \alpha_1^{\mathrm{T}}\alpha_2 & \cdots & \alpha_1^{\mathrm{T}}\alpha_n \\ \alpha_2^{\mathrm{T}}\alpha_1 & \alpha_2^{\mathrm{T}}\alpha_2 & \cdots & \alpha_2^{\mathrm{T}}\alpha_n \\ \vdots & \vdots & & \vdots \\ \alpha_n^{\mathrm{T}}\alpha_1 & \alpha_n^{\mathrm{T}}\alpha_2 & \cdots & \alpha_n^{\mathrm{T}}\alpha_n \end{pmatrix},$$

即有

$$\alpha_i^{\mathrm{T}}\alpha_i=0(i=1,2,\cdots,n),$$

而

$$\alpha_i^{\mathrm{T}}\alpha_i=(a_{1i}\ \ a_{2i}\ \ \cdots\ \ a_{mi})\begin{pmatrix} a_{1i} \\ a_{2i} \\ \vdots \\ a_{mi} \end{pmatrix}=a_{1i}^2+a_{2i}^2+\cdots+a_{mi}^2(i=1,2,\cdots,n),$$

因$a_{1i},a_{2i},\cdots,a_{mi}$都是实数，故$a_{1i}=a_{2i}=\cdots=a_{mi}=0\ \ (i=1,2,\cdots,n)$，

即

$$A=O。$$

习题 2

1．已知

$$2\times\begin{pmatrix} 2 & 1 & -3 \\ 0 & -2 & 1 \end{pmatrix}+3X-\begin{pmatrix} 1 & -2 & 2 \\ 3 & 0 & -1 \end{pmatrix}=O,$$

求矩阵X。

2．计算下列乘积。

（1）$\begin{pmatrix} 2 \\ 1 \\ 3 \end{pmatrix}(1\ \ 3\ \ 2)$；（2）$(2\ \ 1\ \ 3)\begin{pmatrix} 1 \\ 3 \\ 2 \end{pmatrix}$；（3）$\begin{pmatrix} 1 & 0 & 0 \\ 0 & 1 & 0 \\ 0 & 0 & 1 \end{pmatrix}\begin{pmatrix} 2 & 1 \\ 4 & 3 \\ 7 & 9 \end{pmatrix}$；

（4）$\begin{pmatrix} 2 & 1 & 4 & 0 \\ 1 & -1 & 3 & 4 \end{pmatrix}\begin{pmatrix} 1 & 3 & 1 \\ 0 & -1 & 2 \\ 1 & -3 & 1 \\ 4 & 0 & -2 \end{pmatrix}$；（5）$\begin{pmatrix} 2 \\ -1 \\ 3 \end{pmatrix}(2\ \ -1)\begin{pmatrix} 1 & -1 \\ 3 & -2 \end{pmatrix}$。

3．举反例说明下列命题是错误的。

（1）若$A^2=O$，则$A=O$。

（2）若 $A^2=A$，则 $A=O$ 或 $A=E$ 。

（3）若 $AX=AY$，且 $A\neq O$，则 $X=Y$ 。

4．计算（1）$\begin{pmatrix}\lambda & 1 & 0\\0 & \lambda & 1\\0 & 0 & \lambda\end{pmatrix}^3$；　（2）$\begin{pmatrix}1 & 1 & 0\\0 & 1 & 0\\0 & 0 & 1\end{pmatrix}^n$ 。

5．已知

$$A=\begin{pmatrix}2 & 1 & 1\\3 & 1 & 2\\1 & -1 & 0\end{pmatrix},$$

设 $f(x)=x^2-x-1$，求 $f(A)$。

6．求解以下问题。

（1）若 $A^2=E$，则称 A 为对合矩阵；若 $A^2=A$，则称 A 为幂等矩阵。设 A、B 为 n 阶方阵且 $A=\frac{1}{2}(B+E)$，证明：A 是幂等矩阵的充分必要条件是 B 是对合矩阵。

（2）若 $A^2=O$，则称 A 为幂零矩阵，求出一切二阶幂零矩阵。

7．已知 A 是 n 阶对称阵，B 是 n 阶反对称阵，试证以下问题。

（1）A^2、B^2 都是对称阵。

（2）$AB-BA$ 是对称阵，$AB+BA$ 是反对称阵。

（3）AB 是反对称阵的充分必要条件是 $AB=BA$。

8．试证：任何一个方阵，均可表示为一个对称阵与一个反对称阵之和。

9．设 $A=\begin{pmatrix}1 & 2 & -1\\3 & -1 & 2\\0 & 2 & 0\end{pmatrix}, B=\begin{pmatrix}1 & -5 & 7\\-5 & 2 & 3\\7 & 3 & -1\end{pmatrix}$，求解以下问题。

（1）计算行列式 $\left|(2A+B)^{\mathrm{T}}+B\right|$ 的值。

（2）求行列式 $\left|A^3-A\right|$。

10．求下列矩阵的逆矩阵。

（1）$A=\begin{pmatrix}a & b\\c & d\end{pmatrix}$，式中 $ad-bc\neq 0$；　（2）$A=\begin{pmatrix}1 & 2 & -3\\0 & 1 & 2\\0 & 0 & 1\end{pmatrix}$；

（3）$A=\begin{pmatrix}1 & 2 & 3\\1 & 1 & 1\\3 & 1 & 1\end{pmatrix}$；　（4）$A=\begin{pmatrix}0 & 0 & 1\\0 & -2 & 0\\\frac{1}{3} & 0 & 0\end{pmatrix}$。

11．解下列矩阵方程。

（1）$\begin{pmatrix}2 & 5\\1 & 3\end{pmatrix}X=\begin{pmatrix}4 & -6\\2 & 1\end{pmatrix}$；　（2）$\begin{pmatrix}1 & 1 & -1\\0 & 2 & 2\\1 & -1 & 0\end{pmatrix}X=\begin{pmatrix}1 & -1 & 1\\1 & 1 & 0\\2 & 1 & 4\end{pmatrix}$；

（3）$\begin{pmatrix}0&1&0\\1&0&0\\0&0&1\end{pmatrix}X\begin{pmatrix}1&0&0\\0&0&1\\0&1&0\end{pmatrix}=\begin{pmatrix}1&-4&3\\2&0&-1\\1&-2&0\end{pmatrix}$。

12．设$A^k=O$（k为大于1的某个正整数），证明

$$(E-A)^{-1}=E+A+A^2+\cdots+A^{k-1}。$$

13．设方阵A满足$A^2-A-2E=O$，证明A及$A+2E$都可逆，并求A^{-1}及$(A+2E)^{-1}$。

14．若A为可逆方阵，并且$AB=BA$，试证：$A^{-1}B=BA^{-1}$。

15．已知$AP=PB$，式中$B=\begin{pmatrix}1&0&0\\0&0&0\\0&0&-1\end{pmatrix},P=\begin{pmatrix}1&2&3\\0&1&2\\0&0&1\end{pmatrix}$，求$A$与$A^{100}$。

16．设A为3阶方阵且$|A|=4$，求$|(\frac{1}{2}A^{\mathrm{T}})^{-1}-(3A^*)^{\mathrm{T}}|$和$|(\frac{1}{2}A)^*|$。

17．设A为n阶方阵，A^*为A的伴随方阵，求证以下问题。

（1）若$|A|=0$，则$|A^*|=0$。

（2）$|A^*|=|A|^{n-1}$。

18．设n阶方阵A与s阶方阵B都可逆，求$\begin{pmatrix}O&A\\B&O\end{pmatrix}^{-1}$。

第 3 章　矩阵的初等变换和线性方程组

初等变换是研究矩阵的一种重要方法，本章先由线性方程组的消元法引入矩阵的初等变换，引出初等矩阵和矩阵的秩的概念，并利用初等变换求矩阵的秩，利用初等变换求方阵的逆矩阵，然后利用矩阵的秩和初等行变换讨论线性方程组无解、有唯一解或有无穷多解的充分必要条件，并求解线性方程组。

3.1　矩阵的初等变换

在科学技术中，许多问题的解决常常归结为线性方程组的求解。我们知道，在中学求解线性方程组，通常采用高斯（Gauss，1777—1855，德国数学家、天文学家和物理学家，于 1800 年提出高斯消元法）消元法，在消元过程中常用如下 3 种同解变换：（1）互换两个方程的位置；（2）用非零数乘以某个方程；（3）将某个方程的若干倍加到另一个方程上。

例如，$\begin{cases} 2x_1 - x_2 + 3x_3 = 1 & 1^* \\ 4x_1 + 2x_2 + 5x_3 = 4 & 2^* \\ 2x_1 \quad\quad + 2x_3 = 6 & 3^* \end{cases} \xrightarrow[1^*\times(-1)+3^*]{1^*\times(-2)+2^*} \begin{cases} 2x_1 - x_2 + 3x_3 = 1 & 4^* \\ \quad 4x_2 - x_3 = 2 & 5^* \\ \quad x_2 - x_3 = 5 & 6^* \end{cases}$

$$\xrightarrow[\substack{5^*\times1+4^* \\ 5^*\times(-4)+6^*}]{5^*\leftrightarrow6^*} \begin{cases} 2x_1 \quad\quad + 2x_3 = 6 & 7^* \\ \quad x_2 - x_3 = 5 & 8^* \\ \quad\quad 3x_3 = -18 & 9^* \end{cases} \xrightarrow[\substack{9^*\times1+8^* \\ 9^*\times(-2)+7^* \\ 7^*\times(\frac{1}{2})}]{9^*\times(\frac{1}{3})} \begin{cases} x_1 = 9 \\ x_2 = -1 \\ x_3 = -6 \end{cases}。$$

前面已经说过，线性方程组的全部信息都可以用其增广矩阵反映出来，因此，消元法的 3 种同解变换反映在其增广矩阵上就是如下求解过程。

$$(\boldsymbol{A} \mid \boldsymbol{b}) = \left(\begin{array}{ccc|c} 2 & -1 & 3 & 1 \\ 4 & 2 & 5 & 4 \\ 2 & 0 & 2 & 6 \end{array}\right) \xrightarrow[r_1\times(-1)+r_3]{r_1\times(-2)+r_2} \left(\begin{array}{ccc|c} 2 & -1 & 3 & 1 \\ 0 & 4 & -1 & 2 \\ 0 & 1 & -1 & 5 \end{array}\right)$$

$$\xrightarrow[\substack{r_2\times1+r_1 \\ r_2\times(-4)+r_3}]{r_2\leftrightarrow r_3} \left(\begin{array}{ccc|c} 2 & 0 & 2 & 6 \\ 0 & 1 & -1 & 5 \\ 0 & 0 & 3 & -18 \end{array}\right) \xrightarrow[\substack{r_3\times1+r_2 \\ r_3\times(-2)+r_1 \\ r_1\times(\frac{1}{2})}]{r_3\times(\frac{1}{3})} \left(\begin{array}{ccc|c} 1 & 0 & 0 & 9 \\ 0 & 1 & 0 & -1 \\ 0 & 0 & 1 & -6 \end{array}\right),$$

于是我们就得到了矩阵的初等变换定义。

定义 3.1　数域 F 上矩阵 $\boldsymbol{A}$ 的初等行（列）变换是指：

（1）对换矩阵 $\boldsymbol{A}$ 的两行（列）元素（记为 $r_i \leftrightarrow r_j, c_i \leftrightarrow c_j$）；

（2）以数 $k \neq 0$ 乘以矩阵 $\boldsymbol{A}$ 中某行（列）各元素（记为 $r_i \times k$，$c_i \times k$）；

（3）把矩阵 $\boldsymbol{A}$ 的某行（列）各元素的 k 倍加到另一行（列）对应位置的元素上（记为 $r_i\times k+r_j$，$c_i\times k+c_j$）。

定义 3.2 如果矩阵 $\boldsymbol{A}\in F^{m\times n}$ 经有限次初等变换变成矩阵 $\boldsymbol{B}\in F^{m\times n}$，就称矩阵 $\boldsymbol{A}$ 与矩阵 $\boldsymbol{B}$ 等价，记作 $\boldsymbol{A}\cong\boldsymbol{B}$。

矩阵之间的等价关系具有以下性质。

（1）自反性，即 $\boldsymbol{A}\cong\boldsymbol{A}$。

（2）对称性，即若 $\boldsymbol{A}\cong\boldsymbol{B}$，则 $\boldsymbol{B}\cong\boldsymbol{A}$。

（3）传递性，即若 $\boldsymbol{A}\cong\boldsymbol{B},\boldsymbol{B}\cong\boldsymbol{C}$，则 $\boldsymbol{A}\cong\boldsymbol{C}$。

矩阵的初等变换是研究矩阵的一种最基本方法，它有着广泛的应用。下面介绍与矩阵初等变换密切相关的一个概念——初等矩阵。

定义 3.3 由单位矩阵 $\boldsymbol{E}$ 经过一次初等变换得到的矩阵称为初等矩阵。

（1）$$\boldsymbol{E}\xrightarrow[\text{或}c_i\leftrightarrow c_j]{r_i\leftrightarrow r_j}\begin{pmatrix} 1 & & & & & & & & \\ & \ddots & & & & & & & \\ & & 1 & & & & & & \\ & & & 0 & \cdots & 1 & & & \\ & & & & 1 & & & & \\ & & & \vdots & \ddots & \vdots & & & \\ & & & & & 1 & & & \\ & & & 1 & \cdots & 0 & & & \\ & & & & & & 1 & & \\ & & & & & & & \ddots & \\ & & & & & & & & 1 \end{pmatrix}\begin{matrix} \\ \\ \\ \leftarrow \text{第}i\text{行} \\ \\ \\ \\ \leftarrow \text{第}j\text{行} \\ \\ \\ \\ \end{matrix}\triangleq\boldsymbol{E}(i,j)；$$

（2）$$\boldsymbol{E}\xrightarrow[\text{或}c_i\times k]{r_i\times k}\begin{pmatrix} 1 & & & & & \\ & \ddots & & & & \\ & & 1 & & & \\ & & & k & & \\ & & & & 1 & \\ & & & & & \ddots & \\ & & & & & & 1 \end{pmatrix}\leftarrow\text{第}i\text{行}\quad\triangleq\boldsymbol{E}(i(k))\qquad(k\neq 0)；$$

（3）$$\boldsymbol{E}\xrightarrow[\text{或}c_i\times k+c_j]{r_j\times k+r_i}\begin{pmatrix} 1 & & & & & \\ & \ddots & & & & \\ & & 1 & \cdots & k & & \\ & & & \ddots & \vdots & & \\ & & & & 1 & & \\ & & & & & \ddots & \\ & & & & & & 1 \end{pmatrix}\begin{matrix} \\ \\ \leftarrow \text{第}i\text{行} \\ \\ \leftarrow \text{第}j\text{行} \\ \\ \\ \end{matrix}\triangleq\boldsymbol{E}(j(k)+i)。$$

初等矩阵是单位矩阵经过一次初等变换得到的方阵，那么初等矩阵与一般矩阵的初等变换有什么关系呢？

可以验知（1）用m阶初等矩阵$\boldsymbol{E}(i,j)$左乘矩阵$\boldsymbol{A}=(a_{ij})_{m\times n}$，得

$$\boldsymbol{E}(i,j)\boldsymbol{A}=\begin{pmatrix} a_{11} & a_{12} & \cdots & a_{1n} \\ \vdots & \vdots & & \vdots \\ a_{j1} & a_{j2} & \cdots & a_{jn} \\ \vdots & \vdots & & \vdots \\ a_{i1} & a_{i2} & \cdots & a_{in} \\ \vdots & \vdots & & \vdots \\ a_{m1} & a_{m2} & \cdots & a_{mn} \end{pmatrix}\begin{matrix} \\ \\ \leftarrow 第i行 \\ \\ \leftarrow 第j行 \\ \\ \\ \end{matrix},$$

其结果相当于对矩阵$\boldsymbol{A}$施行第 1 种初等行变换：把矩阵$\boldsymbol{A}$的第i行元素与第j行元素对换（$r_i\leftrightarrow r_j$）。类似地，用n阶初等矩阵$\boldsymbol{E}(i,j)$右乘矩阵$\boldsymbol{A}=(a_{ij})_{m\times n}$，其结果相当于对矩阵$\boldsymbol{A}$施行第 1 种初等列变换：把矩阵$\boldsymbol{A}$的第$i$列元素与第$j$列元素对换（$c_i\leftrightarrow c_j$）。

（2）用m阶初等矩阵$\boldsymbol{E}(i(k))$左乘矩阵$\boldsymbol{A}=(a_{ij})_{m\times n}$，得

$$\boldsymbol{E}(i(k))\boldsymbol{A}=\begin{pmatrix} a_{11} & a_{12} & \cdots & a_{1n} \\ \vdots & \vdots & & \vdots \\ ka_{i1} & ka_{i2} & \cdots & ka_{in} \\ \vdots & \vdots & & \vdots \\ a_{m1} & a_{m2} & \cdots & a_{mn} \end{pmatrix}\leftarrow 第i行,$$

其结果相当于对矩阵$\boldsymbol{A}$施行第 2 种初等行变换：以数$k(k\neq 0)$乘以矩阵$\boldsymbol{A}$的第i行各元素（$r_i\times k$）。类似地，用n阶初等矩阵$\boldsymbol{E}(i(k))$右乘矩阵$\boldsymbol{A}=(a_{ij})_{m\times n}$，其结果相当于对矩阵$\boldsymbol{A}$施行第 2 种初等列变换：以数$k(k\neq 0)$乘以矩阵$\boldsymbol{A}$的第$i$列各元素（$c_i\times k$）。

（3）用m阶初等矩阵$\boldsymbol{E}(j(k)+i)$左乘矩阵$\boldsymbol{A}=(a_{ij})_{m\times n}$，得

$$\boldsymbol{E}(j(k)+i)\boldsymbol{A}=\begin{pmatrix} a_{11} & a_{12} & \cdots & a_{1n} \\ \vdots & \vdots & & \vdots \\ a_{i1}+ka_{j1} & a_{i2}+ka_{j2} & \cdots & a_{in}+ka_{jn} \\ \vdots & \vdots & & \vdots \\ a_{j1} & a_{j2} & \cdots & a_{jn} \\ \vdots & \vdots & & \vdots \\ a_{m1} & a_{m2} & \cdots & a_{mn} \end{pmatrix}\begin{matrix} \\ \\ \leftarrow 第i行 \\ \\ \leftarrow 第j行 \\ \\ \\ \end{matrix},$$

其结果相当于对矩阵$\boldsymbol{A}$施行第 3 种初等行变换：把$\boldsymbol{A}$的第j行各元素的k倍加到第i行对应位置的元素上（$r_j\times k+r_i$）。类似地，用n阶初等矩阵$\boldsymbol{E}(j(k)+i)$右乘矩阵$\boldsymbol{A}=(a_{ij})_{m\times n}$，其结果相当于对矩阵$\boldsymbol{A}$施行第 3 种初等列变换：把$\boldsymbol{A}$的第$i$列各元素的$k$倍加到第$j$列对应位置的元素上（$c_i\times k+c_j$）。

综上所述，可得下述定理。

定理 3.1 对矩阵$\boldsymbol{A}\in F^{m\times n}$进行一次初等行（列）变换，相当于给$\boldsymbol{A}$左（右）乘一个相应的$m(n)$阶初等矩阵，其逆也真。

命题 3.1 数域F上的初等矩阵是可逆的，且其逆和转置仍然是初等矩阵。

证：由 $\boldsymbol{E}(i,j)\boldsymbol{E}(i,j)=\boldsymbol{E}$，$\boldsymbol{E}(i(k))\boldsymbol{E}(i(\frac{1}{k}))=\boldsymbol{E}$，$\boldsymbol{E}(j(k)+i)\boldsymbol{E}(j(-k)+i)=\boldsymbol{E}$

可知数域 F 上的初等矩阵是可逆的，且其逆

$$\boldsymbol{E}^{-1}(i,j)=\boldsymbol{E}(i,j)，\boldsymbol{E}^{-1}(i(k))=\boldsymbol{E}(i(\frac{1}{k}))，\boldsymbol{E}^{-1}(j(k)+i)=\boldsymbol{E}(j(-k)+i)$$

也是数域 F 上的初等矩阵。又由

$$\boldsymbol{E}^{\mathrm{T}}(i,j)=\boldsymbol{E}(i,j)，\boldsymbol{E}^{\mathrm{T}}(i(k))=\boldsymbol{E}(i(k))，\boldsymbol{E}^{\mathrm{T}}(j(k)+i)=\boldsymbol{E}(i(k)+j)$$

可知数域 F 上的初等矩阵的转置仍是初等矩阵。

对于矩阵，用初等变换最终会把它变成什么模样呢？或者说初等变换的目标是什么呢？当然要根据具体问题而定，我们一般有下述命题。

命题 3.2 对于任何矩阵 $\boldsymbol{A}\in F^{m\times n}$，总可以经过有限次初等行变换把它变成行阶梯形矩阵①和行最简形矩阵②。

例 3.1 用初等行变换把 $\boldsymbol{A}=\begin{pmatrix}1&-2&2&-1&1\\2&-4&8&0&2\\-2&4&-2&3&3\\3&-6&0&-6&4\end{pmatrix}$ 变成行阶梯形矩阵和行最简形矩阵。

解：

$$\boldsymbol{A}=\begin{pmatrix}1&-2&2&-1&1\\2&-4&8&0&2\\-2&4&-2&3&3\\3&-6&0&-6&4\end{pmatrix}\xrightarrow[r_1\times(-3)+r_4]{\substack{r_1\times(-2)+r_2\\r_1\times2+r_3}}\begin{pmatrix}1&-2&2&-1&1\\0&0&4&2&0\\0&0&2&1&5\\0&0&-6&-3&1\end{pmatrix}$$

$$\xrightarrow{r_2\times\frac{1}{2}}\begin{pmatrix}1&-2&2&-1&1\\0&0&2&1&0\\0&0&2&1&5\\0&0&-6&-3&1\end{pmatrix}\xrightarrow[r_2\times3+r_4]{r_2\times(-1)+r_3}\begin{pmatrix}1&-2&2&-1&1\\0&0&2&1&0\\0&0&0&0&5\\0&0&0&0&1\end{pmatrix}$$

$$\xrightarrow{r_3\times(-\frac{1}{5})+r_4}\begin{pmatrix}1&-2&2&-1&1\\0&0&2&1&0\\0&0&0&0&5\\0&0&0&0&0\end{pmatrix}\text{（行阶梯形矩阵）}$$

$$\xrightarrow{r_3\times\frac{1}{5}}\begin{pmatrix}1&-2&2&-1&1\\0&0&2&1&0\\0&0&0&0&1\\0&0&0&0&0\end{pmatrix}\xrightarrow{r_3\times(-1)+r_1}\begin{pmatrix}1&-2&2&-1&0\\0&0&2&1&0\\0&0&0&0&1\\0&0&0&0&0\end{pmatrix}$$

---

① 行阶梯形矩阵的特点是：可画出一条阶梯线，线的下方全为 0；每个台阶高度只跨一行，而台阶宽度可跨多列，阶梯线的竖线（每段竖线的高度只跨一行）后面的第一个元素不为 0，台阶数即非零行（该行至少有一个元素不为 0）的行数。

② 行最简形矩阵的特点是：它是一个行阶梯形矩阵，且其阶梯线的竖线后面的第一个元素为 1，该 1 所在的列的其他元素都为 0。

$$\xrightarrow{r_2\times(-1)+r_1}\begin{pmatrix}1&-2&0&-2&0\\0&0&2&1&0\\0&0&0&0&1\\0&0&0&0&0\end{pmatrix}\xrightarrow{r_2\times\frac{1}{2}}\begin{pmatrix}1&-2&0&-2&0\\0&0&1&\frac{1}{2}&0\\0&0&0&0&1\\0&0&0&0&0\end{pmatrix}\text{（行最简形矩阵）。}$$

注： 注意用初等行变换把矩阵变成行阶梯形矩阵和行最简形矩阵的步骤。

命题 3.3 对行最简形矩阵再施以有限次初等列变换可变成$\begin{pmatrix}\boldsymbol{E}_r&\boldsymbol{O}\\\boldsymbol{O}&\boldsymbol{O}\end{pmatrix}_{m\times n}$，式中 r 是行阶梯形矩阵中非零行的行数，且 $\boldsymbol{A}$ 可分解为 $\boldsymbol{A}=\boldsymbol{P}_s\cdots\boldsymbol{P}_1\begin{pmatrix}\boldsymbol{E}_r&\boldsymbol{O}\\\boldsymbol{O}&\boldsymbol{O}\end{pmatrix}\boldsymbol{Q}_1\cdots\boldsymbol{Q}_t$，式中 $\boldsymbol{P}_i,\boldsymbol{Q}_j$ 都是初等矩阵。上式称为矩阵 $\boldsymbol{A}$ 的初等分解，式中$\begin{pmatrix}\boldsymbol{E}_r&\boldsymbol{O}\\\boldsymbol{O}&\boldsymbol{O}\end{pmatrix}$称为矩阵 $\boldsymbol{A}$ 在初等变换下的标准形（或法式）。

例 3.2 求例 3.1 中的矩阵在初等变换下的标准形和初等分解。

解： 接例 3.1，可得

$$\boldsymbol{A}\xrightarrow{\text{初等行变换}}\begin{pmatrix}1&-2&0&-2&0\\0&0&1&\frac{1}{2}&0\\0&0&0&0&1\\0&0&0&0&0\end{pmatrix}\xrightarrow[\substack{c_1\times2+c_2\\c_1\times2+c_4\\c_3\times(-\frac{1}{2})+c_4\\c_2\leftrightarrow c_3\\c_3\leftrightarrow c_5}]{}\begin{pmatrix}1&0&0&0&0\\0&1&0&0&0\\0&0&1&0&0\\0&0&0&0&0\end{pmatrix}\triangleq\begin{pmatrix}\boldsymbol{E}_3&\boldsymbol{O}\\\boldsymbol{O}&\boldsymbol{O}\end{pmatrix},$$

于是，由 $\boldsymbol{E}(2(\frac{1}{2}))\boldsymbol{E}(2(-1)+1)\boldsymbol{E}(3(-1)+1)\boldsymbol{E}(3(\frac{1}{5}))\boldsymbol{E}(3(-\frac{1}{5})+4)\boldsymbol{E}(2(3)+4)\times$

$$\boldsymbol{E}(2(-1)+3)\boldsymbol{E}(2(\frac{1}{2}))\boldsymbol{E}(1(-3)+4)\boldsymbol{E}(1(2)+3)\boldsymbol{E}(1(-2)+2)\boldsymbol{A}\times$$

$$\boldsymbol{E}(2(2)+1)\boldsymbol{E}(4(2)+1)\boldsymbol{E}(4(-\frac{1}{2})+3)\boldsymbol{E}(2,3)\boldsymbol{E}(3,5)=\begin{pmatrix}\boldsymbol{E}_3&\boldsymbol{O}\\\boldsymbol{O}&\boldsymbol{O}\end{pmatrix}$$

得 $\boldsymbol{A}=\boldsymbol{E}^{-1}(1(-2)+2)\boldsymbol{E}^{-1}(1(2)+3)\boldsymbol{E}^{-1}(1(-3)+4)\boldsymbol{E}^{-1}(2(\frac{1}{2}))\boldsymbol{E}^{-1}(2(-1)+3)\times$

$$\boldsymbol{E}^{-1}(2(3)+4)\boldsymbol{E}^{-1}(3(-\frac{1}{5})+4)\boldsymbol{E}^{-1}(3(\frac{1}{5}))\boldsymbol{E}^{-1}(3(-1)+1)\boldsymbol{E}^{-1}(2(-1)+1)\boldsymbol{E}^{-1}(2(\frac{1}{2}))\times$$

$$\begin{pmatrix}\boldsymbol{E}_3&\boldsymbol{O}\\\boldsymbol{O}&\boldsymbol{O}\end{pmatrix}\boldsymbol{E}^{-1}(3,5)\boldsymbol{E}^{-1}(2,3)\boldsymbol{E}^{-1}(4(-\frac{1}{2})+3)\boldsymbol{E}^{-1}(4(2)+1)\boldsymbol{E}^{-1}(2(2)+1),$$

于是得矩阵 $\boldsymbol{A}$ 的初等分解为

$$\boldsymbol{A}=\boldsymbol{E}(1(2)+2)\boldsymbol{E}(1(-2)+3)\boldsymbol{E}(1(3)+4)\boldsymbol{E}(2(2))\boldsymbol{E}(2(1)+3)\times$$

$$\boldsymbol{E}(2(-3)+4)\boldsymbol{E}(3(\frac{1}{5})+4)\boldsymbol{E}(3(5))\boldsymbol{E}(3(1)+1)\boldsymbol{E}(2(1)+1)\boldsymbol{E}(2(2))\times$$

$$\begin{pmatrix}\boldsymbol{E}_3&\boldsymbol{O}\\\boldsymbol{O}&\boldsymbol{O}\end{pmatrix}\boldsymbol{E}(3,5)\boldsymbol{E}(2,3)\boldsymbol{E}(4(\frac{1}{2})+3)\boldsymbol{E}(4(-2)+1)\boldsymbol{E}(2(-2)+1)。$$

现在有一个问题，那就是矩阵 $\boldsymbol{A}$ 在初等变换下的标准形中的数 r 是否唯一？这个数 r 也就是矩阵 $\boldsymbol{A}$ 经初等行变换变成的行阶梯形矩阵中非零行的行数，如果把矩阵 $\boldsymbol{A}$ 看作某个线性方程组的增广矩阵，则其经初等行变换变成的行阶梯形矩阵中非零行的行数就是该线性方程组中独立方程的最大个数，故这个数 r 应该是唯一的。下面我们用另一种说法来说明数 r 的唯一性。

3.2 矩阵的秩

矩阵的秩是矩阵理论中最重要的概念之一，它是弗罗伯纽斯（Frobenius，1849—1917，德国数学家）在 1879 年利用行列式引入的。

定义 3.4 在 $\boldsymbol{A}\in F^{m\times n}$ 中，任取 k 行 k 列（$k\leqslant m,k\leqslant n$），位于这些行列交叉处的 k^2 个元素按照原来的相对位置构成的 k 阶行列式，称为 $\boldsymbol{A}$ 的一个 k 阶子式，记作 D_k。若 $\boldsymbol{A}\neq\boldsymbol{O}$，$\boldsymbol{A}$ 中最高阶非零子式的阶数 r 称为矩阵 $\boldsymbol{A}$ 的秩，记作 $R(\boldsymbol{A})=r$ 或者 $rank\boldsymbol{A}=r$；若 $\boldsymbol{A}=\boldsymbol{O}$，规定 $\boldsymbol{A}$ 的秩为 0。

由定义，我们不难得到如下命题。

命题 3.4 若 $\boldsymbol{A}\in F^{m\times n}$，则 $0\leqslant R(\boldsymbol{A})\leqslant\min\{m,n\}$。

命题 3.5 矩阵 $\boldsymbol{A}$ 与其转置矩阵 $\boldsymbol{A}^{\mathrm{T}}$ 的秩相等。

命题 3.6 $\max\{R(\boldsymbol{A}),R(\boldsymbol{B})\}\leqslant R(\boldsymbol{A}\ \ \boldsymbol{B})$。

例 3.3 求下列矩阵的秩：

$$\boldsymbol{A}=\begin{pmatrix}1&-2&2&-1&1\\2&-4&8&0&2\\-2&4&-2&3&3\\3&-6&0&-6&4\end{pmatrix};\quad \boldsymbol{B}=\begin{pmatrix}1&6&-4&-1&4\\0&-4&3&1&-1\\0&0&0&4&-8\\0&0&0&0&0\end{pmatrix}。$$

解: 算得矩阵 $\boldsymbol{A}$ 的 5 个(也只有 5 个)四阶子式全为零，而有一个三阶子式 $\begin{vmatrix}2&-1&1\\8&0&2\\-2&3&3\end{vmatrix}\neq0$，故 $R(\boldsymbol{A})=3$；矩阵 $\boldsymbol{B}$ 是一个行阶梯形矩阵，由矩阵的秩的定义易得 $R(\boldsymbol{B})=3$（请读者想一想为什么）。

从本例可知，对于一般的矩阵，当行数与列数较高时，按定义求秩是很麻烦的，然而对于行阶梯形矩阵，它的秩就等于非零行的行数，一看便知，毋须计算。因此自然想到用初等变换把矩阵化为行阶梯形矩阵，那么矩阵的初等变换会改变矩阵的秩吗？

定理 3.2 若 $\boldsymbol{A}\cong\boldsymbol{B}$，则 $R(\boldsymbol{A})=R(\boldsymbol{B})$，即在初等变换下矩阵的秩不变。

证*：设 $\boldsymbol{A}\in F^{m\times n}$，由行列式的性质 1.2 可知，对 $\boldsymbol{A}$ 进行第 1 种初等变换至多改变其子式的符号；由行列式的性质 1.7 可知，对 $\boldsymbol{A}$ 进行第 2 种初等变换至多将 $\boldsymbol{A}$ 的子式放大 $k(k\neq0)$ 倍，因此对 $\boldsymbol{A}$ 进行第 1 种和第 2 种初等变换不改变其子式是否为零的性质，从而不改变 $\boldsymbol{A}$ 中非零子式的最高阶数，即 $\boldsymbol{A}$ 的秩。

设 $R(\boldsymbol{A})=r$，并有 $\boldsymbol{A}=\begin{pmatrix}\vdots\\ \boldsymbol{\alpha}_i\\ \vdots\\ \boldsymbol{\alpha}_j\\ \vdots\end{pmatrix}\xrightarrow{r_i\times k+r_j}\begin{pmatrix}\vdots\\ \boldsymbol{\alpha}_i\\ \vdots\\ \boldsymbol{\alpha}_j+k\boldsymbol{\alpha}_i\\ \vdots\end{pmatrix}=\boldsymbol{B}$，任取 $\boldsymbol{B}$ 中一个 $r+1$ 阶子式 D，则有以下情况：（1）若 D 中不含 $\boldsymbol{B}$ 的第 j 行，则 D 也是 $\boldsymbol{A}$ 的 $r+1$ 阶子式，故 $D=0$；（2）若 D 中含 $\boldsymbol{B}$ 的第 j 行，则由行列式的性质 1.6 和性质 1.7 有 $D=D_1+kD_2$，式中 D_1 显然也是 $\boldsymbol{A}$ 的一个 $r+1$ 阶子式，故 $D_1=0$；①如果 D 中含 $\boldsymbol{B}$ 的第 i 行，则 D_2 中有两行元素对应相同，故 $D_2=0$，②如果 D 中不含 $\boldsymbol{B}$ 的第 i 行，则 D_2 由 $\boldsymbol{A}$ 的某个 $r+1$ 阶子式进行了行对换而得，故也有 $D_2=0$；总之，$D_2=0$，从而 $D=0$，这样就证明了 $R(\boldsymbol{B})\leqslant r=R(\boldsymbol{A})$。另外，$\boldsymbol{B}\xrightarrow{r_i\times(-k)+r_j}\boldsymbol{A}$，由刚才的证明结果又有 $R(\boldsymbol{A})\leqslant R(\boldsymbol{B})$，于是 $R(\boldsymbol{A})=R(\boldsymbol{B})$。对于初等列变换亦如此，即对 $\boldsymbol{A}$ 进行第 3 种初等变换也不改变 $\boldsymbol{A}$ 的秩。综上所述，得证。

例 3.4 设 $\boldsymbol{A}=\begin{pmatrix}1&-2&2&-1&1\\2&-4&8&0&2\\-2&4&-2&3&3\\3&-6&0&-6&4\end{pmatrix}$，求 $R(\boldsymbol{A})$。

解：由 $\boldsymbol{A}=\begin{pmatrix}1&-2&2&-1&1\\2&-4&8&0&2\\-2&4&-2&3&3\\3&-6&0&-6&4\end{pmatrix}\xrightarrow[r_1\times(-3)+r_4]{\substack{r_1\times(-2)+r_2\\ r_1\times 2+r_3}}\begin{pmatrix}1&-2&2&-1&1\\0&0&4&2&0\\0&0&2&1&5\\0&0&-6&-3&1\end{pmatrix}$

$$\xrightarrow{r_2\times\frac{1}{2}}\begin{pmatrix}1&-2&2&-1&1\\0&0&2&1&0\\0&0&2&1&5\\0&0&-6&-3&1\end{pmatrix}\xrightarrow[r_2\times 3+r_4]{r_2\times(-1)+r_3}\begin{pmatrix}1&-2&2&-1&1\\0&0&2&1&0\\0&0&0&0&5\\0&0&0&0&1\end{pmatrix}$$

$$\xrightarrow{r_3\times(-\frac{1}{5})+r_4}\begin{pmatrix}1&-2&2&-1&1\\0&0&2&1&0\\0&0&0&0&5\\0&0&0&0&0\end{pmatrix}$$，得 $R(\boldsymbol{A})=3$。

矩阵的秩是线性代数中重要的基本概念之一，下面将反复应用它。为了强调矩阵的秩，通常用 $F_r^{m\times n}$ 表示 F 上所有 m 行 n 列且秩为 r 的矩阵的集合。若 $\boldsymbol{A}\in F_m^{m\times n}$ $(F_n^{m\times n})$，则称 $\boldsymbol{A}$ 是行（列）满秩的，否则称 $\boldsymbol{A}$ 是行（列）降秩的。若 $\boldsymbol{A}\in F_n^{n\times n}$，即 $|\boldsymbol{A}|\neq 0$，则称 $\boldsymbol{A}$ 为满秩方阵（即可逆的或非奇异方阵），否则称 $\boldsymbol{A}$ 为降秩方阵（即不可逆的或奇异方阵）。

定理 3.3 n 阶方阵 $\boldsymbol{A}$ 可逆的充分必要条件是 $\boldsymbol{A}$ 可以表示为有限个初等矩阵的乘积。

证：充分性显然成立。下面证明必要性，若 n 阶方阵 $\boldsymbol{A}$ 可逆，即 $R(\boldsymbol{A})=n$，则 $\boldsymbol{A}$ 在初等变换下的标准形为 $\boldsymbol{E}$，也即 $\boldsymbol{A}\cong\boldsymbol{E}$，即 $\boldsymbol{E}\cong\boldsymbol{A}$，则 $\boldsymbol{E}$ 经有限次初等变换可变成 $\boldsymbol{A}$，故存在初等矩阵 $\boldsymbol{P}_1,\boldsymbol{P}_2,\cdots,\boldsymbol{P}_s$ 及 $\boldsymbol{Q}_1,\boldsymbol{Q}_2,\cdots,\boldsymbol{Q}_t$，使得 $\boldsymbol{A}=\boldsymbol{P}_s\cdots\boldsymbol{P}_2\boldsymbol{P}_1\boldsymbol{E}\boldsymbol{Q}_1\boldsymbol{Q}_2\cdots\boldsymbol{Q}_t=\boldsymbol{P}_s\cdots\boldsymbol{P}_2\boldsymbol{P}_1\boldsymbol{Q}_1\boldsymbol{Q}_2\cdots\boldsymbol{Q}_t$。

推论 1 可逆方阵 $\boldsymbol{A}$ 可经初等行（列）变换变成单位阵 $\boldsymbol{E}$，且单位阵 $\boldsymbol{E}$ 在同样的初等行

（列）变换下就变成 A^{-1}。

证：因 $A=P_1P_2\cdots P_s$（P_i 都是初等矩阵），故 $P_s^{-1}\cdots P_2^{-1}P_1^{-1}A=(P_1P_2\cdots P_s)^{-1}A=E$，又因为 P_i^{-1} 仍是初等矩阵，故由此式和定理 3.1 可知推论 1 的前一论断成立。

再有 $P_s^{-1}\cdots P_2^{-1}P_1^{-1}E=(P_1P_2\cdots P_s)^{-1}=A^{-1}$，这表明后一论断也成立。

如果把上述证明过程中遇到的左乘换为右乘，右乘换为左乘，则可证明推论 1 对初等列变换也成立。

推论 1 给出了用初等变换求方阵的逆矩阵的重要方法，现举例说明。

例 3.5 $A=\begin{pmatrix}1&2&3\\2&1&2\\1&3&4\end{pmatrix}$，求 A^{-1}。

解： 由推论 1 知道，若方阵 A 可逆，则有 $(A\ \vdots\ E)\xrightarrow{\text{初等行变换}}(E\ \vdots\ A^{-1})$，$\begin{pmatrix}A\\ \cdots\\ E\end{pmatrix}\xrightarrow{\text{初等列变换}}\begin{pmatrix}E\\ \cdots\\ A^{-1}\end{pmatrix}$。

$$于是(A\ \vdots\ E)=\left(\begin{array}{ccc:ccc}1&2&3&1&0&0\\2&1&2&0&1&0\\1&3&4&0&0&1\end{array}\right)\xrightarrow[r_1\times(-1)+r_3]{r_1\times(-2)+r_2}\left(\begin{array}{ccc:ccc}1&2&3&1&0&0\\0&-3&-4&-2&1&0\\0&1&1&-1&0&1\end{array}\right)$$

$$\xrightarrow{r_2\leftrightarrow r_3}\left(\begin{array}{ccc:ccc}1&2&3&1&0&0\\0&1&1&-1&0&1\\0&-3&-4&-2&1&0\end{array}\right)\xrightarrow[r_2\times3+r_3]{r_2\times(-2)+r_1}\left(\begin{array}{ccc:ccc}1&0&1&3&0&-2\\0&1&1&-1&0&1\\0&0&-1&-5&1&3\end{array}\right)$$

$$\xrightarrow[r_3\times1+r_1]{r_3\times1+r_2}\left(\begin{array}{ccc:ccc}1&0&0&-2&1&1\\0&1&0&-6&1&4\\0&0&-1&-5&1&3\end{array}\right)\xrightarrow{r_3\times(-1)}\left(\begin{array}{ccc:ccc}1&0&0&-2&1&1\\0&1&0&-6&1&4\\0&0&1&5&-1&-3\end{array}\right),$$

故 $A^{-1}=\begin{pmatrix}-2&1&1\\-6&1&4\\5&-1&-3\end{pmatrix}$。

例 3.6 $A=\begin{pmatrix}1&0&0&0\\a&1&0&0\\a^2&a&1&0\\a^3&a^2&a&1\end{pmatrix}$，求 A^{-1}。

解： 对 $(A\ \vdots\ E)=\left(\begin{array}{cccc:cccc}1&0&0&0&1&0&0&0\\a&1&0&0&0&1&0&0\\a^2&a&1&0&0&0&1&0\\a^3&a^2&a&1&0&0&0&1\end{array}\right)$ 依次作初等行变换 $r_3\times(-a)+r_4$，

$r_2\times(-a)+r_3$，$r_1\times(-a)+r_2$，可变成$\left(\begin{array}{cccc:cccc}1&0&0&0&1&0&0&0\\0&1&0&0&-a&1&0&0\\0&0&1&0&0&-a&1&0\\0&0&0&1&0&0&-a&1\end{array}\right)$，

故$A^{-1}=\begin{pmatrix}1&0&0&0\\-a&1&0&0\\0&-a&1&0\\0&0&-a&1\end{pmatrix}$。

例 3.7 求矩阵X，使$AX=B$，式中$A=\begin{pmatrix}1&2&3\\2&1&2\\1&3&4\end{pmatrix}$，$B=\begin{pmatrix}2&5\\3&1\\4&3\end{pmatrix}$。

解：由推论 1 可知，若方阵A可逆，则当$P_s^{-1}\cdots P_2^{-1}P_1^{-1}A=(P_1P_2\cdots P_s)^{-1}A=E$时，有$P_s^{-1}\cdots P_2^{-1}P_1^{-1}B=(P_1P_2\cdots P_s)^{-1}B=A^{-1}B$，式中$P_i$是初等矩阵，于是有

$$(A\ \vdots\ B)\xrightarrow{\text{初等行变换}}(E\ \vdots\ A^{-1}B)，$$

故由
$$(A\ \vdots\ B)=\left(\begin{array}{ccc|cc}1&2&3&2&5\\2&1&2&3&1\\1&3&4&4&3\end{array}\right)\xrightarrow{\text{行}}\left(\begin{array}{ccc|cc}1&0&0&3&-6\\0&1&0&7&-17\\0&0&1&-5&15\end{array}\right)，$$

得
$$X=A^{-1}B=\begin{pmatrix}3&-6\\7&-17\\-5&15\end{pmatrix}。$$

例 3.8 求矩阵X，使$XA=B$，式中$A=\begin{pmatrix}1&2&3\\2&1&2\\1&3&4\end{pmatrix}$，$B=\begin{pmatrix}2&3&4\\5&1&3\end{pmatrix}$。

解：由推论 1 可知，若方阵A可逆，则当$AP_s^{-1}\cdots P_2^{-1}P_1^{-1}=A(P_1P_2\cdots P_s)^{-1}=E$时，有$BP_s^{-1}\cdots P_2^{-1}P_1^{-1}=B(P_1P_2\cdots P_s)^{-1}=BA^{-1}$，式中$P_i$是初等矩阵，于是有

$$\begin{pmatrix}A\\\cdots\\B\end{pmatrix}\xrightarrow{\text{初等列变换}}\begin{pmatrix}E\\\cdots\\BA^{-1}\end{pmatrix}，$$

故由
$$\begin{pmatrix}A\\\cdots\\B\end{pmatrix}=\begin{pmatrix}1&2&3\\2&1&2\\1&3&4\\\cdots&\cdots&\cdots\\2&3&4\\5&1&3\end{pmatrix}\xrightarrow{\text{初等列变换}}\begin{pmatrix}1&0&0\\0&1&0\\0&0&1\\\cdots&\cdots&\cdots\\-2&1&2\\-1&3&0\end{pmatrix}，$$

得
$$X=BA^{-1}=\begin{pmatrix}-2&1&2\\-1&3&0\end{pmatrix}。$$

最后指出，用初等变换求方阵的逆矩阵，特别是方阵阶数较高时，要比先求伴随方阵再求逆矩阵简捷得多，因此这种方法常用于在计算机上计算大型方阵的逆矩阵。

推论 2 设$\boldsymbol{A},\boldsymbol{B}\in F^{m\times n}$，则$R(\boldsymbol{A})=R(\boldsymbol{B})\Leftrightarrow \boldsymbol{A}\cong\boldsymbol{B}\Leftrightarrow$存在可逆方阵$\boldsymbol{P}$和$\boldsymbol{Q}$，使得$\boldsymbol{PAQ}=\boldsymbol{B}$。

证：若$\boldsymbol{A}\cong\boldsymbol{B}$，则由定义可知$\boldsymbol{A}$可经初等变换变成$\boldsymbol{B}$，即存在$m$阶初等矩阵$\boldsymbol{P}_1,\boldsymbol{P}_2,\cdots,\boldsymbol{P}_s$和$n$阶初等矩阵$\boldsymbol{Q}_1,\boldsymbol{Q}_2,\cdots,\boldsymbol{Q}_t$，使得$\boldsymbol{P}_s\cdots\boldsymbol{P}_2\boldsymbol{P}_1\boldsymbol{A}\boldsymbol{Q}_1\boldsymbol{Q}_2\cdots\boldsymbol{Q}_t=\boldsymbol{B}$，若令$\boldsymbol{P}=\boldsymbol{P}_1\boldsymbol{P}_2\cdots\boldsymbol{P}_s$，$\boldsymbol{Q}=\boldsymbol{Q}_1\boldsymbol{Q}_2\cdots\boldsymbol{Q}_t$，则$\boldsymbol{P},\boldsymbol{Q}$可逆且有$\boldsymbol{PAQ}=\boldsymbol{B}$。

若$R(\boldsymbol{A})=R(\boldsymbol{B})=r$，则由命题 3.3 可知$\boldsymbol{A}\cong\begin{pmatrix}\boldsymbol{E}_r & \boldsymbol{O}\\ \boldsymbol{O} & \boldsymbol{O}\end{pmatrix}$，$\boldsymbol{B}\cong\begin{pmatrix}\boldsymbol{E}_r & \boldsymbol{O}\\ \boldsymbol{O} & \boldsymbol{O}\end{pmatrix}$，再由等价关系的对称性和传递性可知$\boldsymbol{A}\cong\boldsymbol{B}$。

若存在可逆方阵$\boldsymbol{P}_{m\times m}$和$\boldsymbol{Q}_{n\times n}$，使得$\boldsymbol{PAQ}=\boldsymbol{B}$，则由定理 3.3 知，$\boldsymbol{P}$和$\boldsymbol{Q}$都可以表示为有限个初等矩阵的乘积，即$\boldsymbol{P}=\boldsymbol{P}_1\boldsymbol{P}_2\cdots\boldsymbol{P}_s$，$\boldsymbol{Q}=\boldsymbol{Q}_1\boldsymbol{Q}_2\cdots\boldsymbol{Q}_t$，$\boldsymbol{P}_i,\boldsymbol{Q}_j$分别为$m$阶和$n$阶初等矩阵，故有$\boldsymbol{P}_1\boldsymbol{P}_2\cdots\boldsymbol{P}_s\boldsymbol{A}\boldsymbol{Q}_1\boldsymbol{Q}_2\cdots\boldsymbol{Q}_t=\boldsymbol{B}$，由定理 3.1 可知$\boldsymbol{A}$可经初等变换变成$\boldsymbol{B}$，也就是$\boldsymbol{A}\cong\boldsymbol{B}$。

综上，得证。

推论 3 设$\boldsymbol{A}\in F^{m\times n}$，若$\boldsymbol{P}_{m\times m}$和$\boldsymbol{Q}_{n\times n}$为可逆方阵，则

$$R(\boldsymbol{PA})=R(\boldsymbol{AQ})=R(\boldsymbol{PAQ})=R(\boldsymbol{A}),$$

换言之，矩阵左乘或右乘或左右同乘可逆方阵，其秩不变。

下面讨论矩阵的秩的性质，前面已经提出了矩阵的秩的一些最基本的性质，归纳起来有以下 4 点。

① 若$\boldsymbol{A}$为$m\times n$矩阵，则$0\leqslant R(\boldsymbol{A})\leqslant\min\{m,n\}$。

② 矩阵$\boldsymbol{A}$与其转置矩阵$\boldsymbol{A}^{\mathrm{T}}$的秩相等。

③ $\max\{R(\boldsymbol{A}),R(\boldsymbol{B})\}\leqslant R(\boldsymbol{A}\ \ \boldsymbol{B})$。

④ 若$\boldsymbol{P}$和$\boldsymbol{Q}$为可逆方阵，则$R(\boldsymbol{PA})=R(\boldsymbol{AQ})=R(\boldsymbol{PAQ})=R(\boldsymbol{A})$。

下面的⑤～⑨是常用的矩阵的秩的性质。

⑤ $R(\boldsymbol{A}\ \ \boldsymbol{B})\leqslant R(\boldsymbol{A})+R(\boldsymbol{B})$。（证明见第 4 章例 4.11）

⑥ $R(\boldsymbol{A}+\boldsymbol{B})\leqslant R(\boldsymbol{A})+R(\boldsymbol{B})$。（证明见第 4 章例 4.12）

由⑥有$R(\boldsymbol{A})=R(\boldsymbol{A}-\boldsymbol{B}+\boldsymbol{B})\leqslant R(\boldsymbol{A}-\boldsymbol{B})+R(\boldsymbol{B})$，即$R(\boldsymbol{A})-R(\boldsymbol{B})\leqslant R(\boldsymbol{A}-\boldsymbol{B})$。

⑦ $R(\boldsymbol{AB})\leqslant\min\{R(\boldsymbol{A}),R(\boldsymbol{B})\}$。（证明见定理 3.6 推论 1）

⑧ 若$\boldsymbol{A}_{m\times n}\boldsymbol{B}_{n\times l}=\boldsymbol{O}$，则$R(\boldsymbol{A})+R(\boldsymbol{B})\leqslant n$。（证明见第 4 章例 4.17）

⑨ $R(\boldsymbol{A}^{\mathrm{T}}\boldsymbol{A})=R(\boldsymbol{A})$。（证明见第 4 章例 4.18）

例 3.9 设$\boldsymbol{A}$为n阶方阵且$\boldsymbol{A}^2=\boldsymbol{E}$，证明$R(\boldsymbol{A}+\boldsymbol{E})+R(\boldsymbol{A}-\boldsymbol{E})=n$。

证：因$(\boldsymbol{A}+\boldsymbol{E})(\boldsymbol{A}-\boldsymbol{E})=\boldsymbol{A}^2-\boldsymbol{E}=\boldsymbol{O}$，则由性质⑧，有$R(\boldsymbol{A}+\boldsymbol{E})+R(\boldsymbol{A}-\boldsymbol{E})\leqslant n$，而另一方面由性质⑥，有$R(\boldsymbol{A}+\boldsymbol{E})+R(\boldsymbol{A}-\boldsymbol{E})=R(\boldsymbol{A}+\boldsymbol{E})+R(\boldsymbol{E}-\boldsymbol{A})\geqslant R(2\boldsymbol{E})=n$，所以$R(\boldsymbol{A}+\boldsymbol{E})+R(\boldsymbol{A}-\boldsymbol{E})=n$。

例 3.10* （**离散型二维随机变量的相互独立性的判定**）离散型二维随机变量(X,Y)的联合分布列及边缘分布列如表 3-1 所示。

表 3-1 （X,Y）联合分布列及边缘分布列

$X \backslash Y$	y_1	y_2	$\cdots$	y_n	$P\{X=x_i\}$
x_1	p_{11}	p_{12}	$\cdots$	p_{1n}	$p_{1\bullet}$
x_2	p_{21}	p_{22}	$\cdots$	p_{2n}	$p_{2\bullet}$
$\vdots$	$\vdots$	$\vdots$		$\vdots$	$\vdots$
x_m	p_{m1}	p_{m2}	$\cdots$	p_{mn}	$p_{m\bullet}$
$P\{Y=y_j\}$	$p_{\bullet 1}$	$p_{\bullet 2}$	$\cdots$	$p_{\bullet n}$	1

其中 $p_{ij}=P\{X=x_i,Y=y_j\}$，$p_{i\bullet}=P\{X=x_i\}=\sum_{j=1}^{n}p_{ij}$，$p_{\bullet j}=P\{Y=y_j\}=\sum_{i=1}^{m}p_{ij}$ 。

由概率论可知，X、Y 相互独立 $\Leftrightarrow P\{X=x_i,Y=y_j\}=P\{X=x_i\}\cdot P\{Y=y_j\}$

$$\Leftrightarrow p_{ij}=p_{i\bullet}\times p_{\bullet j}\quad (i=1,2,\cdots,m;\ j=1,2,\cdots,n),$$

因此要判断 X,Y 是否相互独立，需要计算 $m+n$ 个和式，验证 $m\times n$ 个乘法等式是否都成立，当 m,n 不小时，就比较麻烦。

若令 $\boldsymbol{A}=(p_{ij})_{m\times n},\boldsymbol{\alpha}=(p_{i\bullet})_{m\times 1},\boldsymbol{\beta}^{\mathrm{T}}=(p_{\bullet j})_{1\times n}$ ，且 $\boldsymbol{\alpha},\boldsymbol{\beta}$ 都不是零矩阵，于是 X,Y 相互独立 $\Leftrightarrow \boldsymbol{A}=\boldsymbol{\alpha}\boldsymbol{\beta}^{\mathrm{T}}$，由习题 3 第 15 题结论有 X,Y 相互独立 $\Leftrightarrow R(\boldsymbol{A})=1$，就好判断了。

3.3 线性方程组的解

由本章开篇的引例可知，线性方程组 $\boldsymbol{Ax}=\boldsymbol{b}$ 的求解方法如下。

增广矩阵 $(\boldsymbol{A}|\boldsymbol{b})\xrightarrow{\text{初等行变换}}$ 行最简形 $(\boldsymbol{A}'|\boldsymbol{b}')\xrightarrow{\text{转化为}}$ 同解方程组 $\boldsymbol{A}'\boldsymbol{x}=\boldsymbol{b}'\rightarrow$ 求解 $\boldsymbol{A}'\boldsymbol{x}=\boldsymbol{b}'$ 。

例 3.11 求解下面线性方程组：

（1）$\begin{cases}x_1-2x_2+3x_3-x_4=1\\3x_1-x_2+5x_3-3x_4=2\\2x_1+x_2+2x_3-2x_4=3\end{cases}$；（2）$\begin{cases}x_1+x_2=1\\3x_1-x_2=4\\x_1+5x_2=0\end{cases}$；

（3）$\boldsymbol{Ax}=\boldsymbol{b}$，式中 $\boldsymbol{A}=\begin{pmatrix}1&2&3&4\\2&4&4&6\\-1&-2&-1&-2\end{pmatrix}$，$\boldsymbol{b}=\begin{pmatrix}5\\8\\-3\end{pmatrix}$。

解：（1）因为增广矩阵 $\left(\begin{array}{cccc|c}1&-2&3&-1&1\\3&-1&5&-3&2\\2&1&2&-2&3\end{array}\right)\xrightarrow{\text{行}}\left(\begin{array}{cccc|c}1&-2&3&-1&1\\0&5&-4&0&-1\\0&0&0&0&2\end{array}\right)$，于是得到同解方程组

$\begin{cases}x_1-2x_2+3x_3-x_4=1\\5x_2-4x_3=-1\\0=2\end{cases}$，式中出现了矛盾方程 $0=2$，故该方程组无解。

（2）因为增广矩阵$\begin{pmatrix}1&1&1\\3&-1&4\\1&5&0\end{pmatrix}\xrightarrow{行}\begin{pmatrix}1&0&5/4\\0&1&-1/4\\0&0&0\end{pmatrix}$，于是划去多余方程$0=0$后得到同解方程组$\begin{cases}x_1=5/4\\x_2=-1/4\end{cases}$，即该方程组有唯一解。

（3）因为$(A|b)=\begin{pmatrix}1&2&3&4&5\\2&4&4&6&8\\-1&-2&-1&-2&-3\end{pmatrix}\xrightarrow{行}\begin{pmatrix}1&2&0&1&2\\0&0&1&1&1\\0&0&0&0&0\end{pmatrix}$，

于是得到同解方程组$\begin{cases}x_1+2x_2+x_4=2\\x_3+x_4=1\end{cases}$，即$\begin{cases}x_1=2-2x_2-x_4\\x_3=1-x_4\end{cases}$，

解之得 $\begin{cases}x_1=2-2k_1-k_2\\x_2=k_1\\x_3=1-k_2\\x_4=k_2\end{cases}$（$k_1$、$k_2$为任意常数），即$\boldsymbol{Ax}=\boldsymbol{b}$有无穷多解。

用初等行变换解一般线性方程组的方法，也是计算机解大型线性方程组的基本方法。更一般地，利用线性方程组系数矩阵$\boldsymbol{A}$和增广矩阵$(\boldsymbol{A}|\boldsymbol{b})$的秩之间的关系，可以方便地讨论线性方程组$\boldsymbol{Ax}=\boldsymbol{b}$是否有解以及有解时解是否唯一等问题，其结论如下。

定理 3.4 非齐次线性方程组$\boldsymbol{Ax}=\boldsymbol{b}$有解$\Leftrightarrow R(\boldsymbol{A}|\boldsymbol{b})=R(\boldsymbol{A})$；且若$\boldsymbol{Ax}=\boldsymbol{b}$有解时，则当$\boldsymbol{A}$列满（降）秩$\Leftrightarrow$它有唯一（无穷多）解。

证*：设$R(\boldsymbol{A})=r$，为叙述方便，不妨设$\boldsymbol{A}$的左上角r阶子式$D_r\neq 0$，则

$$(\boldsymbol{A}|\boldsymbol{b})\xrightarrow{\text{初等行交换}}\left(\begin{array}{cccc:ccc|c}1&0&\cdots&0&b_{1,r+1}&\cdots&b_{1n}&d_1\\0&1&\cdots&0&b_{2,r+1}&\cdots&b_{2n}&d_2\\\vdots&\vdots&&\vdots&\vdots&&\vdots&\vdots\\0&0&\cdots&1&b_{r,r+1}&\cdots&b_{r,n}&d_r\\\hdashline 0&0&\cdots&0&0&\cdots&0&d_{r+1}\\0&0&\cdots&0&0&\cdots&0&0\\\vdots&\vdots&&\vdots&\vdots&&\vdots&\vdots\\0&0&\cdots&0&0&\cdots&0&0\end{array}\right),$$

于是得$\boldsymbol{Ax}=\boldsymbol{b}$的同解方程组

$$\begin{cases}x_1+b_{1,r+1}x_{r+1}+\cdots+b_{1n}x_n=d_1\\x_2+b_{2,r+1}x_{r+1}+\cdots+b_{2n}x_n=d_2\\\qquad\cdots\cdots\\x_r+b_{r,r+1}x_{r+1}+\cdots+b_{r,n}x_n=d_r\\\qquad\qquad\qquad 0=d_{r+1}\end{cases},\qquad(1)$$

若$d_{r+1}\neq 0$，也即$R(\boldsymbol{A}|\boldsymbol{b})=r+1>r=R(\boldsymbol{A})$，则方程组（1）出现矛盾方程，则原方程组$\boldsymbol{Ax}=\boldsymbol{b}$无解。

若$d_{r+1}=0$，也即$R(\boldsymbol{A}|\boldsymbol{b})=r=R(\boldsymbol{A})$，则方程组（1）有解，且有以下两种情况。

（1）$r=n$ 时，方程组（1）成为 $\begin{cases}x_1=d_1\\x_2=d_2\\\cdots\cdots\\x_n=d_n\end{cases}$，则 $x_1=d_1,x_2=d_2,\cdots,x_n=d_n$ 是原方程组 $\boldsymbol{Ax}=\boldsymbol{b}$ 的唯一解。

（2）$r<n$ 时，方程组（1）成为

$$\begin{cases}x_1=d_1-b_{1,r+1}x_{r+1}-\cdots-b_{1n}x_n\\x_2=d_2-b_{2,r+1}x_{r+1}-\cdots-b_{2n}x_n\\\qquad\cdots\cdots\\x_r=d_r-b_{r,r+1}x_{r+1}-\cdots-b_{r,n}x_n\end{cases},$$

一般解为

$$\begin{cases}x_1=d_1-b_{1,r+1}k_1-\cdots-b_{1n}k_{n-r}\\x_2=d_2-b_{2,r+1}k_1-\cdots-b_{2n}k_{n-r}\\\qquad\cdots\cdots\\x_r=d_r-b_{r,r+1}k_1-\cdots-b_{r,n}k_{n-r}\\x_{r+1}=k_1\\\qquad\cdots\cdots\\x_n=k_{n-r}\end{cases},$$

式中 $k_1,k_2,\cdots,k_{n-r}$ 为任意常数，即原方程组 $\boldsymbol{Ax}=\boldsymbol{b}$ 有无穷多解。

由定理 3.4 容易得到定理 3.5。

定理 3.5 齐次线性方程组 $\boldsymbol{Ax}=\boldsymbol{0}$ 只有零解（有非零解）$\Leftrightarrow$ 矩阵 A 列满（降）秩。

例 3.12 求解 $\begin{cases}x_1-2x_2+3x_3-x_4=0\\3x_1-x_2+5x_3-3x_4=0\\2x_1+x_2+2x_3-2x_4=0\end{cases}$。

解： 由 $\left(\begin{array}{cccc|c}1&-2&3&-1&0\\3&-1&5&-3&0\\2&1&2&-2&0\end{array}\right)\xrightarrow{行}\left(\begin{array}{cccc|c}1&-2&3&-1&0\\0&5&-4&0&0\\0&0&0&0&0\end{array}\right)\xrightarrow{行}\left(\begin{array}{cccc|c}1&0&7/5&-1&0\\0&1&-4/5&0&0\\0&0&0&0&0\end{array}\right)$ 得同解方程组

$\begin{cases}x_1+\dfrac{7}{5}x_3-x_4=0\\x_2-\dfrac{4}{5}x_3=0\end{cases}$，即 $\begin{cases}x_1=-\dfrac{7}{5}k_1+k_2\\x_2=\dfrac{4}{5}k_1\\x_3=k_1\\x_4=k_2\end{cases}$ (k_1,k_2 为任意常数)。

例 3.13 求解 $\boldsymbol{Ax}=\boldsymbol{b}$，$\boldsymbol{A}=\begin{pmatrix}\lambda&1&1&1\\1&\lambda&1&1\\1&1&\lambda&1\end{pmatrix}$，$\boldsymbol{b}=\begin{pmatrix}1\\\lambda\\\lambda^2\end{pmatrix}$。

解： 由增广矩阵 $(\boldsymbol{A}|\boldsymbol{b})=\left(\begin{array}{cccc|c}\lambda&1&1&1&1\\1&\lambda&1&1&\lambda\\1&1&\lambda&1&\lambda^2\end{array}\right)\xrightarrow{行}\left(\begin{array}{cccc|c}1&\lambda&1&1&\lambda\\0&1-\lambda^2&1-\lambda&1-\lambda&1-\lambda^2\\0&1-\lambda&\lambda-1&0&\lambda^2-\lambda\end{array}\right)$，有以下两种情况。

（1）当$\lambda\neq 1$时，由

$$(\boldsymbol{A}|\boldsymbol{b})\xrightarrow{\text{行}}\left(\begin{array}{cccc|c}1&\lambda&1&1&\lambda\\0&1+\lambda&1&1&1+\lambda\\0&1&-1&0&-\lambda\end{array}\right)\xrightarrow{\text{行}}\left(\begin{array}{cccc|c}1&0&-1&0&-(\lambda+1)\\0&1&-1&0&-\lambda\\0&0&2+\lambda&1&(1+\lambda)^2\end{array}\right),$$

得到同解方程组
$$\begin{cases}x_1-x_3=-\lambda-1\\x_2-x_3=-\lambda\\(\lambda+2)x_3+x_4=(\lambda+1)^2\end{cases},$$

故其一般解
$$\begin{cases}x_1=-\lambda-1+k\\x_2=-\lambda+k\\x_3=k\\x_4=(\lambda+1)^2-(\lambda+2)k\end{cases}\quad(k\text{ 为任意常数})。$$

（2）当$\lambda=1$时，由$(\boldsymbol{A}|\boldsymbol{b})\xrightarrow{\text{行}}\left(\begin{array}{cccc|c}1&1&1&1&1\\0&0&0&0&0\\0&0&0&0&0\end{array}\right)$，

得到同解方程组
$$x_1+x_2+x_3+x_4=1,$$

故其一般解
$$\begin{cases}x_1=1-k_1-k_2-k_3\\x_2=k_1\\x_3=k_2\\x_4=k_3\end{cases}\quad(k_1,k_2,k_3\text{ 为任意常数})。$$

对含参数的矩阵作初等变换时，例如在本例中对矩阵

$$\left(\begin{array}{cccc|c}1&\lambda&1&1&\lambda\\0&1-\lambda^2&1-\lambda&1-\lambda&1-\lambda^2\\0&1-\lambda&\lambda-1&0&\lambda^2-\lambda\end{array}\right)$$

作初等行变换时，由于$1-\lambda$可以等于0，故不能作$r_2\times\dfrac{1}{1-\lambda}$、$r_3\times\dfrac{1}{1-\lambda}$这样的变换。如果要作这样的变换，就需对$1-\lambda=0$的情况另作讨论。

例 3.14 线性方程组$\boldsymbol{Ax}=\boldsymbol{b}$何时有唯一解？无穷多解？无解？式中

$$\boldsymbol{A}=\begin{pmatrix}1&\lambda&1\\1&2\lambda&1\\\mu&1&1\end{pmatrix},\quad\boldsymbol{b}=\begin{pmatrix}3\\4\\4\end{pmatrix}。$$

解： 由

$$(\boldsymbol{A}|\boldsymbol{b})=\left(\begin{array}{ccc|c}1&\lambda&1&3\\1&2\lambda&1&4\\\mu&1&1&4\end{array}\right)\xrightarrow{\text{行}}\left(\begin{array}{ccc|c}1&0&1&2\\0&\lambda&0&1\\0&1&1-\mu&4-2\mu\end{array}\right)\xrightarrow{\text{行}}\left(\begin{array}{ccc|c}1&0&1&2\\0&1&1-\mu&4-2\mu\\0&0&-\lambda(1-\mu)&1-\lambda(4-2\mu)\end{array}\right)$$
有以下3种情况。

（1）当$\lambda\neq 0$且$\mu\neq 1$时，$R(\boldsymbol{A})=R(\boldsymbol{A}|\boldsymbol{b})=3$，方程组有唯一解。

（2）当$\lambda=0$时，由$(\boldsymbol{A}|\boldsymbol{b})=\left(\begin{array}{ccc|c}1&0&1&3\\1&0&1&4\\\mu&1&1&4\end{array}\right)\xrightarrow{\text{行}}\left(\begin{array}{ccc|c}1&0&1&3\\0&1&1-\mu&4-2\mu\\0&0&0&1\end{array}\right)$得$R(\boldsymbol{A})=2$，$R(\boldsymbol{A}|\boldsymbol{b})=3$，

故方程组无解。

（3）当 $\mu=1$ 且 $\lambda\neq 0$ 时，由 $(\boldsymbol{A}|\boldsymbol{b})=\begin{pmatrix}1&\lambda&1&3\\1&2\lambda&1&4\\1&1&1&4\end{pmatrix}\xrightarrow{\text{行}}\begin{pmatrix}1&0&1&2\\0&1&0&2\\0&0&0&1-2\lambda\end{pmatrix}$，有以下两种情况。

① 当 $\lambda\neq\dfrac{1}{2}$ 时，$R(\boldsymbol{A}|\boldsymbol{b})=3$，$R(\boldsymbol{A})=2$，故方程组无解。

② 当 $\lambda=\dfrac{1}{2}$ 时，$R(\boldsymbol{A}|\boldsymbol{b})=R(\boldsymbol{A})=2<3$，故方程组有无穷多解。

例 3.15*① 用线性方程组的解的理论来讨论几何空间中 2 条直线的位置关系、3 个平面的位置关系。

解：

（1）讨论 2 条直线的位置关系，内容如下。

设 L_1: $\dfrac{x-x_1}{a_1}=\dfrac{y-y_1}{b_1}=\dfrac{z-z_1}{c_1}$，$L_2$: $\dfrac{x-x_2}{a_2}=\dfrac{y-y_2}{b_2}=\dfrac{z-z_2}{c_2}$，把直线写成参数方程，即 L_1: $\begin{pmatrix}x\\y\\z\end{pmatrix}=\begin{pmatrix}x_1\\y_1\\z_1\end{pmatrix}+\begin{pmatrix}a_1\\b_1\\c_1\end{pmatrix}t_1$，$L_2$: $\begin{pmatrix}x\\y\\z\end{pmatrix}=\begin{pmatrix}x_2\\y_2\\z_2\end{pmatrix}+\begin{pmatrix}a_2\\b_2\\c_2\end{pmatrix}t_2$，于是两条直线的位置关系即转化为线性方程组 $\begin{pmatrix}x_1\\y_1\\z_1\end{pmatrix}+\begin{pmatrix}a_1\\b_1\\c_1\end{pmatrix}t_1=\begin{pmatrix}x_2\\y_2\\z_2\end{pmatrix}+\begin{pmatrix}a_2\\b_2\\c_2\end{pmatrix}t_2$ 的解的情况，解的个数就是公共点的个数。

记 $\boldsymbol{\alpha}_1=\begin{pmatrix}a_1\\b_1\\c_1\end{pmatrix}$，$\boldsymbol{\alpha}_2=\begin{pmatrix}a_2\\b_2\\c_2\end{pmatrix}$，$\boldsymbol{\beta}=\begin{pmatrix}x_2-x_1\\y_2-y_1\\z_2-z_1\end{pmatrix}$，$\boldsymbol{\alpha}_1$、$\boldsymbol{\alpha}_2\neq\boldsymbol{0}$，则上述方程组转化为 $\boldsymbol{\alpha}_1t_1-\boldsymbol{\alpha}_2t_2=\boldsymbol{\beta}$，即 $(\boldsymbol{\alpha}_1\ \ \boldsymbol{\alpha}_2)\begin{pmatrix}t_1\\-t_2\end{pmatrix}=\boldsymbol{\beta}$。

① 若 $R(\boldsymbol{\alpha}_1\ \ \boldsymbol{\alpha}_2)=R(\boldsymbol{\alpha}_1\ \ \boldsymbol{\alpha}_2\ \ \boldsymbol{\beta})=2$，则方程组有唯一解，此时，$L_1$ 与 L_2 相交。

② 若 $R(\boldsymbol{\alpha}_1\ \ \boldsymbol{\alpha}_2)=R(\boldsymbol{\alpha}_1\ \ \boldsymbol{\alpha}_2\ \ \boldsymbol{\beta})=1$，则方程组有无穷多解，此时，$L_1$ 与 L_2 重合。

③ 若 $R(\boldsymbol{\alpha}_1\ \ \boldsymbol{\alpha}_2)=1$，$R(\boldsymbol{\alpha}_1\ \ \boldsymbol{\alpha}_2\ \ \boldsymbol{\beta})=2$，则方程组无解，且 $\boldsymbol{\alpha}_1//\boldsymbol{\alpha}_2$（即满足 $\dfrac{a_1}{a_2}=\dfrac{b_1}{b_2}=\dfrac{c_1}{c_2}$），此时，$L_1$ 与 L_2 平行但不重合。

④ 若 $R(\boldsymbol{\alpha}_1\ \ \boldsymbol{\alpha}_2)=2$，$R(\boldsymbol{\alpha}_1\ \ \boldsymbol{\alpha}_2\ \ \boldsymbol{\beta})=3$，则方程组无解，且 $\boldsymbol{\alpha}_1,\boldsymbol{\alpha}_2$ 不平行，此时，L_1 与 L_2 不平行且无交点，故 L_1 与 L_2 异面。

（2）讨论 3 个平面的位置关系，内容如下。

设

$$\pi_1:\ a_{11}x+a_{12}y+a_{13}z=b_1,$$
$$\pi_2:\ a_{21}x+a_{22}y+a_{23}z=b_2,$$
$$\pi_3:\ a_{31}x+a_{32}y+a_{33}z=b_3,$$

① 本例题可详细参见论文《线性代数与空间解析几何教学中的一点体会》（韩瑞珠，《工科数学》. 2002 年第 6 期第 54～60 页）、《几何直观在线性代数教学中的应用》（陈建华、蔡传仁，《工科数学》. 2002 年第 1 期第 91～94 页）。

记$\boldsymbol{\alpha}_1=\begin{pmatrix}a_{11}\\a_{12}\\a_{13}\end{pmatrix},\boldsymbol{\alpha}_2=\begin{pmatrix}a_{21}\\a_{22}\\a_{23}\end{pmatrix},\boldsymbol{\alpha}_3=\begin{pmatrix}a_{31}\\a_{32}\\a_{33}\end{pmatrix},\boldsymbol{A}=(\boldsymbol{\alpha}_1\quad\boldsymbol{\alpha}_2\quad\boldsymbol{\alpha}_3)^{\mathrm{T}},\boldsymbol{\alpha}_1,\ \boldsymbol{\alpha}_2,\ \boldsymbol{\alpha}_3\neq\boldsymbol{0},\boldsymbol{b}=\begin{pmatrix}b_1\\b_2\\b_3\end{pmatrix},\ \boldsymbol{x}'=\begin{pmatrix}x\\y\\z\end{pmatrix}$，于是3个平面的位置关系即转化为线性方程组$\boldsymbol{Ax}'=\boldsymbol{b}$的解的情况，解的个数就是公共点的个数。

① 若$R(\boldsymbol{A}|\boldsymbol{b})=R(\boldsymbol{A})=3$，则方程组有唯一解，此时，3个平面交于一点。

② 若$R(\boldsymbol{A}|\boldsymbol{b})=R(\boldsymbol{A})=2$，则方程组有无穷多解，此时，3个平面有无穷多公共点。

a．若$R(\boldsymbol{\alpha}_1\ \ \boldsymbol{\alpha}_2)=R(\boldsymbol{\alpha}_1\ \ \boldsymbol{\alpha}_3)=R(\boldsymbol{\alpha}_2\ \ \boldsymbol{\alpha}_3)=2$，即$\boldsymbol{\alpha}_1,\boldsymbol{\alpha}_2$不平行，$\boldsymbol{\alpha}_1,\boldsymbol{\alpha}_3$不平行，$\boldsymbol{\alpha}_2,\boldsymbol{\alpha}_3$不平行，此时任意两个平面都不平行，又因为这三个平面有无穷多公共点，所以此时3个平面形成有公共轴的平面组。

b．若$R(\boldsymbol{\alpha}_1\ \ \boldsymbol{\alpha}_2)=1$，$R(\boldsymbol{\alpha}_1\ \ \boldsymbol{\alpha}_3)=R(\boldsymbol{\alpha}_2\ \ \boldsymbol{\alpha}_3)=2$，则有$\boldsymbol{\alpha}_1//\boldsymbol{\alpha}_2$，$\boldsymbol{\alpha}_1,\boldsymbol{\alpha}_3$不平行，$\boldsymbol{\alpha}_2,\boldsymbol{\alpha}_3$不平行，又因为这3个平面有无穷多公共点，所以此时$\pi_1$与$\pi_2$重合，而$\pi_3$与它们交于一条直线；其余类推。

③ 若$R(\boldsymbol{A}|\boldsymbol{b})=R(\boldsymbol{A})=1$，则此时方程组有无穷多解，而且有$R(\boldsymbol{\alpha}_1\ \ \boldsymbol{\alpha}_2)=R(\boldsymbol{\alpha}_1\ \ \boldsymbol{\alpha}_3)=R(\boldsymbol{\alpha}_2\ \ \boldsymbol{\alpha}_3)=1$，即$\boldsymbol{\alpha}_1//\boldsymbol{\alpha}_2//\boldsymbol{\alpha}_3$，又因为这3个平面有无穷多公共点，故此时$\pi_1$与$\pi_2$重合，$\pi_1$与$\pi_3$重合，$\pi_2$与$\pi_3$重合，也即3个平面重合。

④ 若$R(\boldsymbol{A})=2$，$R(\boldsymbol{A}|\boldsymbol{b})=3$，则方程组无解，此时，3个平面没有公共点。

a．若$R(\boldsymbol{\alpha}_1\ \ \boldsymbol{\alpha}_2)=R(\boldsymbol{\alpha}_1\ \ \boldsymbol{\alpha}_3)=R(\boldsymbol{\alpha}_2\ \ \boldsymbol{\alpha}_3)=2$，即$\boldsymbol{\alpha}_1,\boldsymbol{\alpha}_2$不平行，$\boldsymbol{\alpha}_1,\boldsymbol{\alpha}_3$不平行，$\boldsymbol{\alpha}_2,\boldsymbol{\alpha}_3$不平行，此时任意两个平面都不平行，又因为这3个平面没有公共点，所以此时3个平面两两相交，形成一个三棱柱。

b．若$R(\boldsymbol{\alpha}_1\ \ \boldsymbol{\alpha}_2)=1$，$R(\boldsymbol{\alpha}_1\ \ \boldsymbol{\alpha}_3)=R(\boldsymbol{\alpha}_2\ \ \boldsymbol{\alpha}_3)=2$，则有$\boldsymbol{\alpha}_1//\boldsymbol{\alpha}_2$，$\boldsymbol{\alpha}_1,\boldsymbol{\alpha}_3$不平行，$\boldsymbol{\alpha}_2,\boldsymbol{\alpha}_3$不平行，又因为这3个平面没有公共点，所以此时$\pi_1$与$\pi_2$平行但不重合，而$\pi_3$与它们分别各交于一条直线；其余类推。

⑤ 若$R(\boldsymbol{A})=1$，$R(\boldsymbol{A}|\boldsymbol{b})=2$，则方程组无解，而且有$R(\boldsymbol{\alpha}_1\ \ \boldsymbol{\alpha}_2)=R(\boldsymbol{\alpha}_1\ \ \boldsymbol{\alpha}_3)=R(\boldsymbol{\alpha}_2\ \ \boldsymbol{\alpha}_3)=1$，即$\boldsymbol{\alpha}_1//\boldsymbol{\alpha}_2//\boldsymbol{\alpha}_3$，又因为这3个平面没有公共点，故此时3个平面相互平行，记$\boldsymbol{\alpha}_1'=\begin{pmatrix}\boldsymbol{\alpha}_1\\b_1\end{pmatrix}$，$\boldsymbol{\alpha}_2'=\begin{pmatrix}\boldsymbol{\alpha}_2\\b_2\end{pmatrix}$，$\boldsymbol{\alpha}_3'=\begin{pmatrix}\boldsymbol{\alpha}_3\\b_3\end{pmatrix}$，则$(\boldsymbol{A}|\boldsymbol{b})=(\boldsymbol{\alpha}_1',\boldsymbol{\alpha}_2',\boldsymbol{\alpha}_3')^{\mathrm{T}}$，由于$R(\boldsymbol{A}|\boldsymbol{b})=2$，所以有以下情况。

a．若$R(\boldsymbol{\alpha}_1'\ \ \boldsymbol{\alpha}_2')=R(\boldsymbol{\alpha}_1'\ \ \boldsymbol{\alpha}_3')=R(\boldsymbol{\alpha}_2'\ \ \boldsymbol{\alpha}_3')=2$，则3个平面相互平行，但两两均不重合。

b．若$R(\boldsymbol{\alpha}_1'\ \ \boldsymbol{\alpha}_2')=1$，$R(\boldsymbol{\alpha}_1'\ \ \boldsymbol{\alpha}_3')=R(\boldsymbol{\alpha}_2'\ \ \boldsymbol{\alpha}_3')=2$，则此时$\pi_1$与$\pi_2$重合，$\pi_3$与它们平行但不重合；其余类推。

例 3.16* （**投入产出分析模型**）某地区有3个重要产业，煤矿、发电厂和地方铁路。开采1元的煤，煤矿要支付0.25元的电费及0.25元的运输费。生产1元的电力，发电厂要支付0.65元的煤费，0.05元的电费及0.05元的运输费。创收1元钱的运输费，地方铁路要支付0.55元的煤费及0.10元的电费。在某一周内，煤矿接到金额为50000元的外地订货，发电厂接到金额为25000元的外地订货，外地对地方铁路没有需求。问3个企业在这一周内总产值多少才能满足自身及外地的需求？

数学模型：投入产出模型描述了由若干个部门在产品的生产与消耗之间的数量依存关系，是 20 世纪 30 年代由列昂杰夫（Leontief，1906—1999，美国经济学家，1973 年因在该方面作出的突出贡献荣获诺贝尔奖）首先提出的，它可应用于微观经济系统，也可应用于宏观经济系统的综合平衡分析。目前，这种分析模型已在全世界很多国家和地区得到推广和应用。自 20 世纪 60 年代起，我国就开始把投入产出分析模型应用于各地区及全国的经济平衡分析，该分析模型已成为许多部门、地区进行现代化管理的重要工具。

设 x_1 为煤矿本周的总产值，x_2 为发电厂本周的总产值，x_3 为地方铁路本周内的总产值，则

$$\begin{cases} x_1-(0\times x_1+0.65x_2+0.55x_3)=50000 \\ x_2-(0.25x_1+0.05x_2+0.10x_3)=25000 \\ x_3-(0.25x_1+0.05x_2+0\times x_3)=0 \end{cases}, \tag{2}$$

即

$$\begin{pmatrix} x_1 \\ x_2 \\ x_3 \end{pmatrix}-\begin{pmatrix} 0 & 0.65 & 0.55 \\ 0.25 & 0.05 & 0.10 \\ 0.25 & 0.05 & 0 \end{pmatrix}\begin{pmatrix} x_1 \\ x_2 \\ x_3 \end{pmatrix}=\begin{pmatrix} 50000 \\ 25000 \\ 0 \end{pmatrix}。$$

若令

$$\boldsymbol{x}=\begin{pmatrix} x_1 \\ x_2 \\ x_3 \end{pmatrix},\ \boldsymbol{A}=\begin{pmatrix} 0 & 0.65 & 0.55 \\ 0.25 & 0.05 & 0.10 \\ 0.25 & 0.05 & 0 \end{pmatrix},\ \boldsymbol{y}=\begin{pmatrix} 50000 \\ 25000 \\ 0 \end{pmatrix},$$

矩阵 $\boldsymbol{A}=(a_{ij})_{3\times 3}$ 称为直接消耗系数矩阵，其中直接消耗系数 a_{ij} 表示生产单位产品 j 所直接消耗产品 i 的数量，$\boldsymbol{x}$ 称为产出向量，$\boldsymbol{y}$ 称为系统外界需求向量。则方程组（2）就可表示为

$$\boldsymbol{x}-\boldsymbol{Ax}=\boldsymbol{y},$$

即

$$(\boldsymbol{E}-\boldsymbol{A})\boldsymbol{x}=\boldsymbol{y}, \tag{3}$$

其中矩阵 $\boldsymbol{E}$ 为单位矩阵，$\boldsymbol{E}-\boldsymbol{A}$ 称为列昂杰夫矩阵，它是非奇异矩阵。

投入产出分析表：可以将以上数据列成一个表，该表称为投入产出分析表，如表 3-2 所示。

表 3-2　投入产出分析表　　单位：元

	煤矿	电厂	铁路	外地需求	总产出
煤矿	c_{11}	c_{12}	c_{13}	y_1	x_1
电厂	c_{21}	c_{22}	c_{23}	y_2	x_2
铁路	c_{31}	c_{32}	c_{33}	y_3	x_3
新创造价值	z_1	z_2	z_3		
总产出	x_1	x_2	x_3		

c_{ij} 表示部门 j 在生产过程中需直接消耗部门 i 的产出数量，或者说部门 i 对部门 j 的直接投入量，也称为部门间的流量，显然有 $c_{ij}=a_{ij}x_j$。

表 3-2 中前 3 行每 1 行有 1 个等式，即每 1 个部门作为生产部门，它直接分配给各部门的生产投入量加上对该部门的外地需求等于该部门的总产出，可用方程组

$$\begin{cases} x_1 = c_{11} + c_{12} + c_{13} + y_1 \\ x_2 = c_{21} + c_{22} + c_{23} + y_2 \\ x_3 = c_{31} + c_{32} + c_{33} + y_3 \end{cases}$$

表示，称之为分配平衡方程组。

表 3-2 中前 3 列每 1 列有 1 个等式，即每 1 个部门作为消耗部门，各部门对它的生产直接投入量加上该部门的新创造价值等于该部门的总产出，可用方程组

$$\begin{cases} x_1 = c_{11} + c_{21} + c_{31} + z_1 \\ x_2 = c_{12} + c_{22} + c_{32} + z_2 \\ x_3 = c_{13} + c_{23} + c_{33} + z_3 \end{cases}$$

表示，称之为消耗平衡方程组。

计算求解：解方程组（3）可得产出向量 $\boldsymbol{x}$ 和新创造价值，计算结果如表 3-3 所示。

表 3-3　投入产出计算结果　　单位：元

	煤矿	电厂	铁路	外地需求	总产出
煤矿	0	36505.96	15581.51	50000	102087.48
电厂	25521.87	2808.15	2833.00	25000	56163.02
铁路	25521.87	2808.15	0	0	28330.02
新创造价值	51043.74	14040.76	9915.51		
总产出	102087.48	56163.02	28330.02		

完全消耗系数：在经济系统中，任何一个部门 j 除直接消耗部门 i 的产品外，还通过一系列中间环节形成对部门 i 的产品的间接消耗，直接消耗和间接消耗的和称为完全消耗。

设 b_{ij} 表示生产过程中生产单位产品 j 需要完全消耗的产品 i 的数量，根据完全消耗的意义，有

$$b_{ij} = a_{ij} + \sum_{k=1}^{n} b_{ik} a_{kj},$$

上式右端第 1 项为直接消耗，第 2 项为全部间接消耗。

记矩阵 $\boldsymbol{B} = \begin{pmatrix} b_{11} & b_{12} & \cdots & b_{1n} \\ b_{21} & b_{22} & \cdots & b_{2n} \\ \vdots & \vdots & & \vdots \\ b_{n1} & b_{n2} & \cdots & b_{nn} \end{pmatrix}$，则可以写成矩阵形式 $\boldsymbol{B} = \boldsymbol{A} + \boldsymbol{BA}$，即

$$\boldsymbol{B} = \boldsymbol{A}(\boldsymbol{E} - \boldsymbol{A})^{-1} = [\boldsymbol{E} - (\boldsymbol{E} - \boldsymbol{A})](\boldsymbol{E} - \boldsymbol{A})^{-1} = (\boldsymbol{E} - \boldsymbol{A})^{-1} - \boldsymbol{E},$$

矩阵 $\boldsymbol{B}$ 称为完全消耗系数矩阵。

为了第 4 章论述方便，可以进一步把定理 3.4、定理 3.5 推广到矩阵方程 $\boldsymbol{AX} = \boldsymbol{B}$，$\boldsymbol{AX} = \boldsymbol{O}$ 上，于是有定理 3.6 和定理 3.7。

定理 3.6　矩阵方程 $\boldsymbol{AX} = \boldsymbol{B}$ 有解 $\Leftrightarrow R(\boldsymbol{A}) = R(\boldsymbol{A}\ \ \boldsymbol{B})$，且若 $\boldsymbol{AX} = \boldsymbol{B}$ 有解时，则当 $\boldsymbol{A}$ 列满（降）秩 $\Leftrightarrow$ 它有唯一（无穷多）解。

证：因为 $\boldsymbol{A}_{m\times n}\boldsymbol{X}_{n\times l} = \boldsymbol{B}_{m\times l}$ 有解 $\Leftrightarrow \boldsymbol{A}(\boldsymbol{x}_1\ \ \boldsymbol{x}_2\ \ \cdots\ \ \boldsymbol{x}_l) = (\boldsymbol{b}_1\ \ \boldsymbol{b}_2\ \ \cdots\ \ \boldsymbol{b}_l)$ 有解

$$\Leftrightarrow \boldsymbol{Ax}_1=\boldsymbol{b}_1, \boldsymbol{Ax}_2=\boldsymbol{b}_2, \cdots, \boldsymbol{Ax}_l=\boldsymbol{b}_l \text{ 有解},$$

于是先证明“$\Leftarrow$”，

$$\left.\begin{aligned} R(\boldsymbol{A})=R(\boldsymbol{A}\ \boldsymbol{B}) \Rightarrow R(\boldsymbol{A})=R(\boldsymbol{A}\ \boldsymbol{b}_1\ \boldsymbol{b}_2\ \cdots\ \boldsymbol{b}_l) \\ R(\boldsymbol{A}) \leqslant R(\boldsymbol{A}\ \boldsymbol{b}_i) \leqslant R(\boldsymbol{A}\ \boldsymbol{b}_1\ \boldsymbol{b}_2\ \cdots\ \boldsymbol{b}_l) \end{aligned}\right\}$$

$$\Rightarrow R(\boldsymbol{A}\ \boldsymbol{b}_i)=R(\boldsymbol{A})\ (i=1,2,\cdots,l)$$

$$\Rightarrow \boldsymbol{Ax}_1=\boldsymbol{b}_1, \boldsymbol{Ax}_2=\boldsymbol{b}_2, \cdots, \boldsymbol{Ax}_l=\boldsymbol{b}_l \text{ 有解}$$

$$\Rightarrow \boldsymbol{A}_{m\times n}\boldsymbol{X}_{n\times l}=\boldsymbol{B}_{m\times l} \text{ 有解。}$$

然后再证明“$\Rightarrow$”，

$\boldsymbol{Ax}_i=\boldsymbol{b}_i\ (i=1,2,\cdots,l)$ 有解

$\Rightarrow$ 设解为 $\begin{pmatrix} k_{1i} \\ k_{2i} \\ \vdots \\ k_{ni} \end{pmatrix}$，记 $\boldsymbol{A}=(\boldsymbol{\alpha}_1\ \boldsymbol{\alpha}_2\ \cdots\ \boldsymbol{\alpha}_n)$，则有 $(\boldsymbol{\alpha}_1\ \boldsymbol{\alpha}_2\ \cdots\ \boldsymbol{\alpha}_n)\begin{pmatrix} k_{1i} \\ k_{2i} \\ \vdots \\ k_{ni} \end{pmatrix}=\boldsymbol{b}_i$

$\Rightarrow k_{1i}\boldsymbol{\alpha}_1+k_{2i}\boldsymbol{\alpha}_2+\cdots+k_{ni}\boldsymbol{\alpha}_n=\boldsymbol{b}_i$

$\Rightarrow (\boldsymbol{\alpha}_1\ \boldsymbol{\alpha}_2\ \cdots\ \boldsymbol{\alpha}_n\ \boldsymbol{b}_1\ \cdots\ \boldsymbol{b}_i\ \cdots\ \boldsymbol{b}_l) \xrightarrow{\text{初等列变换}} (\boldsymbol{\alpha}_1\ \boldsymbol{\alpha}_2\ \cdots\ \boldsymbol{\alpha}_n\ \boldsymbol{0}\ \cdots\ \boldsymbol{0}\ \cdots\ \boldsymbol{0})$

$\Rightarrow (\boldsymbol{A}\ \boldsymbol{B}) \xrightarrow{\text{初等列变换}} (\boldsymbol{A}\ \boldsymbol{O})$

$\Rightarrow R(\boldsymbol{A}\ \boldsymbol{B})=R(\boldsymbol{A}\ \boldsymbol{O})=R(\boldsymbol{A})$。

至于定理的后一结论，由定理 3.4 很容易得到。

推论 1 设 $\boldsymbol{AB}=\boldsymbol{C}$，则 $R(\boldsymbol{C}) \leqslant \min\{R(\boldsymbol{A}), R(\boldsymbol{B})\}$。

证： $\boldsymbol{AB}=\boldsymbol{C} \Rightarrow \boldsymbol{AX}=\boldsymbol{C}$有解$\boldsymbol{B} \Rightarrow R(\boldsymbol{A})=R(\boldsymbol{A}\ \boldsymbol{C}) \Rightarrow R(\boldsymbol{C}) \leqslant R(\boldsymbol{A}\ \boldsymbol{C})=R(\boldsymbol{A})$，又 $\boldsymbol{AB}=\boldsymbol{C}$ $\Rightarrow \boldsymbol{B}^{\mathrm{T}}\boldsymbol{A}^{\mathrm{T}}=\boldsymbol{C}^{\mathrm{T}} \Rightarrow R(\boldsymbol{C}^{\mathrm{T}}) \leqslant R(\boldsymbol{B}^{\mathrm{T}}) \Rightarrow R(\boldsymbol{C}) \leqslant R(\boldsymbol{B})$，综上，得证。

推论 2 矩阵方程 $\boldsymbol{XA}=\boldsymbol{B}$ 有解 $\Leftrightarrow R(\boldsymbol{A})=R\begin{pmatrix} \boldsymbol{A} \\ \boldsymbol{B} \end{pmatrix}$；且若 $\boldsymbol{XA}=\boldsymbol{B}$ 有解时，则当 $\boldsymbol{A}$ 行满（降）秩 $\Leftrightarrow$ 它有唯一（无穷多）解。

定理 3.7 矩阵方程 $\boldsymbol{AX}=\boldsymbol{O}$ 只有零解（有非零解）$\Leftrightarrow$ $\boldsymbol{A}$ 列满（降）秩。

习题 3

1．用初等行变换把下列矩阵化为行最简形矩阵。

（1）$\begin{pmatrix} 3 & 1 & 0 & 2 \\ 1 & -1 & 2 & -1 \\ 1 & 3 & -4 & 4 \end{pmatrix}$；（2）$\begin{pmatrix} 3 & 2 & -1 & -3 & -2 \\ 2 & -1 & 3 & 1 & -3 \\ 7 & 0 & 5 & -1 & 8 \end{pmatrix}$。

2．求矩阵 $\boldsymbol{A}=\begin{pmatrix} 0 & 2 & -1 \\ -2 & 0 & 3 \\ 1 & -3 & 0 \end{pmatrix}$ 在初等变换下的标准形和初等分解。

3．求下列矩阵的秩。

（1）$\begin{pmatrix}3&1&0&2\\1&-1&2&-1\\1&3&-4&4\end{pmatrix}$；　　（2）$\begin{pmatrix}3&2&-1&-3&-1\\2&-1&3&1&-3\\7&0&5&-1&-8\end{pmatrix}$；

（3）$\begin{pmatrix}1&1&2&2&1\\0&2&1&5&-1\\2&0&3&-1&3\\1&1&0&4&-1\end{pmatrix}$；　　（4）$\begin{pmatrix}1&0&1&0&0\\1&1&0&0&0\\0&1&1&0&0\\0&0&1&1&0\\0&1&0&1&1\end{pmatrix}$。

4．适当选取矩阵

$$A=\begin{pmatrix}1&-2&-1&3\\3&-6&-3&9\\-2&4&2&k\end{pmatrix}$$

中的k的值,使（1）$R(A)=1$，（2）$R(A)=2$，（3）$R(A)=3$。

5．在秩为r的矩阵中，有没有等于0的$r-1$阶子式？有没有等于0的r阶子式？有没有不等于0的$r+1$阶子式？有没有不等于0的$r+2$阶子式？

6．试证明以下结论。

（1）任何一个秩为r的矩阵均可表示成r个秩为1的矩阵之和。

（2）设$\boldsymbol{A}\in F_r^{m\times n}$，则存在$\boldsymbol{B}\in F_r^{m\times r}$和$\boldsymbol{C}\in F_r^{r\times n}$使得$\boldsymbol{A}=\boldsymbol{BC}$。

（3）矩阵左乘列满秩矩阵，或右乘行满秩矩阵，其秩不变。

7．试证明以下结论。

（1）$R\begin{pmatrix}\boldsymbol{A}&\boldsymbol{O}\\\boldsymbol{O}&\boldsymbol{B}\end{pmatrix}=R(\boldsymbol{A})+R(\boldsymbol{B})$。

（2）设n阶方阵$\boldsymbol{A}$满足$\boldsymbol{A}^2=\boldsymbol{A}$，则$R(\boldsymbol{A})+R(\boldsymbol{A}-\boldsymbol{E})=n$。

（3）设$\boldsymbol{A}$为n阶方阵$(n\geqslant 2)$，$\boldsymbol{A}^*$为$\boldsymbol{A}$的伴随方阵，则

$$R(\boldsymbol{A}^*)=\begin{cases}n, & 当R(\boldsymbol{A})=n\\1, & 当R(\boldsymbol{A})=n-1\\0, & 当R(\boldsymbol{A})\leqslant n-2\end{cases}。$$

8．用初等变换求下列矩阵的逆矩阵：

（1）$\begin{pmatrix}3&2&1\\3&1&5\\3&2&3\end{pmatrix}$；　　（2）$\begin{pmatrix}1&3&-5&7\\0&1&2&-3\\0&0&1&2\\0&0&0&1\end{pmatrix}$；

（3）$\begin{pmatrix}1&1&1&1\\1&1&-1&-1\\1&-1&1&-1\\1&-1&-1&1\end{pmatrix}$；　　（4）$\begin{pmatrix}3&-2&0&-1\\0&2&2&1\\1&-2&-3&-2\\0&1&2&1\end{pmatrix}$。

9．判断下列非齐次线性方程组是否有解？若有解，并求解。

（1）$\begin{cases}4x_1+2x_2-x_3=2\\3x_1-x_2+2x_3=10\\11x_1+3x_2=8\end{cases}$；　（2）$\begin{cases}2x_1+x_2-x_3+x_4=1\\4x_1+2x_2-2x_3+x_4=2\\2x_1+x_2-x_3-x_4=1\end{cases}$；

（3）$\begin{cases}2x_1+3x_2+x_3=4\\x_1-2x_2+4x_3=-5\\3x_1+8x_2-2x_3=13\\4x_1-x_2+9x_3=-6\end{cases}$；　（4）$\begin{cases}2x_1+x_2-x_3+x_4=1\\3x_1-2x_2+x_3-3x_4=4\\x_1+4x_2-3x_3+5x_4=-2\end{cases}$。

10．问 k 取何值时，线性方程组

$$\begin{cases}kx_1+x_2+x_3=1\\x_1+kx_2+x_3=k\\x_1+x_2+kx_3=k^2\end{cases}$$

无解？有唯一解？有无穷多解？

11．问 a,b 为何值时线性方程组

$$\begin{cases}x_1+x_2+x_3+x_4+x_5=1\\3x_1+2x_2+x_3+x_4-3x_5=a\\x_2+2x_3+2x_4+6x_5=3\\5x_1+4x_2+3x_3+3x_4-x_5=b\end{cases}$$

有解？并求出它的解。

12．求齐次线性方程组 $\begin{cases}3x_1+4x_2-5x_3+7x_4=0\\2x_1-3x_2+3x_3-2x_4=0\\4x_1+11x_2-13x_3+16x_4=0\\7x_1-2x_2+x_3+3x_4=0\end{cases}$ 的解。

13．当 k 取何值时，齐次线性方程组

$$\begin{cases}(k-2)x_1-3x_2-2x_3=0\\-x_1+(k-8)x_2-2x_3=0\\2x_1+14x_2+(k+3)x_3=0\end{cases}$$

有非零解？并求出它的解。

14．设 $\boldsymbol{A}$ 为列满秩矩阵，$\boldsymbol{AB}=\boldsymbol{C}$，证明：$\boldsymbol{Bx}=\boldsymbol{0}$ 与 $\boldsymbol{Cx}=\boldsymbol{0}$ 同解。

15．证明：$R(\boldsymbol{A})=1$ 的充分必要条件是存在非零矩阵 $\boldsymbol{\alpha}\in F^{m\times 1}$，$\boldsymbol{\beta}^{\mathrm{T}}\in F^{1\times n}$ 使得 $\boldsymbol{A}=\boldsymbol{\alpha}\boldsymbol{\beta}^{\mathrm{T}}$。

16．设 $\boldsymbol{A}$ 为 $m\times n$ 矩阵，证明：（1）$\boldsymbol{AX}=\boldsymbol{E}_m$ 有解的充分必要条件是 $R(\boldsymbol{A})=m$；（2）$\boldsymbol{XA}=\boldsymbol{E}_n$ 有解的充分必要条件是 $R(\boldsymbol{A})=n$。

17．设 $\boldsymbol{A}$ 为 $m\times n$ 矩阵，证明：若 $\boldsymbol{AX}=\boldsymbol{AY}$，且 $R(\boldsymbol{A})=n$，则 $\boldsymbol{X}=\boldsymbol{Y}$。

第 4 章　向量空间、欧氏空间、线性空间与线性变换

与矩阵一样，向量也是重要的数学工具之一。我们知道，直观的几何空间是三维向量的集合，那么 n 维向量的集合是怎样的呢？n 维向量空间的结构如何呢？直观的几何空间有长度、夹角概念，那么在 n 维向量空间中如何定义长度、夹角呢？于是就有了欧氏空间的概念。可以把向量及向量空间概念推广，从而得到线性空间的概念，当然线性空间中的向量概念也就更加抽象化了。

4.1　向量组的线性相关性

4.1.1　n 维向量及其线性运算

所谓向量空间，简单讲就是在向量之间定义了向量的线性运算所构成的一种代数，又称为向量代数。

在《高等数学》中先把向量定义为既有大小又有方向的量，并把可随意平行移动的有向线段作为向量的几何形象，然后用三角形法则或平行四边形法则来定义向量的加法，亚里士多德（Aristotle，公元前 384—公元前 322，古希腊哲学家）早在公元前 350 年左右就已经知道。然后用向量平行、向量伸长或缩短来定义数乘向量（几何角度），最后在建立空间直角坐标系后，用三维有序数组表示向量，并得到向量线性运算的坐标表示式（代数角度）。从几何角度定义向量和向量的线性运算，直观且容易理解，但不易推广到多维向量，于是直接从代数角度定义。

定义 4.1　由数域 F 中 n 个数 $a_1,a_2,\cdots,a_n$ 构成的有序数组 $\boldsymbol{\alpha} \triangleq \begin{pmatrix} a_1 \\ a_2 \\ \vdots \\ a_n \end{pmatrix}$ 称为数域 F 上的 n 维向量（列向量），这 n 个数称为该向量的 n 个分量，第 i 个数 a_i 称为向量 $\boldsymbol{\alpha}$ 的第 i 个分量。n 个分量全为 0 的向量称为零向量，记为 $\mathbf{0}$。数域 F 上一切 n 维向量的集合记为 F^n。也可以把有序数组写成一行，称之为行向量，但一般都用列向量形式。

当 $n=1,2,3$ 时，n 维向量都有直观的几何背景，分别表示起点在原点的数轴、平面和空间上的向量，这是学习向量的一个优势，当 $n \geqslant 4$ 时，n 维向量没有直观的几何解释。

从矩阵角度看，n 维向量就是一个 $n\times 1$ 的矩阵，因此就可以像矩阵那样定义其线性运算，同时线性运算也满足这 8 条运算律（$\boldsymbol{\alpha},\boldsymbol{\beta},\boldsymbol{\gamma} \in F^n, k,l \in F$）：

（1）$\boldsymbol{\alpha}+\boldsymbol{\beta}=\boldsymbol{\beta}+\boldsymbol{\alpha}$；　　（2）$(\boldsymbol{\alpha}+\boldsymbol{\beta})+\boldsymbol{\gamma}=\boldsymbol{\alpha}+(\boldsymbol{\beta}+\boldsymbol{\gamma})$；

（3）$\boldsymbol{\alpha}+\mathbf{0}=\boldsymbol{\alpha}$；　　（4）$\boldsymbol{\alpha}+(-\boldsymbol{\alpha})=\mathbf{0}$；

（5）$1\boldsymbol{\alpha}=\boldsymbol{\alpha}$；　　（6）$k(l\boldsymbol{\alpha})=(kl)\boldsymbol{\alpha}$；

（7）$k(\boldsymbol{\alpha}+\boldsymbol{\beta})=k\boldsymbol{\alpha}+k\boldsymbol{\beta}$；　　（8）$(k+l)\boldsymbol{\alpha}=k\boldsymbol{\alpha}+l\boldsymbol{\alpha}$。

例 4.1 设 $\boldsymbol{\alpha}_1=\begin{pmatrix}2\\-4\\1\\-1\end{pmatrix},\boldsymbol{\alpha}_2=\begin{pmatrix}-3\\-1\\2\\-5\end{pmatrix}$，如果向量 $\boldsymbol{\beta}$ 满足 $3\boldsymbol{\alpha}_1-2(\boldsymbol{\beta}+\boldsymbol{\alpha}_2)=\mathbf{0}$，求 $\boldsymbol{\beta}$。

解： $\boldsymbol{\beta}=\dfrac{3}{2}\boldsymbol{\alpha}_1-\boldsymbol{\alpha}_2=\dfrac{3}{2}\begin{pmatrix}2\\-4\\1\\-1\end{pmatrix}-\begin{pmatrix}-3\\-1\\2\\-5\end{pmatrix}=\begin{pmatrix}6\\-5\\-1/2\\7/2\end{pmatrix}$。

4.1.2 向量组的线性组合

若干个同维数的向量所组成的集合叫做向量组，例如，矩阵 $\boldsymbol{A}_{m\times n}$ 按列（行）分块而得的 $n(m)$ 个 $m(n)$ 维向量称为矩阵 $\boldsymbol{A}$ 的列（行）向量组。4.1.2 节与 4.1.3 节着重讨论向量组内的线性运算关系和结构，先讨论只含有限个向量的向量组，再把讨论的结果推广到含无限多个向量的向量组。

定义 4.2 对 n 维向量 $\boldsymbol{\beta}$ 及向量组 $\boldsymbol{\alpha}_1,\boldsymbol{\alpha}_2,\cdots,\boldsymbol{\alpha}_m$，如果有数组 $k_1,k_2,\cdots,k_m$ 使得 $\boldsymbol{\beta}=k_1\boldsymbol{\alpha}_1+k_2\boldsymbol{\alpha}_2+\cdots+k_m\boldsymbol{\alpha}_m$，则称 $\boldsymbol{\beta}$ 是向量组 $\boldsymbol{\alpha}_1,\boldsymbol{\alpha}_2,\cdots,\boldsymbol{\alpha}_m$ 的线性组合，这时称 $\boldsymbol{\beta}$ 可由向量组 $\boldsymbol{\alpha}_1,\boldsymbol{\alpha}_2,\cdots,\boldsymbol{\alpha}_m$ 线性表示。

之所以称 $\boldsymbol{\beta}=k_1\boldsymbol{\alpha}_1+k_2\boldsymbol{\alpha}_2+\cdots+k_m\boldsymbol{\alpha}_m$ 是向量组 $\boldsymbol{\alpha}_1,\boldsymbol{\alpha}_2,\cdots,\boldsymbol{\alpha}_m$ 的线性组合，是因为其中涉及的运算仅是线性运算。

例 4.2 证明以下结论。

（1）零向量是任一向量组的线性组合。

（2）向量组 $\boldsymbol{\alpha}_1,\boldsymbol{\alpha}_2,\cdots,\boldsymbol{\alpha}_m$ 中的任一向量都是此向量组的线性组合。

（3）设 $\boldsymbol{\varepsilon}_i\triangleq\begin{pmatrix}0\\\vdots\\0\\1\\0\\\vdots\\0\end{pmatrix}\leftarrow$ 第i行$(i=1,2,\cdots,n)$，$\boldsymbol{\varepsilon}_i\in F^n$，则 F^n 中的任一向量 $\boldsymbol{\alpha}$ 都可表示为 $\boldsymbol{\varepsilon}_1,\boldsymbol{\varepsilon}_2,\cdots,\boldsymbol{\varepsilon}_n$ 的线性组合。

证：

（1）$\mathbf{0}=0\boldsymbol{\alpha}_1+0\boldsymbol{\alpha}_2+\cdots+0\boldsymbol{\alpha}_m$；

（2）$\boldsymbol{\alpha}_i=0\boldsymbol{\alpha}_1+\cdots+0\boldsymbol{\alpha}_{i-1}+1\boldsymbol{\alpha}_i+0\boldsymbol{\alpha}_{i+1}+\cdots+0\boldsymbol{\alpha}_m(i=1,2,\cdots,m)$；

（3）
$$\boldsymbol{\alpha}=\begin{pmatrix}a_1\\\vdots\\a_{i-1}\\a_i\\a_{i+1}\\\vdots\\a_n\end{pmatrix}=a_1\begin{pmatrix}1\\\vdots\\0\\0\\0\\\vdots\\0\end{pmatrix}+\cdots+a_{i-1}\begin{pmatrix}0\\\vdots\\1\\0\\0\\\vdots\\0\end{pmatrix}+a_i\begin{pmatrix}0\\\vdots\\0\\1\\0\\\vdots\\0\end{pmatrix}+a_{i+1}\begin{pmatrix}0\\\vdots\\0\\0\\1\\\vdots\\0\end{pmatrix}+\cdots+a_n\begin{pmatrix}0\\\vdots\\0\\0\\0\\\vdots\\1\end{pmatrix}$$
$$=a_1\boldsymbol{\varepsilon}_1+\cdots+a_{i-1}\boldsymbol{\varepsilon}_{i-1}+a_i\boldsymbol{\varepsilon}_i+a_{i+1}\boldsymbol{\varepsilon}_{i+1}+\cdots+a_n\boldsymbol{\varepsilon}_n。$$

命题 4.1 若γ是向量组$\alpha_1,\alpha_2,\cdots,\alpha_m$的线性组合，且任一$\alpha_i(i=1,2,\cdots m)$又是向量组$\beta_1,\beta_2,\cdots,\beta_s$的线性组合，则$\gamma$也就是向量组$\beta_1,\beta_2,\cdots,\beta_s$的线性组合，简言之，线性组合具有传递性。

现在的问题是怎样判断向量β是否能由向量组$\alpha_1,\alpha_2,\cdots,\alpha_m$线性表示以及线性表示式是什么？不妨设向量$\beta$可由向量组$\alpha_1,\alpha_2,\cdots,\alpha_m$线性表示，由定义可知，存在数组$k_1,k_2,\cdots,k_m$使得$\beta=k_1\alpha_1+k_2\alpha_2+\cdots+k_m\alpha_m$，即$(\alpha_1\ \ \alpha_2\ \ \cdots\ \ \alpha_m)\begin{pmatrix}k_1\\k_2\\\vdots\\k_m\end{pmatrix}=\beta$，即$(\alpha_1\ \ \alpha_2\ \ \cdots\ \ \alpha_m)x=\beta$有解，由第3章定理3.4可知，$R(\alpha_1\ \ \alpha_2\ \ \cdots\ \ \alpha_m)=R(\alpha_1\ \ \alpha_2\ \ \cdots\ \ \alpha_m|\beta)$，而且上述每一步可以逆推回去，于是有定理4.1。

定理 4.1 向量β可由向量组$\alpha_1,\alpha_2,\cdots,\alpha_m$线性表示的充分必要条件是$R(\alpha_1\ \ \alpha_2\ \ \cdots\ \ \alpha_m)=R(\alpha_1\ \ \alpha_2\ \ \cdots\ \ \alpha_m|\beta)$。

例 4.3 设$\beta_1=\begin{pmatrix}1\\0\\-1\end{pmatrix}$，$\beta_2=\begin{pmatrix}1\\1\\1\end{pmatrix}$，$\beta_3=\begin{pmatrix}3\\1\\-1\end{pmatrix}$，$\beta_4=\begin{pmatrix}5\\3\\1\end{pmatrix}$，判断$\beta_4$能否由$\beta_1,\beta_2,\beta_3$线性表示，若能，请写出线性表示式。

解： 设$\beta_4=k_1\beta_1+k_2\beta_2+k_3\beta_3$，即$(\beta_1\ \ \beta_2\ \ \beta_3)\begin{pmatrix}k_1\\k_2\\k_3\end{pmatrix}=\beta_4$，由

$$(\beta_1\ \ \beta_2\ \ \beta_3|\beta_4)=\left(\begin{array}{ccc|c}1&1&3&5\\0&1&1&3\\-1&1&-1&1\end{array}\right)\xrightarrow{\text{行}}\left(\begin{array}{ccc|c}1&0&2&2\\0&1&1&3\\0&0&0&0\end{array}\right),$$

得$R(\beta_1\ \ \beta_2\ \ \beta_3|\beta_4)=R(\beta_1\ \ \beta_2\ \ \beta_3)=2$，且$\begin{pmatrix}k_1\\k_2\\k_3\end{pmatrix}=\begin{pmatrix}2-2c\\3-c\\c\end{pmatrix}$（$c$为任意常数），于是$\beta_4$可由$\beta_1,\beta_2,\beta_3$线性表示，且$\beta_4=(2-2c)\beta_1+(3-c)\beta_2+c\beta_3$（$c$为任意常数）。

定义 4.3 设向量组T_1：$\alpha_1,\alpha_2,\cdots,\alpha_m$，向量组$T_2$：$\beta_1,\beta_2,\cdots,\beta_s$，若$\beta_i\ (i=1,2,\cdots,s)$可由$\alpha_1,\alpha_2,\ \cdots,\alpha_m$线性表示，则称向量组$T_2$可由向量组$T_1$线性表示；若向量组$T_1$与向量组$T_2$能相互线性表示，则称向量组$T_1$与$T_2$等价。

两个向量组等价具有以下性质。

（1）自反性，即T_1与T_1等价。

（2）对称性，即若T_1与T_2等价，则T_2与T_1等价。

（3）传递性，即若T_1与T_2等价，T_2与T_3等价，则T_1与T_3等价。

那怎样判断向量组T_2能否由向量组T_1线性表示呢？怎样判断两向量组等价呢？事实上，根据定义4.3可知，向量组T_2：$\beta_1,\beta_2,\cdots,\beta_s$能由向量组$T_1$：$\alpha_1,\alpha_2,\cdots,\alpha_m$线性表示，即有

$$(\boldsymbol{\alpha}_1\ \ \boldsymbol{\alpha}_2\ \cdots\ \boldsymbol{\alpha}_m)\begin{pmatrix}k_{11}\\k_{21}\\\vdots\\k_{m1}\end{pmatrix}=\boldsymbol{\beta}_1,\ (\boldsymbol{\alpha}_1\ \ \boldsymbol{\alpha}_2\ \cdots\ \boldsymbol{\alpha}_m)\begin{pmatrix}k_{12}\\k_{22}\\\vdots\\k_{m2}\end{pmatrix}=\boldsymbol{\beta}_2,\ldots,(\boldsymbol{\alpha}_1\ \ \boldsymbol{\alpha}_2\ \cdots\ \boldsymbol{\alpha}_m)\begin{pmatrix}k_{1s}\\k_{2s}\\\vdots\\k_{ms}\end{pmatrix}=\boldsymbol{\beta}_s,$$

把它们写成矩阵形式，就是

$$(\boldsymbol{\alpha}_1\ \ \boldsymbol{\alpha}_2\ \cdots\ \boldsymbol{\alpha}_m)\begin{pmatrix}k_{11}&k_{12}&\cdots&k_{1s}\\k_{21}&k_{22}&\cdots&k_{2s}\\\vdots&\vdots&&\vdots\\k_{m1}&k_{m2}&\cdots&k_{ms}\end{pmatrix}=(\boldsymbol{\beta}_1\ \ \boldsymbol{\beta}_2\ \cdots\ \boldsymbol{\beta}_s),$$

也就是矩阵方程 $(\boldsymbol{\alpha}_1\ \ \boldsymbol{\alpha}_2\ \cdots\ \boldsymbol{\alpha}_m)\boldsymbol{X}=(\boldsymbol{\beta}_1\ \ \boldsymbol{\beta}_2\ \cdots\ \boldsymbol{\beta}_s)$ 有解，由第 3 章定理 3.6 可知，有 $R(\boldsymbol{\alpha}_1\ \ \boldsymbol{\alpha}_2\ \cdots\ \boldsymbol{\alpha}_m)=R(\boldsymbol{\alpha}_1\ \ \boldsymbol{\alpha}_2\ \cdots\ \boldsymbol{\alpha}_m|\boldsymbol{\beta}_1\ \ \boldsymbol{\beta}_2\ \cdots\ \boldsymbol{\beta}_s)$，而且上述每一步可以逆推回去，于是有定理 4.2。

定理 4.2 向量组 T_2：$\boldsymbol{\beta}_1,\boldsymbol{\beta}_2,\cdots,\boldsymbol{\beta}_s$ 能由向量组 T_1：$\boldsymbol{\alpha}_1,\boldsymbol{\alpha}_2,\cdots,\boldsymbol{\alpha}_m$ 线性表示的充分必要条件是 $R(\boldsymbol{\alpha}_1\ \ \boldsymbol{\alpha}_2\ \cdots\ \boldsymbol{\alpha}_m)=R(\boldsymbol{\alpha}_1\ \ \boldsymbol{\alpha}_2\ \cdots\ \boldsymbol{\alpha}_m|\boldsymbol{\beta}_1\ \ \boldsymbol{\beta}_2\ \cdots\ \boldsymbol{\beta}_s)$。

推论 1 向量组 T_2：$\boldsymbol{\beta}_1,\boldsymbol{\beta}_2,\cdots,\boldsymbol{\beta}_s$ 与向量组 T_1：$\boldsymbol{\alpha}_1,\boldsymbol{\alpha}_2,\cdots,\boldsymbol{\alpha}_m$ 等价的充分必要条件是 $R(\boldsymbol{\alpha}_1\ \ \boldsymbol{\alpha}_2\ \cdots\ \boldsymbol{\alpha}_m)=R(\boldsymbol{\beta}_1\ \ \boldsymbol{\beta}_2\ \cdots\ \boldsymbol{\beta}_s)=R(\boldsymbol{\alpha}_1\ \ \boldsymbol{\alpha}_2\ \cdots\ \boldsymbol{\alpha}_m|\boldsymbol{\beta}_1\ \ \boldsymbol{\beta}_2\ \cdots\ \boldsymbol{\beta}_s)$。

例 4.4 设 $\boldsymbol{\alpha}_1=\begin{pmatrix}1\\-1\\1\\-1\end{pmatrix},\boldsymbol{\alpha}_2=\begin{pmatrix}3\\1\\1\\3\end{pmatrix},\boldsymbol{\beta}_1=\begin{pmatrix}2\\0\\1\\1\end{pmatrix},\boldsymbol{\beta}_2=\begin{pmatrix}1\\1\\0\\2\end{pmatrix},\boldsymbol{\beta}_3=\begin{pmatrix}3\\-1\\2\\0\end{pmatrix}$，（1）证明向量组 $\boldsymbol{\alpha}_1,\boldsymbol{\alpha}_2$ 与向量组 $\boldsymbol{\beta}_1,\boldsymbol{\beta}_2,\boldsymbol{\beta}_3$ 等价；（2）说明向量组 $\boldsymbol{\alpha}_1,\boldsymbol{\alpha}_2$ 与向量组 $\boldsymbol{\beta}_1,\boldsymbol{\beta}_2,\boldsymbol{\beta}_3$ 是怎样相互线性表示的。

解：（1）由

$$(\boldsymbol{\alpha}_1\ \ \boldsymbol{\alpha}_2|\boldsymbol{\beta}_1\ \ \boldsymbol{\beta}_2\ \ \boldsymbol{\beta}_3)=\left(\begin{array}{cc|ccc}1&3&2&1&3\\-1&1&0&1&-1\\1&1&1&0&2\\-1&3&1&2&0\end{array}\right)\xrightarrow{\text{行}}\left(\begin{array}{cc|ccc}1&3&2&1&3\\0&2&1&1&1\\0&0&0&0&0\\0&0&0&0&0\end{array}\right)$$

可得 $R(\boldsymbol{\alpha}_1\ \ \boldsymbol{\alpha}_2)=R(\boldsymbol{\beta}_1\ \ \boldsymbol{\beta}_2\ \ \boldsymbol{\beta}_3)=R(\boldsymbol{\alpha}_1\ \ \boldsymbol{\alpha}_2|\boldsymbol{\beta}_1\ \ \boldsymbol{\beta}_2\ \ \boldsymbol{\beta}_3)$，故向量组 $\boldsymbol{\alpha}_1,\boldsymbol{\alpha}_2$ 与向量组 $\boldsymbol{\beta}_1,\boldsymbol{\beta}_2,\boldsymbol{\beta}_3$ 等价。

（2）另由

$$(\boldsymbol{\alpha}_1\ \ \boldsymbol{\alpha}_2|\boldsymbol{\beta}_1\ \ \boldsymbol{\beta}_2\ \ \boldsymbol{\beta}_3)\xrightarrow{\text{行}}\left(\begin{array}{cc|ccc}1&3&2&1&3\\0&2&1&1&1\\0&0&0&0&0\\0&0&0&0&0\end{array}\right)\xrightarrow{\text{行}}\left(\begin{array}{cc|ccc}1&0&1/2&-1/2&3/2\\0&1&1/2&1/2&1/2\\0&0&0&0&0\\0&0&0&0&0\end{array}\right)$$

得 $(\boldsymbol{\alpha}_1\ \ \boldsymbol{\alpha}_2|\boldsymbol{\beta}_1)\xrightarrow{\text{相同的行}}\left(\begin{array}{cc|c}1&0&1/2\\0&1&1/2\\0&0&0\\0&0&0\end{array}\right)$，即 $(\boldsymbol{\alpha}_1\ \ \boldsymbol{\alpha}_2)\begin{pmatrix}k_1\\k_2\end{pmatrix}=\boldsymbol{\beta}_1$ 有解 $k_1=\dfrac{1}{2},k_2=\dfrac{1}{2}$，于是

$\boldsymbol{\beta}_1=\dfrac{1}{2}\boldsymbol{\alpha}_1+\dfrac{1}{2}\boldsymbol{\alpha}_2$；同理有 $\boldsymbol{\beta}_2=-\dfrac{1}{2}\boldsymbol{\alpha}_1+\dfrac{1}{2}\boldsymbol{\alpha}_2$，$\boldsymbol{\beta}_3=\dfrac{3}{2}\boldsymbol{\alpha}_1+\dfrac{1}{2}\boldsymbol{\alpha}_2$。

再由

$$(\beta_1\ \beta_2\ \beta_3|\alpha_1\ \ \alpha_2)\xrightarrow{行}\begin{pmatrix}2&1&3&1&3\\1&1&1&0&2\\0&0&0&0&0\\0&0&0&0&0\end{pmatrix}\xrightarrow{行}\begin{pmatrix}1&0&2&1&1\\0&1&-1&-1&1\\0&0&0&0&0\\0&0&0&0&0\end{pmatrix}$$

同理得 $\alpha_1=(1-2c_1)\beta_1+(c_1-1)\beta_2+c_1\beta_3$，$\alpha_2=(1-2c_2)\beta_1+(c_2+1)\beta_2+c_2\beta_3$，其中 c_1,c_2 为任意常数。

推论 2 设向量组 T_2: $\beta_1,\beta_2,\cdots,\beta_s$ 能由向量组 T_1: $\alpha_1,\alpha_2,\cdots,\alpha_m$ 线性表示，则 $R(\beta_1\ \beta_2\ \cdots\ \beta_s)\leqslant R(\alpha_1\ \alpha_2\ \cdots\ \alpha_m)$。

请读者思考矩阵的等价与矩阵的行（列）向量组等价之间有何关系。

4.1.3 向量组的线性相关性

我们知道，在解析几何中，平面中的2个不共线向量可构成坐标系，立体中的3个不共面向量可构成坐标系，也就是说，不共线（面）的向量对平面（立体）的构成具有基础性作用。因此我们想将“共线”“共面”以及“不共线”“不共面”概念推广到 n 维向量的集合中，怎样推广呢？我们知道，在解析几何中，2 个向量 α,β 共线的充分必要条件是有不全为 0 的数组 k_1,k_2 使得 $k_1\alpha+k_2\beta=\mathbf{0}$；3 个向量 α,β,γ 共面的充分必要条件是有不全为 0 的数组 k_1,k_2,k_3 使得 $k_1\alpha+k_2\beta+k_3\gamma=\mathbf{0}$。于是可以得到定义 4.4。

定义 4.4 给定向量组 $\alpha_1,\alpha_2,\cdots,\alpha_m$，如果存在不全为 0 的数组 $k_1,k_2,\cdots,k_m$，使得 $k_1\alpha_1+k_2\alpha_2+\cdots+k_m\alpha_m=\mathbf{0}$，则称向量组 $\alpha_1,\alpha_2,\cdots,\alpha_m$ 线性相关，否则称它线性无关。

命题 4.2 向量组 $\alpha_1,\alpha_2,\cdots,\alpha_m$ 线性无关 $\Leftrightarrow$ 若 $k_1\alpha_1+k_2\alpha_2+\cdots+k_m\alpha_m=\mathbf{0}$，则只有 $k_1=k_2=\cdots=k_m=0$。

命题 4.3 向量组 $\alpha_1,\alpha_2,\cdots,\alpha_m$（$m\geqslant 2$）线性相关 $\Leftrightarrow$ 向量组中至少有一个向量可由其余 $m-1$ 个向量线性表示。

证：先证明必要性，已知 $\alpha_1,\alpha_2,\cdots,\alpha_m$ 线性相关，由定义可知，则存在不全为 0 的数组 $k_1,k_2,\cdots,k_m$，使得 $k_1\alpha_1+k_2\alpha_2+\cdots+k_m\alpha_m=\mathbf{0}$，不妨设 $k_1\neq 0$，于是便有

$$\alpha_1=(-\frac{k_2}{k_1})\alpha_2+\cdots+(-\frac{k_m}{k_1})\alpha_m,$$

即 α_1 能由 $\alpha_2,\cdots,\alpha_m$ 线性表示。

再证明充分性，如果向量组 $\alpha_1,\alpha_2,\cdots,\alpha_m$ 中至少有一个向量可由其余 $m-1$ 个向量线性表示，不妨设 α_1 能由 $\alpha_2,\cdots,\alpha_m$ 线性表示，即有 $\alpha_1=k_2\alpha_2+\cdots+k_m\alpha_m$，于是有

$$(-1)\alpha_1+k_2\alpha_2+\cdots+k_m\alpha_m=\mathbf{0},$$

因为 $(-1),k_2,\cdots,k_m$ 不全为 0，所以 $\alpha_1,\alpha_2,\cdots,\alpha_m$ 线性相关。

例 4.5 证明以下两个结论。

（1）$\varepsilon_1,\varepsilon_2,\cdots,\varepsilon_n$ 线性无关。

（2）若 $\alpha\in F^n$，则 $\varepsilon_1,\varepsilon_2,\cdots,\varepsilon_n,\alpha$ 线性相关。

证：（1）设 $k_1\boldsymbol{\varepsilon}_1+k_2\boldsymbol{\varepsilon}_2+\cdots+k_n\boldsymbol{\varepsilon}_n=\boldsymbol{0}$，而 $k_1\boldsymbol{\varepsilon}_1+k_2\boldsymbol{\varepsilon}_2+\cdots+k_n\boldsymbol{\varepsilon}_n=\begin{pmatrix}k_1\\k_2\\\vdots\\k_n\end{pmatrix}$，则只有 $k_1=k_2=\cdots=k_n=0$ 时，由命题4.2可知 $\boldsymbol{\varepsilon}_1,\boldsymbol{\varepsilon}_2,\cdots,\boldsymbol{\varepsilon}_n$ 线性无关。

（2）由例4.2中的结论（3），有 $\boldsymbol{\alpha}=a_1\boldsymbol{\varepsilon}_1+a_2\boldsymbol{\varepsilon}_2+\cdots+a_n\boldsymbol{\varepsilon}_n$，由命题4.3可知 $\boldsymbol{\varepsilon}_1,\boldsymbol{\varepsilon}_2,\cdots,\boldsymbol{\varepsilon}_n,\boldsymbol{\alpha}$ 线性相关。

现在的问题是怎样判断向量组 $\boldsymbol{\alpha}_1,\boldsymbol{\alpha}_2,\cdots,\boldsymbol{\alpha}_m$ 线性相关或线性无关呢？设向量组 $\boldsymbol{\alpha}_1,\boldsymbol{\alpha}_2,\cdots,\boldsymbol{\alpha}_m$ 线性相关（线性无关），按定义，存在不全为0（只有全为0）的数组 $k_1,k_2,\cdots,k_m$，使得 $k_1\boldsymbol{\alpha}_1+k_2\boldsymbol{\alpha}_2+\cdots+k_m\boldsymbol{\alpha}_m=\boldsymbol{0}$，也即 $(\boldsymbol{\alpha}_1\ \ \boldsymbol{\alpha}_2\ \ \cdots\ \ \boldsymbol{\alpha}_m)\begin{pmatrix}k_1\\k_2\\\vdots\\k_m\end{pmatrix}=\boldsymbol{0}$，即 $(\boldsymbol{\alpha}_1\ \ \boldsymbol{\alpha}_2\ \ \cdots\ \ \boldsymbol{\alpha}_m)\boldsymbol{x}=\boldsymbol{0}$ 有非零解（只有零解），由第3章定理3.5，有系数矩阵 $(\boldsymbol{\alpha}_1\ \ \boldsymbol{\alpha}_2\ \ \cdots\ \ \boldsymbol{\alpha}_m)$ 列降（满）秩，而且上述每一步可以逆推回去，于是有定理4.3。

定理 4.3 向量组 $\boldsymbol{\alpha}_1,\boldsymbol{\alpha}_2,\cdots,\boldsymbol{\alpha}_m$ 线性相关（线性无关）的充分必要条件是矩阵 $(\boldsymbol{\alpha}_1\ \ \boldsymbol{\alpha}_2\ \ \cdots\ \ \boldsymbol{\alpha}_m)$ 列降（满）秩。

例 4.6 设 $\boldsymbol{\beta}_1=\begin{pmatrix}1\\0\\-1\end{pmatrix}$，$\boldsymbol{\beta}_2=\begin{pmatrix}1\\1\\1\end{pmatrix}$，$\boldsymbol{\beta}_3=\begin{pmatrix}3\\1\\-1\end{pmatrix}$，判断 $\boldsymbol{\beta}_1,\boldsymbol{\beta}_2,\boldsymbol{\beta}_3$ 的线性相关性。

解：因 $(\boldsymbol{\beta}_1\ \ \boldsymbol{\beta}_2\ \ \boldsymbol{\beta}_3)=\begin{pmatrix}1&1&3\\0&1&1\\-1&1&-1\end{pmatrix}\xrightarrow{\text{行}}\begin{pmatrix}1&1&3\\0&1&1\\0&0&0\end{pmatrix}$，故 $R(\boldsymbol{\beta}_1\ \ \boldsymbol{\beta}_2\ \ \boldsymbol{\beta}_3)=2<3$，所以向量组 $\boldsymbol{\beta}_1,\boldsymbol{\beta}_2,\boldsymbol{\beta}_3$ 线性相关。

例 4.7 设向量组 $\boldsymbol{\alpha}_1=\begin{pmatrix}1\\1\\1\\3\end{pmatrix}$，$\boldsymbol{\alpha}_2=\begin{pmatrix}-1\\-3\\5\\1\end{pmatrix}$，$\boldsymbol{\alpha}_3=\begin{pmatrix}3\\2\\-1\\c+2\end{pmatrix}$，$\boldsymbol{\alpha}_4=\begin{pmatrix}-2\\-6\\10\\c\end{pmatrix}$，问 c 为何值时它们线性相关？c 为何值时它们线性无关？

解：因为 $(\boldsymbol{\alpha}_1\ \ \boldsymbol{\alpha}_2\ \ \boldsymbol{\alpha}_3\ \ \boldsymbol{\alpha}_4)=\begin{pmatrix}1&-1&3&-2\\1&-3&2&-6\\1&5&-1&10\\3&1&c+2&c\end{pmatrix}\xrightarrow{\text{行}}\begin{pmatrix}1&-1&3&-2\\0&-2&-1&-4\\0&0&-7&0\\0&0&c-2&c-2\end{pmatrix}$，所以当 $c\neq2$ 时，$R(\boldsymbol{\alpha}_1\ \ \boldsymbol{\alpha}_2\ \ \boldsymbol{\alpha}_3\ \ \boldsymbol{\alpha}_4)=4$，即向量组 $\boldsymbol{\alpha}_1,\boldsymbol{\alpha}_2,\boldsymbol{\alpha}_3,\boldsymbol{\alpha}_4$ 线性无关；当 $c=2$ 时，$R(\boldsymbol{\alpha}_1\ \ \boldsymbol{\alpha}_2\ \ \boldsymbol{\alpha}_3\ \ \boldsymbol{\alpha}_4)=3<4$，即向量组 $\boldsymbol{\alpha}_1,\boldsymbol{\alpha}_2,\boldsymbol{\alpha}_3,\boldsymbol{\alpha}_4$ 线性相关。

例 4.8 已知向量组 $\boldsymbol{\alpha}_1,\boldsymbol{\alpha}_2,\boldsymbol{\alpha}_3$ 线性无关，$\boldsymbol{\beta}_1=\boldsymbol{\alpha}_1+\boldsymbol{\alpha}_2$，$\boldsymbol{\beta}_2=\boldsymbol{\alpha}_2+\boldsymbol{\alpha}_3$，$\boldsymbol{\beta}_3=\boldsymbol{\alpha}_3+\boldsymbol{\alpha}_1$，证明向量组 $\boldsymbol{\beta}_1,\boldsymbol{\beta}_2,\boldsymbol{\beta}_3$ 线性无关。

证法一：设 $k_1\boldsymbol{\beta}_1+k_2\boldsymbol{\beta}_2+k_3\boldsymbol{\beta}_3=\boldsymbol{0}$，则 $(k_1+k_3)\boldsymbol{\alpha}_1+(k_1+k_2)\boldsymbol{\alpha}_2+(k_2+k_3)\boldsymbol{\alpha}_3=\boldsymbol{0}$，因为向量组 $\boldsymbol{\alpha}_1,\boldsymbol{\alpha}_2,\boldsymbol{\alpha}_3$ 线性无关，所以只有

$$\begin{cases} k_1+k_3=0 \\ k_1+k_2=0 \\ k_2+k_3=0 \end{cases},$$

由于系数行列式 $\begin{vmatrix} 1 & 0 & 1 \\ 1 & 1 & 0 \\ 0 & 1 & 1 \end{vmatrix}=2\neq 0$，故该齐次线性方程组只有解 $k_1=k_2=k_3=0$，故向量组 $\boldsymbol{\beta}_1,\boldsymbol{\beta}_2,\boldsymbol{\beta}_3$ 线性无关。

证法二：因为

$$(\boldsymbol{\beta}_1\ \ \boldsymbol{\beta}_2\ \ \boldsymbol{\beta}_3)=(\boldsymbol{\alpha}_1+\boldsymbol{\alpha}_2\ \ \boldsymbol{\alpha}_2+\boldsymbol{\alpha}_3\ \ \boldsymbol{\alpha}_3+\boldsymbol{\alpha}_1)\xrightarrow[\text{列}]{}(\boldsymbol{\alpha}_1\ \ \boldsymbol{\alpha}_2\ \ \boldsymbol{\alpha}_3),$$

所以 $R(\boldsymbol{\beta}_1\ \ \boldsymbol{\beta}_2\ \ \boldsymbol{\beta}_3)=R(\boldsymbol{\alpha}_1\ \ \boldsymbol{\alpha}_2\ \ \boldsymbol{\alpha}_3)$，又因为向量组 $\boldsymbol{\alpha}_1,\boldsymbol{\alpha}_2,\boldsymbol{\alpha}_3$ 线性无关，所以 $R(\boldsymbol{\beta}_1\ \ \boldsymbol{\beta}_2\ \ \boldsymbol{\beta}_3)=R(\boldsymbol{\alpha}_1\ \ \boldsymbol{\alpha}_2\ \ \boldsymbol{\alpha}_3)=3$，故向量组 $\boldsymbol{\beta}_1,\boldsymbol{\beta}_2,\boldsymbol{\beta}_3$ 线性无关。

由定理4.1、定理4.3的证明可以看出，向量 $\boldsymbol{\beta}$ 能否由向量组 $\boldsymbol{\alpha}_1,\boldsymbol{\alpha}_2,\cdots,\boldsymbol{\alpha}_m$ 线性表示及有什么样的线性表示，其实质就是非齐次线性方程组 $(\boldsymbol{\alpha}_1\ \ \boldsymbol{\alpha}_2\ \ \cdots\ \ \boldsymbol{\alpha}_m)\boldsymbol{x}=\boldsymbol{\beta}$ 是否有解及有什么样的解的问题；向量组 $\boldsymbol{\alpha}_1,\boldsymbol{\alpha}_2,\cdots,\boldsymbol{\alpha}_m$ 是否线性相关（线性无关），其实质就是齐次线性方程组 $(\boldsymbol{\alpha}_1\ \ \boldsymbol{\alpha}_2\ \ \cdots\ \ \boldsymbol{\alpha}_m)\boldsymbol{x}=\boldsymbol{0}$ 是否有非零解（只有零解）的问题。而我们知道，对一个线性方程组的增广矩阵进行初等行变换是该线性方程组的同解过程。且当 $(\boldsymbol{\alpha}_1\ \ \boldsymbol{\alpha}_2\ \ \cdots\ \ \boldsymbol{\alpha}_m)$ 经过初等行变换变成 $(\boldsymbol{\alpha}_1'\ \ \boldsymbol{\alpha}_2'\ \ \cdots\ \ \boldsymbol{\alpha}_m')$ 时，$\boldsymbol{\alpha}_{i_1},\boldsymbol{\alpha}_{i_2},\cdots,\boldsymbol{\alpha}_{i_k}$ 是向量组 $\boldsymbol{\alpha}_1,\boldsymbol{\alpha}_2,\cdots,\boldsymbol{\alpha}_m$ 的部分向量组，则 $(\boldsymbol{\alpha}_{i_1}\ \ \boldsymbol{\alpha}_{i_2}\ \ \cdots\ \ \boldsymbol{\alpha}_{i_k})$ 经过同样的初等行变换可变成 $(\boldsymbol{\alpha}_{i_1}'\ \ \boldsymbol{\alpha}_{i_2}'\ \ \cdots\ \ \boldsymbol{\alpha}_{i_k}')$。因此，我们有定理4.4。

定理4.4 对矩阵 $(\boldsymbol{\alpha}_1\ \ \boldsymbol{\alpha}_2\ \ \cdots\ \ \boldsymbol{\alpha}_m)$ 进行初等行变换不改变其列向量组 $\boldsymbol{\alpha}_1,\boldsymbol{\alpha}_2,\cdots,\boldsymbol{\alpha}_m$ 中的部分向量组的线性相关性及其之间的线性表示。

线性相关性是向量组的一个重要性质，下面介绍与之有关的一些简单的结论。

定理4.5 （1）若向量组 $\boldsymbol{\alpha}_1,\boldsymbol{\alpha}_2,\cdots,\boldsymbol{\alpha}_m$ 线性相关，则向量组 $\boldsymbol{\alpha}_1,\boldsymbol{\alpha}_2,\cdots,\boldsymbol{\alpha}_m,\boldsymbol{\alpha}_{m+1}$ 也线性相关。反言之，若向量组线性无关，则其任意部分向量组也线性无关。

（2）设 $\boldsymbol{\alpha}_j=\begin{pmatrix} a_{1j} \\ \vdots \\ a_{nj} \end{pmatrix},\boldsymbol{\beta}_j=\begin{pmatrix} a_{1j} \\ \vdots \\ a_{nj} \\ a_{n+1,j} \end{pmatrix}(j=1,2,\cdots,m)$，即向量 $\boldsymbol{\alpha}_j$ 添上一个分量后得到向量 $\boldsymbol{\beta}_j$，若向量组 T_1：$\boldsymbol{\alpha}_1,\boldsymbol{\alpha}_2,\cdots,\boldsymbol{\alpha}_m$ 线性无关，则向量组 T_2：$\boldsymbol{\beta}_1,\boldsymbol{\beta}_2,\cdots,\boldsymbol{\beta}_m$ 也线性无关，但其逆不真。反言之，若向量组 T_2 线性相关，则向量组 T_1 也线性相关。

（3）当 $m>n$ 时，由 m 个 n 维向量 $\boldsymbol{\alpha}_1,\boldsymbol{\alpha}_2,\cdots,\boldsymbol{\alpha}_m$ 组成的向量组必线性相关。

（4）若向量组 $\boldsymbol{\alpha}_1,\boldsymbol{\alpha}_2,\cdots,\boldsymbol{\alpha}_m$ 线性无关，$\boldsymbol{\alpha}_1,\boldsymbol{\alpha}_2,\cdots,\boldsymbol{\alpha}_m,\boldsymbol{\beta}$ 线性相关，则 $\boldsymbol{\beta}$ 可由 $\boldsymbol{\alpha}_1,\boldsymbol{\alpha}_2,\cdots,\boldsymbol{\alpha}_m$ 线性表示，且表示式唯一。

证：（1）因为 $\boldsymbol{\alpha}_1,\boldsymbol{\alpha}_2,\cdots,\boldsymbol{\alpha}_m$ 线性相关，所以存在不全为 0 的数组 $k_1,k_2,\cdots,k_m$ 使得 $k_1\boldsymbol{\alpha}_1+k_2\boldsymbol{\alpha}_2+\cdots+k_m\boldsymbol{\alpha}_m=\boldsymbol{0}$，于是存在不全为 0 的数组 $k_1,k_2,\cdots,k_m,0$ 使得 $k_1\boldsymbol{\alpha}_1+k_2\boldsymbol{\alpha}_2+\cdots+k_m\boldsymbol{\alpha}_m+0\boldsymbol{\alpha}_{m+1}=\boldsymbol{0}$，故 $\boldsymbol{\alpha}_1,\boldsymbol{\alpha}_2,\cdots,\boldsymbol{\alpha}_m,\boldsymbol{\alpha}_{m+1}$ 线性相关。

（2）因为向量组 T_1：$\boldsymbol{\alpha}_1,\boldsymbol{\alpha}_2,\cdots,\boldsymbol{\alpha}_m$ 线性无关，所以 $R(\boldsymbol{\alpha}_1\ \ \boldsymbol{\alpha}_2\ \ \cdots\ \ \boldsymbol{\alpha}_m)=m$，于是 $m\geqslant R(\boldsymbol{\beta}_1\ \ \boldsymbol{\beta}_2\ \ \cdots\ \ \boldsymbol{\beta}_m)\geqslant R(\boldsymbol{\alpha}_1\ \ \boldsymbol{\alpha}_2\ \ \cdots\ \ \boldsymbol{\alpha}_m)=m$，所以 $R(\boldsymbol{\beta}_1\ \ \boldsymbol{\beta}_2\ \ \cdots\ \ \boldsymbol{\beta}_m)=m$，故向量组 T_2：$\boldsymbol{\beta}_1,\boldsymbol{\beta}_2,\cdots,\boldsymbol{\beta}_m$

也线性无关。又$\begin{pmatrix}1\\0\\1\end{pmatrix},\begin{pmatrix}1\\0\\2\end{pmatrix}$线性无关，但$\begin{pmatrix}1\\0\end{pmatrix},\begin{pmatrix}1\\0\end{pmatrix}$线性相关，所以其逆不真。

（3）因为当$m>n$时，$R(\boldsymbol{\alpha}_1\ \ \boldsymbol{\alpha}_2\ \cdots\ \boldsymbol{\alpha}_m)\leqslant n<m$，所以由$m$个$n$（$n<m$）维向量$\boldsymbol{\alpha}_1,\boldsymbol{\alpha}_2,\cdots,\boldsymbol{\alpha}_m$组成的向量组必线性相关。

（4）证法一：因为$\boldsymbol{\alpha}_1,\boldsymbol{\alpha}_2,\cdots,\boldsymbol{\alpha}_m,\boldsymbol{\beta}$线性相关，所以存在不全为 0 的数组$k_1,k_2,\cdots,k_m,k$，使得$k_1\boldsymbol{\alpha}_1+k_2\boldsymbol{\alpha}_2+\cdots+k_m\boldsymbol{\alpha}_m+k\boldsymbol{\beta}=\boldsymbol{0}$，且$k\neq 0$（否则，若$k=0$，则有不全为 0 的数组$k_1,k_2,\cdots,k_m$，使得$k_1\boldsymbol{\alpha}_1+k_2\boldsymbol{\alpha}_2+\cdots+k_m\boldsymbol{\alpha}_m=\boldsymbol{0}$，即$\boldsymbol{\alpha}_1,\boldsymbol{\alpha}_2,\cdots,\boldsymbol{\alpha}_m$线性相关，产生矛盾。），从而有$\boldsymbol{\beta}=(-\frac{k_1}{k})\boldsymbol{\alpha}_1+(-\frac{k_2}{k})\boldsymbol{\alpha}_2+\cdots+(-\frac{k_m}{k})\boldsymbol{\alpha}_m$。下面证明表示式唯一，若$\boldsymbol{\beta}=k_1\boldsymbol{\alpha}_1+k_2\boldsymbol{\alpha}_2+\cdots+k_m\boldsymbol{\alpha}_m$与$\boldsymbol{\beta}=l_1\boldsymbol{\alpha}_1+l_2\boldsymbol{\alpha}_2+\cdots+l_m\boldsymbol{\alpha}_m$，则有$(k_1-l_1)\boldsymbol{\alpha}_1+(k_2-l_2)\boldsymbol{\alpha}_2+\cdots+(k_m-l_m)\boldsymbol{\alpha}_m=\boldsymbol{0}$，因为$\boldsymbol{\alpha}_1,\boldsymbol{\alpha}_2,\cdots,\boldsymbol{\alpha}_m$线性无关，所以只有$k_1-l_1=0,\ k_2-l_2=0,\cdots,k_m-l_m=0$，即$k_1=l_1,k_2=l_2,\cdots,k_m=l_m$，说明表示式唯一。

证法二：因为$\boldsymbol{\alpha}_1,\boldsymbol{\alpha}_2,\cdots,\boldsymbol{\alpha}_m$线性无关，故有$R(\boldsymbol{\alpha}_1\ \ \boldsymbol{\alpha}_2\ \cdots\ \boldsymbol{\alpha}_m)=m$，因$\boldsymbol{\alpha}_1,\boldsymbol{\alpha}_2,\cdots,\boldsymbol{\alpha}_m,\boldsymbol{\beta}$线性相关，所以$R(\boldsymbol{\alpha}_1\ \ \boldsymbol{\alpha}_2\ \cdots\ \boldsymbol{\alpha}_m\ \ \boldsymbol{\beta})<m+1$，又有$R(\boldsymbol{\alpha}_1\ \ \boldsymbol{\alpha}_2\ \cdots\ \boldsymbol{\alpha}_m)\leqslant R(\boldsymbol{\alpha}_1\ \ \boldsymbol{\alpha}_2\ \cdots\ \boldsymbol{\alpha}_m\ \ \boldsymbol{\beta})$，综上，所以有$m=R(\boldsymbol{\alpha}_1\ \ \boldsymbol{\alpha}_2\ \cdots\ \boldsymbol{\alpha}_m)\leqslant R(\boldsymbol{\alpha}_1\ \ \boldsymbol{\alpha}_2\ \cdots\ \boldsymbol{\alpha}_m\ \ \boldsymbol{\beta})<m+1$，即$m=R(\boldsymbol{\alpha}_1\ \ \boldsymbol{\alpha}_2\ \cdots\ \boldsymbol{\alpha}_m)=R(\boldsymbol{\alpha}_1\ \ \boldsymbol{\alpha}_2\ \cdots\ \boldsymbol{\alpha}_m\ \ \boldsymbol{\beta})$，根据第 3 章定理 3.4，可知线性方程组$(\boldsymbol{\alpha}_1\ \ \boldsymbol{\alpha}_2\ \cdots\ \boldsymbol{\alpha}_m)\boldsymbol{x}=\boldsymbol{\beta}$有唯一解，即$\boldsymbol{\beta}$可由$\boldsymbol{\alpha}_1,\boldsymbol{\alpha}_2,\cdots,\boldsymbol{\alpha}_m$线性表示，且表示式唯一。

例 4.9 设向量组$\boldsymbol{\alpha}_1,\boldsymbol{\alpha}_2,\boldsymbol{\alpha}_3$线性相关，向量组$\boldsymbol{\alpha}_2,\boldsymbol{\alpha}_3,\boldsymbol{\alpha}_4$线性无关，证明以下结论。

（1）$\boldsymbol{\alpha}_1$能由$\boldsymbol{\alpha}_2,\boldsymbol{\alpha}_3$线性表示。

（2）$\boldsymbol{\alpha}_4$不能由$\boldsymbol{\alpha}_1,\boldsymbol{\alpha}_2,\boldsymbol{\alpha}_3$线性表示。

证：（1）因$\boldsymbol{\alpha}_2,\boldsymbol{\alpha}_3,\boldsymbol{\alpha}_4$线性无关，由定理 4.5 中第（1）条可知$\boldsymbol{\alpha}_2,\boldsymbol{\alpha}_3$线性无关，而$\boldsymbol{\alpha}_1,\boldsymbol{\alpha}_2,\boldsymbol{\alpha}_3$线性相关，由定理 4.5 中第（4）条可知$\boldsymbol{\alpha}_1$能由$\boldsymbol{\alpha}_2,\boldsymbol{\alpha}_3$线性表示。

（2）用反证法，假设$\boldsymbol{\alpha}_4$能由$\boldsymbol{\alpha}_1,\boldsymbol{\alpha}_2,\boldsymbol{\alpha}_3$线性表示，而由例 4.9 第（1）条可知$\boldsymbol{\alpha}_1$能由$\boldsymbol{\alpha}_2,\boldsymbol{\alpha}_3$线性表示，因此$\boldsymbol{\alpha}_4$能由$\boldsymbol{\alpha}_2,\boldsymbol{\alpha}_3$线性表示，这与$\boldsymbol{\alpha}_2,\boldsymbol{\alpha}_3,\boldsymbol{\alpha}_4$线性无关矛盾。

4.2 向量组的最大无关组与秩

4.1 节在讨论向量组的线性组合和线性相关性时，矩阵的秩起了十分重要的作用。为进一步深入讨论向量组的结构，下面把秩的概念引入向量组。

定义 4.5 设向量组$A:\boldsymbol{\alpha}_1,\boldsymbol{\alpha}_2,\cdots,\boldsymbol{\alpha}_m$，如果能在$A$中找出一个部分向量组$A_0:\boldsymbol{\alpha}_{i_1},\boldsymbol{\alpha}_{i_2},\cdots,\boldsymbol{\alpha}_{i_r}$满足以下条件。

（1）$\boldsymbol{\alpha}_{i_1},\boldsymbol{\alpha}_{i_2},\cdots,\boldsymbol{\alpha}_{i_r}$线性无关。

（2）向量组A中任意$r+1$个向量（如果有$r+1$个向量的话）都线性相关。

那么，称部分向量组A_0：$\boldsymbol{\alpha}_{i_1},\boldsymbol{\alpha}_{i_2},\cdots,\boldsymbol{\alpha}_{i_r}$为向量组$A$的一个最大线性无关部分向量组（简称最大无关组）。

由定义容易得到以下命题。

命题 4.4 向量组 A 中任一向量都可由其最大无关组线性表示。

命题 4.5 向量组 A 与它的最大无关组 A_0 等价，向量组的任意两个最大无关组等价。

命题 4.6 向量组 A 的所有最大无关组所含向量的个数都相同。

因此称最大无关组所含向量个数 r 为向量组 A 的秩，记作秩$(\boldsymbol{\alpha}_1,\boldsymbol{\alpha}_2,\cdots,\boldsymbol{\alpha}_m)$。只含零向量的向量组没有最大无关组，规定其秩为 0。

命题 4.7 秩为 r 的向量组 A 中任意 r 个线性无关的向量都是 A 的一个最大无关组。

命题 4.8（最大无关组的等价定义）设向量组 B 是向量组 A 的部分向量组，若向量组 B 线性无关，且向量组 A 能由向量组 B 线性表示，则向量组 B 是向量组 A 的一个最大无关组。

从命题 4.4 可看出最大无关组在向量组中具有基础性地位，那么，怎么求出向量组 A 的一个最大无关组呢？对于只含有限个向量的向量组 A：$\boldsymbol{\alpha}_1,\boldsymbol{\alpha}_2,\cdots,\boldsymbol{\alpha}_m$，它可以构成矩阵 $\boldsymbol{A}=(\boldsymbol{\alpha}_1\ \ \boldsymbol{\alpha}_2\ \ \cdots\ \ \boldsymbol{\alpha}_m)$，把定义 4.5 与第 3 章矩阵的最高阶非零子式及矩阵的秩的定义作比较，容易想到向量组 A 的秩就等于矩阵 $\boldsymbol{A}$ 的秩，即有定理 4.6。

定理 4.6 若 $R(\boldsymbol{A})=r$，则矩阵 $\boldsymbol{A}=(\boldsymbol{\alpha}_1\ \ \boldsymbol{\alpha}_2\ \ \cdots\ \ \boldsymbol{\alpha}_m)$ 中任一 r 阶非零子式 D_r 所在的 r 个列向量都是向量组 A：$\boldsymbol{\alpha}_1,\boldsymbol{\alpha}_2,\cdots,\boldsymbol{\alpha}_m$ 的最大无关组。

证：设矩阵 $\boldsymbol{A}=(\boldsymbol{\alpha}_1\ \ \boldsymbol{\alpha}_2\ \ \cdots\ \ \boldsymbol{\alpha}_m)$ 中任一 r 阶非零子式 D_r 所在的 r 个列向量为 $\boldsymbol{\alpha}_{i1},\boldsymbol{\alpha}_{i2},\cdots,\boldsymbol{\alpha}_{ir}$，可得以下结论。

（1）显然 $\boldsymbol{\alpha}_{i_1},\boldsymbol{\alpha}_{i_2},\cdots,\boldsymbol{\alpha}_{i_r}$ 是向量组 A: $\boldsymbol{\alpha}_1,\boldsymbol{\alpha}_2,\cdots,\boldsymbol{\alpha}_m$ 的部分向量组。

（2）$R(\boldsymbol{\alpha}_{i_1},\boldsymbol{\alpha}_{i_2},\cdots,\boldsymbol{\alpha}_{i_r})=r$，则 $\boldsymbol{\alpha}_{i_1},\boldsymbol{\alpha}_{i_2},\cdots,\boldsymbol{\alpha}_{i_r}$ 线性无关。

（3）设 $\boldsymbol{\alpha}_{j_1},\boldsymbol{\alpha}_{j_2},\cdots,\boldsymbol{\alpha}_{j_r},\boldsymbol{\alpha}_{j_{r+1}}$ 是 $\boldsymbol{A}=(\boldsymbol{\alpha}_1\ \ \boldsymbol{\alpha}_2\ \ \cdots\ \ \boldsymbol{\alpha}_m)$ 中任意 $r+1$ 个列向量，因为

$$R(\boldsymbol{\alpha}_{j_1},\boldsymbol{\alpha}_{j_2},\cdots,\boldsymbol{\alpha}_{j_r},\boldsymbol{\alpha}_{j_{r+1}})\leqslant R(\boldsymbol{\alpha}_1,\boldsymbol{\alpha}_2,\cdots,\boldsymbol{\alpha}_m)=r<r+1,$$

所以 $\boldsymbol{\alpha}_{j_1},\boldsymbol{\alpha}_{j_2},\cdots,\boldsymbol{\alpha}_{j_r},\boldsymbol{\alpha}_{j_{r+1}}$ 线性相关。

所以 $\boldsymbol{\alpha}_{i_1},\boldsymbol{\alpha}_{i_2},\cdots,\boldsymbol{\alpha}_{i_r}$ 是向量组 A: $\boldsymbol{\alpha}_1,\boldsymbol{\alpha}_2,\cdots,\boldsymbol{\alpha}_m$ 的最大无关组。

推论 3 向量组 $\boldsymbol{\alpha}_1,\boldsymbol{\alpha}_2,\cdots,\boldsymbol{\alpha}_m$ 的秩等于矩阵 $(\boldsymbol{\alpha}_1\ \ \boldsymbol{\alpha}_2\ \ \cdots\ \ \boldsymbol{\alpha}_m)$ 的秩。

因此，向量组 A: $\boldsymbol{\alpha}_1,\boldsymbol{\alpha}_2,\cdots,\boldsymbol{\alpha}_m$ 的秩与矩阵 $\boldsymbol{A}=(\boldsymbol{\alpha}_1\ \ \boldsymbol{\alpha}_2\ \ \cdots\ \ \boldsymbol{\alpha}_m)$ 的秩不区分，向量组的秩也记作 $R(\boldsymbol{\alpha}_1\ \ \boldsymbol{\alpha}_2\ \ \cdots\ \ \boldsymbol{\alpha}_m)$。

那具体怎么求一个向量组的秩呢？根据定理 4.4 和定理 4.6，结合下面一个例子来说明具体求法。

例 4.10 求列向量组 $(\boldsymbol{\alpha}_1\ \ \boldsymbol{\alpha}_2\ \ \boldsymbol{\alpha}_3\ \ \boldsymbol{\alpha}_4\ \ \boldsymbol{\alpha}_5)=\begin{pmatrix}2&-1&-1&1&2\\1&1&-2&1&4\\4&-6&2&-2&4\\3&6&-9&7&9\end{pmatrix}$ 的一个最大无关组，并把不属于该最大无关组的列向量用该最大无关组线性表示。

解：因为 $(\boldsymbol{\alpha}_1\ \ \boldsymbol{\alpha}_2\ \ \boldsymbol{\alpha}_3\ \ \boldsymbol{\alpha}_4\ \ \boldsymbol{\alpha}_5)=\begin{pmatrix}2&-1&-1&1&2\\1&1&-2&1&4\\4&-6&2&-2&4\\3&6&-9&7&9\end{pmatrix}$

$$\xrightarrow{\text{行}}\begin{pmatrix}1&0&-1&0&4\\0&1&-1&0&3\\0&0&0&1&-3\\0&0&0&0&0\end{pmatrix}=(\boldsymbol{\alpha}_1' \ \boldsymbol{\alpha}_2' \ \boldsymbol{\alpha}_3' \ \boldsymbol{\alpha}_4' \ \boldsymbol{\alpha}_5')\text{，}$$

而且容易求得$\boldsymbol{\alpha}_1',\boldsymbol{\alpha}_2',\boldsymbol{\alpha}_4'$是向量组$\boldsymbol{\alpha}_1',\boldsymbol{\alpha}_2',\boldsymbol{\alpha}_3',\boldsymbol{\alpha}_4',\boldsymbol{\alpha}_5'$的最大无关组，且有$\boldsymbol{\alpha}_3'=-\boldsymbol{\alpha}_1'-\boldsymbol{\alpha}_2'$，$\boldsymbol{\alpha}_5'=4\boldsymbol{\alpha}_1'+3\boldsymbol{\alpha}_2'-3\boldsymbol{\alpha}_4'$，所以由定理 4.4，可知$\boldsymbol{\alpha}_1,\boldsymbol{\alpha}_2,\boldsymbol{\alpha}_4$是向量组$\boldsymbol{\alpha}_1,\boldsymbol{\alpha}_2,\boldsymbol{\alpha}_3,\boldsymbol{\alpha}_4,\boldsymbol{\alpha}_5$的最大无关组，且有$\boldsymbol{\alpha}_3=-\boldsymbol{\alpha}_1-\boldsymbol{\alpha}_2$，$\boldsymbol{\alpha}_5=4\boldsymbol{\alpha}_1+3\boldsymbol{\alpha}_2-3\boldsymbol{\alpha}_4$。

前面建立定理 4.1、定理 4.2 时，限制向量组只含有限个向量，现在可以利用向量组的最大无关组来去掉这一限制，把定理 4.1、定理 4.2 推广到一般情形，请读者自行完成。

例 4.11 证明$R(\boldsymbol{A}\ \boldsymbol{B})\leqslant R(\boldsymbol{A})+R(\boldsymbol{B})$。

证： 设$R(\boldsymbol{A})=r$，$R(\boldsymbol{B})=s$，$\boldsymbol{A}=(\boldsymbol{\alpha}_1\ \boldsymbol{\alpha}_2\ \cdots\ \boldsymbol{\alpha}_m)$，$\boldsymbol{B}=(\boldsymbol{\beta}_1\ \boldsymbol{\beta}_2\ \cdots\ \boldsymbol{\beta}_l)$，$\boldsymbol{\alpha}_i,\boldsymbol{\beta}_j\in F^n$，则可设向量组$\boldsymbol{\alpha}_1,\boldsymbol{\alpha}_2,\cdots,\boldsymbol{\alpha}_m$的最大无关组为$\boldsymbol{\alpha}_{i_1},\boldsymbol{\alpha}_{i_2},\cdots,\boldsymbol{\alpha}_{i_r}$，向量组$\boldsymbol{\beta}_1,\boldsymbol{\beta}_2,\cdots,\boldsymbol{\beta}_l$的最大无关组为$\boldsymbol{\beta}_{j_1},\boldsymbol{\beta}_{j_2},\cdots,\boldsymbol{\beta}_{j_s}$，于是向量组$\boldsymbol{\alpha}_1,\boldsymbol{\alpha}_2,\cdots,\boldsymbol{\alpha}_m$可由向量组$\boldsymbol{\alpha}_{i_1},\boldsymbol{\alpha}_{i_2},\cdots,\boldsymbol{\alpha}_{i_r}$线性表示，即可由向量组$\boldsymbol{\alpha}_{i_1},\boldsymbol{\alpha}_{i_2},\cdots,\boldsymbol{\alpha}_{i_r}$，$\boldsymbol{\beta}_{j_1},\boldsymbol{\beta}_{j_2},\cdots,\boldsymbol{\beta}_{j_s}$线性表示，同理，向量组$\boldsymbol{\beta}_1,\boldsymbol{\beta}_2,\cdots,\boldsymbol{\beta}_l$也可由向量组$\boldsymbol{\alpha}_{i_1},\boldsymbol{\alpha}_{i_2},\cdots,\boldsymbol{\alpha}_{i_r}$，$\boldsymbol{\beta}_{j_1},\boldsymbol{\beta}_{j_2},\cdots,\boldsymbol{\beta}_{j_s}$线性表示，因此向量组$\boldsymbol{\alpha}_1,\boldsymbol{\alpha}_2,\cdots,\boldsymbol{\alpha}_m,\boldsymbol{\beta}_1,\boldsymbol{\beta}_2,\cdots,\boldsymbol{\beta}_l$可由向量组$\boldsymbol{\alpha}_{i_1},\boldsymbol{\alpha}_{i_2},\cdots,\boldsymbol{\alpha}_{i_r},\boldsymbol{\beta}_{j_1},\boldsymbol{\beta}_{j_2},\cdots,\boldsymbol{\beta}_{j_s}$线性表示，于是由定理 4.2 的推论 2，可得

$$R(\boldsymbol{\alpha}_1\ \boldsymbol{\alpha}_2\ \cdots\ \boldsymbol{\alpha}_m\ \boldsymbol{\beta}_1\ \boldsymbol{\beta}_2\ \cdots\ \boldsymbol{\beta}_l)\leqslant R(\boldsymbol{\alpha}_{i_1}\ \boldsymbol{\alpha}_{i_2}\ \cdots\ \boldsymbol{\alpha}_{i_r}\ \boldsymbol{\beta}_{j_1}\ \boldsymbol{\beta}_{j_2}\ \cdots\ \boldsymbol{\beta}_{j_s})\leqslant r+s\text{，}$$

即$R(\boldsymbol{A}\ \boldsymbol{B})\leqslant R(\boldsymbol{A})+R(\boldsymbol{B})$。

例 4.12 证明$R(\boldsymbol{A}+\boldsymbol{B})\leqslant R(\boldsymbol{A})+R(\boldsymbol{B})$。

证： 设$R(\boldsymbol{A})=r$，$R(\boldsymbol{B})=s$，$\boldsymbol{A}=(\boldsymbol{\alpha}_1\ \boldsymbol{\alpha}_2\ \cdots\ \boldsymbol{\alpha}_m)$，$\boldsymbol{B}=(\boldsymbol{\beta}_1\ \boldsymbol{\beta}_2\ \cdots\ \boldsymbol{\beta}_m)$，$\boldsymbol{\alpha}_j,\boldsymbol{\beta}_j\in F^n$，则可设向量组$\boldsymbol{\alpha}_1,\boldsymbol{\alpha}_2,\cdots,\boldsymbol{\alpha}_m$的最大无关组为$\boldsymbol{\alpha}_{i_1},\boldsymbol{\alpha}_{i_2},\cdots,\boldsymbol{\alpha}_{i_r}$，向量组$\boldsymbol{\beta}_1,\boldsymbol{\beta}_2,\cdots,\boldsymbol{\beta}_m$的最大无关组为$\boldsymbol{\beta}_{j_1},\boldsymbol{\beta}_{j_2},\cdots,\boldsymbol{\beta}_{j_s}$，于是向量组$\boldsymbol{\alpha}_1,\boldsymbol{\alpha}_2,\cdots,\boldsymbol{\alpha}_m$可由向量组$\boldsymbol{\alpha}_{i_1},\boldsymbol{\alpha}_{i_2},\cdots,\boldsymbol{\alpha}_{i_r}$线性表示，即$\boldsymbol{\alpha}_j=k_{1j}\boldsymbol{\alpha}_{i_1}+k_{2j}\boldsymbol{\alpha}_{i_2}+\cdots+k_{rj}\boldsymbol{\alpha}_{i_r}$ $(j=1,2,\cdots,m)$，同理，$\boldsymbol{\beta}_j=c_{1j}\boldsymbol{\beta}_{j_1}+c_{2j}\boldsymbol{\beta}_{j_2}+\cdots+c_{sj}\boldsymbol{\beta}_{j_s}$ $(j=1,2,\cdots,m)$，则

$$\boldsymbol{\alpha}_j+\boldsymbol{\beta}_j=k_{1j}\boldsymbol{\alpha}_{i_1}+k_{2j}\boldsymbol{\alpha}_{i_2}+\cdots+k_{rj}\boldsymbol{\alpha}_{i_r}+c_{1j}\boldsymbol{\beta}_{j_1}+c_{2j}\boldsymbol{\beta}_{j_2}+\cdots+c_{sj}\boldsymbol{\beta}_{j_s}\text{，}$$

即向量组$\boldsymbol{\alpha}_1+\boldsymbol{\beta}_1,\boldsymbol{\alpha}_2+\boldsymbol{\beta}_2,\cdots,\boldsymbol{\alpha}_m+\boldsymbol{\beta}_m$可由向量组$\boldsymbol{\alpha}_{i_1},\boldsymbol{\alpha}_{i_2},\cdots,\boldsymbol{\alpha}_{i_r},\boldsymbol{\beta}_{j_1},\boldsymbol{\beta}_{j_2},\cdots,\boldsymbol{\beta}_{j_s}$线性表示，于是由定理 4.2 的推论 2，可得

$$R(\boldsymbol{\alpha}_1+\boldsymbol{\beta}_1\ \ \boldsymbol{\alpha}_2+\boldsymbol{\beta}_2\ \cdots\ \boldsymbol{\alpha}_m+\boldsymbol{\beta}_m)\leqslant R(\boldsymbol{\alpha}_{i_1}\ \boldsymbol{\alpha}_{i_2}\ \cdots\ \boldsymbol{\alpha}_{i_r}\ \boldsymbol{\beta}_{j_1}\ \boldsymbol{\beta}_{j_2}\ \cdots\ \boldsymbol{\beta}_{j_s})\leqslant r+s\text{，}$$

即

$$R(\boldsymbol{A}+\boldsymbol{B})\leqslant R(\boldsymbol{A})+R(\boldsymbol{B})\text{。}$$

4.3 向量空间

定义 4.6 设V是数域F上的n维向量的非空集合，若（1）对向量加法封闭，即对任意的$\boldsymbol{\alpha},\boldsymbol{\beta}\in V$，都有$\boldsymbol{\alpha}+\boldsymbol{\beta}\in V$；（2）对向量数乘封闭，即对任意的$\boldsymbol{\alpha}\in V$，任意常数$k$，都有$k\boldsymbol{\alpha}\in V$，那么就称集合$V$为数域$F$上的向量空间。

例如，三维实向量的全体$\mathbf{R}^3$，就是一个向量空间，可以用有向线段形象地表示三维向量，从而向量空间$\mathbf{R}^3$可形象地看作是以坐标原点为起点的有向线段的全体，由于以坐标原点为起点的有向线段与其终点一一对应，因此$\mathbf{R}^3$也可看作是取定坐标原点的点空间。

类似地，n 维实向量的全体 $\mathbf{R}^n$，也是一个向量空间，不过当 $n>3$ 时，它没有直观的几何意义。

例 4.13 设

$$V_1=\{\boldsymbol{\alpha}=(0\ x_2\ \cdots\ x_n)^{\mathrm{T}}, x_i\in F\},$$
$$V_2=\{\boldsymbol{\alpha}=(1\ x_2\ \cdots\ x_n)^{\mathrm{T}}, x_i\in F\},$$
$$V_3=\{\boldsymbol{\alpha}=(x_1\ x_2\ \cdots\ x_n)^{\mathrm{T}}, x_i\in F\text{且}x_1+x_2+\cdots+x_n=0\},$$
$$V_4=\{\boldsymbol{\alpha}=(x_1\ x_2\ \cdots\ x_n)^{\mathrm{T}}, x_i\in F\text{且}x_1+x_2+\cdots+x_n=1\},$$
$$V_5=\{\boldsymbol{\alpha}=k_1\boldsymbol{\alpha}_1+k_2\boldsymbol{\alpha}_2+\cdots+k_m\boldsymbol{\alpha}_m, \boldsymbol{\alpha}_i\in F^n, k_i\in F\}。$$

请问它们是向量空间吗？

解：（1）V_1 是向量空间，因为 $\forall\boldsymbol{\alpha}=(0\ a_2\ \cdots\ a_n)^{\mathrm{T}}\in V_1$，$\boldsymbol{\beta}=(0\ b_2\ \cdots\ b_n)^{\mathrm{T}}\in V_1$，则 $\boldsymbol{\alpha}+\boldsymbol{\beta}=(0\ a_2+b_2\ \cdots\ a_n+b_n)^{\mathrm{T}}\in V_1$，$k\boldsymbol{\alpha}=(0\ ka_2\ \cdots\ ka_n)^{\mathrm{T}}\in V_1$。

（2）V_2 不是向量空间，因为 $0\times(1\ a_2\ \cdots\ a_n)^{\mathrm{T}}=(0\ 0\ \cdots\ 0)^{\mathrm{T}}\notin V_2$，即 V_2 对数乘向量不封闭。

（3）设任意的 $\boldsymbol{\alpha}=(a_1\ a_2\ \cdots\ a_n)^{\mathrm{T}}\in V_3$，$\boldsymbol{\beta}=(b_1\ b_2\ \cdots\ b_n)^{\mathrm{T}}\in V_3$，于是

$$(a_1+b_1)+(a_2+b_2)+\cdots+(a_n+b_n)=(a_1+a_2+\cdots+a_n)+(b_1+b_2+\cdots+b_n)=0+0=0,$$
$$ka_1+ka_2+\cdots+ka_n=k(a_1+a_2+\cdots+a_n)=k\times0=0,$$

即得 $\boldsymbol{\alpha}+\boldsymbol{\beta}\in V_3$，$k\boldsymbol{\alpha}\in V_3$，所以 V_3 是向量空间。

（4）设 $\boldsymbol{\alpha}=(a_1\ a_2\ \cdots\ a_n)^{\mathrm{T}}\in V_4$，于是

$$2a_1+2a_2+\cdots+2a_n=2(a_1+a_2+\cdots+a_n)=2\times1=2\neq1,$$

即得 $2\boldsymbol{\alpha}\notin V_4$，所以 V_4 不是向量空间。

（5）设任意的 $\boldsymbol{\alpha}=k_1\boldsymbol{\alpha}_1+k_2\boldsymbol{\alpha}_2+\cdots+k_m\boldsymbol{\alpha}_m\in V_5$，$\boldsymbol{\beta}=l_1\boldsymbol{\alpha}_1+l_2\boldsymbol{\alpha}_2+\cdots+l_m\boldsymbol{\alpha}_m\in V_5$，于是有

$$\begin{aligned}\boldsymbol{\alpha}+\boldsymbol{\beta}&=(k_1\boldsymbol{\alpha}_1+k_2\boldsymbol{\alpha}_2+\cdots+k_m\boldsymbol{\alpha}_m)+(l_1\boldsymbol{\alpha}_1+l_2\boldsymbol{\alpha}_2+\cdots+l_m\boldsymbol{\alpha}_m)\\&=(k_1+l_1)\boldsymbol{\alpha}_1+(k_2+l_2)\boldsymbol{\alpha}_2+\cdots+(k_m+l_m)\boldsymbol{\alpha}_m\in V_5,\end{aligned}$$
$$k\boldsymbol{\beta}=k(l_1\boldsymbol{\alpha}_1+l_2\boldsymbol{\alpha}_2+\cdots+l_m\boldsymbol{\alpha}_m)=(kl_1)\boldsymbol{\alpha}_1+(kl_2)\boldsymbol{\alpha}_2+\cdots+(kl_m)\boldsymbol{\alpha}_m\in V_5,$$

由定义可知 V_5 是向量空间。

定义 4.7 称 $V=\{\boldsymbol{\alpha}=k_1\boldsymbol{\alpha}_1+k_2\boldsymbol{\alpha}_2+\cdots+k_m\boldsymbol{\alpha}_m, \boldsymbol{\alpha}_i\in F^n, k_i\in F\}$ 为由向量组 $\boldsymbol{\alpha}_1,\boldsymbol{\alpha}_2,\cdots,\boldsymbol{\alpha}_m$ 生成的向量空间，记作 $span\{\boldsymbol{\alpha}_1,\boldsymbol{\alpha}_2,\cdots,\boldsymbol{\alpha}_m\}$ 或者 $L(\boldsymbol{\alpha}_1,\boldsymbol{\alpha}_2,\cdots,\boldsymbol{\alpha}_m)$。

命题 4.9 $span\{\boldsymbol{\alpha}_1,\boldsymbol{\alpha}_2,\cdots,\boldsymbol{\alpha}_m\}$ 与向量组 $\boldsymbol{\alpha}_1,\boldsymbol{\alpha}_2,\cdots,\boldsymbol{\alpha}_m$ 等价。

例 4.14 设向量组 $\boldsymbol{\alpha}_1,\boldsymbol{\alpha}_2,\cdots,\boldsymbol{\alpha}_m$ 与向量组 $\boldsymbol{\beta}_1,\boldsymbol{\beta}_2,\cdots,\boldsymbol{\beta}_s$ 等价，记

$$V_1=span\{\boldsymbol{\alpha}_1,\boldsymbol{\alpha}_2,\cdots,\boldsymbol{\alpha}_m\}=\{\boldsymbol{\alpha}=k_1\boldsymbol{\alpha}_1+k_2\boldsymbol{\alpha}_2+\cdots+k_m\boldsymbol{\alpha}_m\},$$
$$V_2=span\{\boldsymbol{\beta}_1,\boldsymbol{\beta}_2,\cdots,\boldsymbol{\beta}_s\}=\{\boldsymbol{\beta}=l_1\boldsymbol{\beta}_1+l_2\boldsymbol{\beta}_2+\cdots+l_s\boldsymbol{\beta}_s\},$$

试证 $V_1=V_2$。

证：设 $\forall\boldsymbol{\gamma}\in V_1$，则 $\boldsymbol{\gamma}$ 可由 $\boldsymbol{\alpha}_1,\boldsymbol{\alpha}_2,\cdots,\boldsymbol{\alpha}_m$ 线性表示，因 $\boldsymbol{\alpha}_1,\boldsymbol{\alpha}_2,\cdots,\boldsymbol{\alpha}_m$ 可由 $\boldsymbol{\beta}_1,\boldsymbol{\beta}_2,\cdots,\boldsymbol{\beta}_s$ 线性表示，故 $\boldsymbol{\gamma}$ 可由 $\boldsymbol{\beta}_1,\boldsymbol{\beta}_2,\cdots,\boldsymbol{\beta}_s$ 线性表示，所以 $\boldsymbol{\gamma}\in V_2$，就是说，若 $\forall\boldsymbol{\gamma}\in V_1$，则 $\boldsymbol{\gamma}\in V_2$，因此 $V_1\subset V_2$。

类似地可证明，若 $\forall\boldsymbol{\gamma}\in V_2$，则 $\boldsymbol{\gamma}\in V_1$，因此 $V_2\subset V_1$。综上，$V_1\subset V_2$ 且 $V_2\subset V_1$，所以 $V_1=V_2$。

设向量空间 V_1 与 V_2，若 $V_1\subset V_2$，就称 V_1 是 V_2 的子空间。例如，任何由 n 维实向量所组成的向量空间 V，总有 $V\subset\mathbf{R}^n$，所以这样的向量空间总是 $\mathbf{R}^n$ 的子空间。

下面讨论向量空间的基、维数和坐标。

定义 4.8 设V为向量空间，若有r个向量 $\xi_1,\xi_2,\cdots,\xi_r \in V$ 且满足以下条件。

（1） $\xi_1,\xi_2,\cdots,\xi_r$ 线性无关。

（2） $\forall \boldsymbol{\alpha} \in V$ 可由 $\xi_1,\xi_2,\cdots,\xi_r$ 线性表示，即 $\boldsymbol{\alpha}=k_1\xi_1+k_2\xi_2\cdots+k_r\xi_r$

那么，称 $\xi_1,\xi_2,\cdots,\xi_r$ 为向量空间V的一个基，称r为向量空间V的维数，记作$\dim V=r$，此时称V为r维向量空间，称上式为向量$\boldsymbol{\alpha}$按基 $\xi_1,\xi_2,\cdots,\xi_r$ 的分解式，其中由系数构成的矩阵$\begin{pmatrix}k_1\\k_2\\\vdots\\k_r\end{pmatrix}$称为向量$\boldsymbol{\alpha}$在基 $\xi_1,\xi_2,\cdots,\xi_r$ 下的坐标。如果向量空间V没有基，那么向量空间V的维数为 0，0 维向量空间只含零向量。

其实，基就是向量空间这个特殊向量组的最大无关组，维数就是这个特殊向量组的秩。

例如，由例 4.2 中的第（3）条和例 4.5 中的第（1）条可知，向量组$\boldsymbol{\varepsilon}_1,\boldsymbol{\varepsilon}_2,\cdots,\boldsymbol{\varepsilon}_n$就是向量空间$\mathbf{R}^n$的一个基，因此把$\mathbf{R}^n$称为$n$维向量空间。而且$\forall \boldsymbol{\alpha}=\begin{pmatrix}a_1\\a_2\\\vdots\\a_n\end{pmatrix}\in \mathbf{R}^n$在基 $\boldsymbol{\varepsilon}_1,\boldsymbol{\varepsilon}_2,\cdots,\boldsymbol{\varepsilon}_n$ 下的坐标就是$\begin{pmatrix}a_1\\a_2\\\vdots\\a_n\end{pmatrix}$，因此 $\boldsymbol{\varepsilon}_1,\boldsymbol{\varepsilon}_2,\cdots,\boldsymbol{\varepsilon}_n$ 叫做$\mathbf{R}^n$的自然基。

又如，向量空间$V_1=\{\boldsymbol{\alpha}=(0\ \ x_2\ \ \cdots\ \ x_n)^{\mathrm{T}},x_i\in F\}$的一个基可取为 $\boldsymbol{\varepsilon}_2,\cdots,\boldsymbol{\varepsilon}_n$，因此它是$n-1$维向量空间。

若向量组 $\xi_1,\xi_2,\cdots,\xi_r$ 是向量空间V的一个基，则V可表示为

$$V=\{\boldsymbol{\alpha}=k_1\xi_1+k_2\xi_2\cdots+k_r\xi_r,k_1,k_2,\cdots,k_r\in F\}$$

即V是由其基所生成的向量空间，这就较清楚地显示出向量空间的构造。

例如，在解析几何中，直线就是一维向量空间，1 个非零实数a就可以成为它的基，则$\mathbf{R}^1=\{x|x=ka,a\neq 0,k\in\mathbf{R}\}$；平面就是二维向量空间，2 个不共线的二维有序数组$\boldsymbol{\alpha},\boldsymbol{\beta}$就可以成为它的基，则$\mathbf{R}^2=\{\boldsymbol{\eta}=k_1\boldsymbol{\alpha}+k_2\boldsymbol{\beta},\ \boldsymbol{\alpha},\boldsymbol{\beta}$ 不共线， $k_1,k_2\in\mathbf{R}\}$；立体就是三维向量空间，3 个不共面的三维有序数组$\boldsymbol{\alpha},\boldsymbol{\beta},\boldsymbol{\gamma}$就可以成为它的基，则$\mathbf{R}^3=\{\boldsymbol{\eta}=k_1\boldsymbol{\alpha}+k_2\boldsymbol{\beta}+k_3\boldsymbol{\gamma},\ \boldsymbol{\alpha},\boldsymbol{\beta},\boldsymbol{\gamma}$ 不共面，$k_1,k_2,k_3\in\mathbf{R}\}$。

命题 4.10 向量组 $\boldsymbol{\alpha}_1,\boldsymbol{\alpha}_2,\cdots,\boldsymbol{\alpha}_m$ 的最大无关组就是 $span\{\boldsymbol{\alpha}_1,\boldsymbol{\alpha}_2,\cdots,\boldsymbol{\alpha}_m\}$ 的一个基，且向量组 $\boldsymbol{\alpha}_1,\boldsymbol{\alpha}_2,\cdots,\boldsymbol{\alpha}_m$ 的秩就是 $span\{\boldsymbol{\alpha}_1,\boldsymbol{\alpha}_2,\cdots,\boldsymbol{\alpha}_m\}$ 的维数。

定理 4.7 设V为r维向量空间，则有下列结论。

（1）V中任意$r+1$个向量线性相关。

（2）V中任意r个线性无关的向量都可作为V的一个基。

（3）V中任一向量在给定基下的坐标是唯一的。

证：若V是零维向量空间，显然定理为真。若V不是零维向量空间，于是设 $\xi_1,\xi_2,\cdots,\xi_r$ 是

V 的一个基。

（1）设 $\boldsymbol{\alpha}_1,\boldsymbol{\alpha}_2,\cdots,\boldsymbol{\alpha}_{r+1}$ 是V 中任意$r+1$个向量，则向量组 $\boldsymbol{\alpha}_1,\boldsymbol{\alpha}_2,\cdots,\boldsymbol{\alpha}_{r+1}$ 能由基 $\boldsymbol{\xi}_1,\boldsymbol{\xi}_2,\cdots,\boldsymbol{\xi}_r$ 线性表示，由定理 4.2 的推论 2 有 $R(\boldsymbol{\alpha}_1\ \ \boldsymbol{\alpha}_2\ \cdots\ \boldsymbol{\alpha}_{r+1})\leqslant R(\boldsymbol{\xi}_1\ \ \boldsymbol{\xi}_2\ \cdots\ \boldsymbol{\xi}_r)=r<r+1$，即矩阵$(\boldsymbol{\alpha}_1\ \ \boldsymbol{\alpha}_2\ \cdots\ \boldsymbol{\alpha}_{r+1})$列降秩，故 $\boldsymbol{\alpha}_1,\boldsymbol{\alpha}_2,\cdots,\boldsymbol{\alpha}_{r+1}$ 线性相关。

（2）若 $\boldsymbol{\eta}_1,\boldsymbol{\eta}_2,\cdots,\boldsymbol{\eta}_r$ 是V 中任意r个线性无关的向量，任一$\boldsymbol{\alpha}\in V$，若$\boldsymbol{\alpha}$ 是 $\boldsymbol{\eta}_1,\boldsymbol{\eta}_2,\cdots,\boldsymbol{\eta}_r$ 中的一个，则$\boldsymbol{\alpha}$ 可由 $\boldsymbol{\eta}_1,\boldsymbol{\eta}_2,\cdots,\boldsymbol{\eta}_r$ 线性表示；若$\boldsymbol{\alpha}$ 不是 $\boldsymbol{\eta}_1,\boldsymbol{\eta}_2,\cdots,\boldsymbol{\eta}_r$ 中的一个，由结论（1）可知，向量组 $\boldsymbol{\eta}_1,\boldsymbol{\eta}_2,\cdots,\boldsymbol{\eta}_r,\boldsymbol{\alpha}$ 线性相关，则$\boldsymbol{\alpha}$ 可由 $\boldsymbol{\eta}_1,\boldsymbol{\eta}_2,\cdots,\boldsymbol{\eta}_r$ 线性表示，故 $\boldsymbol{\eta}_1,\boldsymbol{\eta}_2,\cdots,\boldsymbol{\eta}_r$ 是V 的一个基，即结论（2）为真。

（3）若$\boldsymbol{\alpha}\in V$，且 $\boldsymbol{\alpha}=k_1\boldsymbol{\xi}_1+k_2\boldsymbol{\xi}_2+\cdots+k_r\boldsymbol{\xi}_r$，$\boldsymbol{\alpha}=l_1\boldsymbol{\xi}_1+l_2\boldsymbol{\xi}_2+\cdots+l_r\boldsymbol{\xi}_r$，其中$k_i,l_i\in F$，将这两式相减，得 $\mathbf{0}=(k_1-l_1)\boldsymbol{\xi}_1+(k_2-l_2)\boldsymbol{\xi}_2+\cdots+(k_r-l_r)\boldsymbol{\xi}_r$，又因 $\boldsymbol{\xi}_1,\boldsymbol{\xi}_2,\cdots,\boldsymbol{\xi}_r$ 线性无关，故只有 $k_1=l_1,k_2=l_2,\cdots,k_r=l_r$，即结论（3）为真。

例 4.15 设 $\boldsymbol{\alpha}_1=(1\ 1\ 2\ 1)^{\mathrm{T}},\boldsymbol{\alpha}_2=(0\ 1\ 1\ 2)^{\mathrm{T}},\boldsymbol{\alpha}_3=(0\ 0\ 3\ 1)^{\mathrm{T}},\boldsymbol{\alpha}_4=(0\ 0\ 1\ 0)^{\mathrm{T}}$ 与 $\boldsymbol{\beta}_1=(-1\ -1\ 0\ 0)^{\mathrm{T}},\boldsymbol{\beta}_2=(1\ 0\ 0\ 0)^{\mathrm{T}},\boldsymbol{\beta}_3=(0\ 0\ 3\ 2)^{\mathrm{T}},\boldsymbol{\beta}_4=(0\ 0\ 1\ 1)^{\mathrm{T}}$，进行下列验证和求解。

（1）验证向量组$\boldsymbol{\alpha}_1,\boldsymbol{\alpha}_2,\boldsymbol{\alpha}_3,\boldsymbol{\alpha}_4$ 与向量组$\boldsymbol{\beta}_1,\boldsymbol{\beta}_2,\boldsymbol{\beta}_3,\boldsymbol{\beta}_4$ 都是$\mathbf{R}^4$ 的基。

（2）求$\boldsymbol{\alpha}=(1\ 2\ 1\ 1)^{\mathrm{T}}$ 在两个基下的坐标。

解： 由

$$(\boldsymbol{\alpha}_1\ \ \boldsymbol{\alpha}_2\ \ \boldsymbol{\alpha}_3\ \ \boldsymbol{\alpha}_4|\boldsymbol{\alpha})=\left(\begin{array}{cccc|c}1&0&0&0&1\\1&1&0&0&2\\2&1&3&1&1\\1&2&1&0&1\end{array}\right)\xrightarrow{\text{行}}\left(\begin{array}{cccc|c}1&0&0&0&1\\0&1&0&0&1\\0&0&1&0&-2\\0&0&0&1&4\end{array}\right),$$

得 $R(\boldsymbol{\alpha}_1\ \ \boldsymbol{\alpha}_2\ \ \boldsymbol{\alpha}_3\ \ \boldsymbol{\alpha}_4)=4$，则 $\boldsymbol{\alpha}_1,\boldsymbol{\alpha}_2,\boldsymbol{\alpha}_3,\boldsymbol{\alpha}_4$ 线性无关，所以 $\boldsymbol{\alpha}_1,\boldsymbol{\alpha}_2,\boldsymbol{\alpha}_3,\boldsymbol{\alpha}_4$ 是$\mathbf{R}^4$ 的基，且 $\boldsymbol{\alpha}=\boldsymbol{\alpha}_1+\boldsymbol{\alpha}_2-2\boldsymbol{\alpha}_3+4\boldsymbol{\alpha}_4$。

又由

$$(\boldsymbol{\beta}_1\ \ \boldsymbol{\beta}_2\ \ \boldsymbol{\beta}_3\ \ \boldsymbol{\beta}_4|\boldsymbol{\alpha})=\left(\begin{array}{cccc|c}-1&1&0&0&1\\-1&0&0&0&2\\0&0&3&1&1\\0&0&2&1&1\end{array}\right)\xrightarrow{\text{行}}\left(\begin{array}{cccc|c}1&0&0&0&-2\\0&1&0&0&-1\\0&0&1&0&0\\0&0&0&1&1\end{array}\right),$$

得 $R(\boldsymbol{\beta}_1\ \ \boldsymbol{\beta}_2\ \ \boldsymbol{\beta}_3\ \ \boldsymbol{\beta}_4)=4$，则 $\boldsymbol{\beta}_1,\boldsymbol{\beta}_2,\boldsymbol{\beta}_3,\boldsymbol{\beta}_4$ 线性无关，所以 $\boldsymbol{\beta}_1,\boldsymbol{\beta}_2,\boldsymbol{\beta}_3,\boldsymbol{\beta}_4$ 是$\mathbf{R}^4$ 的基，且 $\boldsymbol{\alpha}=-2\boldsymbol{\beta}_1-\boldsymbol{\beta}_2+\boldsymbol{\beta}_4$。

由例 4.15 可见，向量空间的基是不唯一的，且同一向量在不同基下的坐标也是不同的。那么，基的变化及相应的坐标变化之间有什么关系呢？

定义 4.9 设向量空间V 有基 $\boldsymbol{\alpha}_1,\boldsymbol{\alpha}_2\cdots,\boldsymbol{\alpha}_r$ 和基$\boldsymbol{\beta}_1,\boldsymbol{\beta}_2\cdots,\boldsymbol{\beta}_r$，且有

$$\begin{cases}\boldsymbol{\beta}_1=c_{11}\boldsymbol{\alpha}_1+c_{21}\boldsymbol{\alpha}_2+\cdots+c_{r1}\boldsymbol{\alpha}_r\\\boldsymbol{\beta}_2=c_{12}\boldsymbol{\alpha}_1+c_{22}\boldsymbol{\alpha}_2+\cdots+c_{r2}\boldsymbol{\alpha}_r\\\cdots\\\boldsymbol{\beta}_r=c_{1r}\boldsymbol{\alpha}_1+c_{2r}\boldsymbol{\alpha}_2+\cdots+c_{rr}\boldsymbol{\alpha}_r\end{cases}，设\ \boldsymbol{C}=\begin{pmatrix}c_{11}&c_{12}&\cdots&c_{1r}\\c_{21}&c_{22}&\cdots&c_{2r}\\\vdots&\vdots&&\vdots\\c_{r1}&c_{r2}&\cdots&c_{rr}\end{pmatrix},$$

则上式可表示为$(\boldsymbol{\beta}_1\ \ \boldsymbol{\beta}_2\ \cdots\ \boldsymbol{\beta}_r)=(\boldsymbol{\alpha}_1\ \ \boldsymbol{\alpha}_2\ \cdots\ \boldsymbol{\alpha}_r)\boldsymbol{C}$，称其为基变换公式，称矩阵$\boldsymbol{C}$ 为由基

$\boldsymbol{\alpha}_1,\boldsymbol{\alpha}_2\cdots,\boldsymbol{\alpha}_r$ 到基 $\boldsymbol{\beta}_1,\boldsymbol{\beta}_2\cdots,\boldsymbol{\beta}_r$ 的过渡矩阵。

命题 4.11 向量空间 V 中由基 $\boldsymbol{\alpha}_1,\boldsymbol{\alpha}_2\cdots,\boldsymbol{\alpha}_r$ 到基 $\boldsymbol{\beta}_1,\boldsymbol{\beta}_2\cdots,\boldsymbol{\beta}_r$ 的过渡矩阵 $\boldsymbol{C}$ 是可逆矩阵。

定理 4.8 $\forall\boldsymbol{\alpha}\in V$ 在基 $\boldsymbol{\alpha}_1,\boldsymbol{\alpha}_2\cdots,\boldsymbol{\alpha}_r$ 和基 $\boldsymbol{\beta}_1,\boldsymbol{\beta}_2\cdots,\boldsymbol{\beta}_r$ 下的坐标分别为 $\begin{pmatrix}x_1\\x_2\\\vdots\\x_r\end{pmatrix}$ 与 $\begin{pmatrix}y_1\\y_2\\\vdots\\y_r\end{pmatrix}$，若有 $(\boldsymbol{\beta}_1\ \boldsymbol{\beta}_2\ \cdots\ \boldsymbol{\beta}_r)=(\boldsymbol{\alpha}_1\ \boldsymbol{\alpha}_2\ \cdots\ \boldsymbol{\alpha}_r)\boldsymbol{C}$，则有坐标变换公式 $\begin{pmatrix}y_1\\y_2\\\vdots\\y_r\end{pmatrix}=\boldsymbol{C}^{-1}\begin{pmatrix}x_1\\x_2\\\vdots\\x_r\end{pmatrix}$。

证：因 $(\boldsymbol{\alpha}_1\ \boldsymbol{\alpha}_2\ \cdots\ \boldsymbol{\alpha}_r)\begin{pmatrix}x_1\\x_2\\\vdots\\x_r\end{pmatrix}=\boldsymbol{\alpha}=(\boldsymbol{\beta}_1\ \boldsymbol{\beta}_2\ \cdots\ \boldsymbol{\beta}_r)\begin{pmatrix}y_1\\y_2\\\vdots\\y_r\end{pmatrix}=(\boldsymbol{\alpha}_1\ \boldsymbol{\alpha}_2\ \cdots\ \boldsymbol{\alpha}_r)\boldsymbol{C}\begin{pmatrix}y_1\\y_2\\\vdots\\y_r\end{pmatrix}$，即 $(\boldsymbol{\alpha}_1\ \boldsymbol{\alpha}_2\ \cdots\ \boldsymbol{\alpha}_r)\left(\begin{pmatrix}x_1\\x_2\\\vdots\\x_r\end{pmatrix}-\boldsymbol{C}\begin{pmatrix}y_1\\y_2\\\vdots\\y_r\end{pmatrix}\right)=\boldsymbol{0}$，由于 $\boldsymbol{\alpha}_1,\boldsymbol{\alpha}_2\cdots,\boldsymbol{\alpha}_r$ 线性无关，故 $(\boldsymbol{\alpha}_1\ \boldsymbol{\alpha}_2\ \cdots\ \boldsymbol{\alpha}_r)\boldsymbol{x}=\boldsymbol{0}$ 只有零解，于是 $\begin{pmatrix}x_1\\x_2\\\vdots\\x_r\end{pmatrix}-\boldsymbol{C}\begin{pmatrix}y_1\\y_2\\\vdots\\y_r\end{pmatrix}=\boldsymbol{0}$，所以有 $\begin{pmatrix}y_1\\y_2\\\vdots\\y_r\end{pmatrix}=\boldsymbol{C}^{-1}\begin{pmatrix}x_1\\x_2\\\vdots\\x_r\end{pmatrix}$。

由此可见，过渡矩阵确定了两个基之间的关系，同时也确定了同一向量在两个基下的坐标之间的关系。

4.4 线性方程组的解的结构

在第 3 章已经介绍了用矩阵的初等行变换解线性方程组的方法，并建立了两个关于解的存在性的重要定理，下面我们还需要用向量空间的理论讨论线性方程组有解时解的内在联系。实际上，向量空间的理论起源于对线性方程组的解的研究。

4.4.1 齐次线性方程组的解的结构

定理 4.9 设 S 是数域 F 上齐次线性方程组 $\boldsymbol{Ax}=\boldsymbol{0}(\boldsymbol{A}\in F_r^{m\times n})$ 的所有解的集合，则（1）S 构成向量空间；（2）$\dim S=n-r$。

证：

（1）$\forall\,\boldsymbol{\alpha},\boldsymbol{\beta}\in S, \boldsymbol{A}(\boldsymbol{\alpha}+\boldsymbol{\beta})=\boldsymbol{A\alpha}+\boldsymbol{A\beta}=\boldsymbol{0}+\boldsymbol{0}=\boldsymbol{0}\Rightarrow\boldsymbol{\alpha}+\boldsymbol{\beta}\in S$，

$\forall\,\boldsymbol{\alpha}\in S,\forall k\in F, \boldsymbol{A}(k\boldsymbol{\alpha})=k(\boldsymbol{A\alpha})=k\times\boldsymbol{0}=\boldsymbol{0}\Rightarrow k\boldsymbol{\alpha}\in S$，

故 S 构成向量空间，称之为 $\boldsymbol{Ax}=\boldsymbol{0}$ 的解空间。

（2）若 $R(\boldsymbol{A})=r=n$，则齐次线性方程组 $\boldsymbol{Ax}=\boldsymbol{0}$ 只有零解，此时 S 为零维向量空间，故

$\dim S = 0 = n-n = n-r$；若 $R(\boldsymbol{A}) = r < n$，为叙述方便，不妨假设 $\boldsymbol{A}$ 的左上角 r 阶子式 $D_r \neq 0$，则

$$(\boldsymbol{A}|\boldsymbol{0}) \xrightarrow{\text{初等行变换}} \left(\begin{array}{cccc:ccc|c} 1 & 0 & \cdots & 0 & b_{1,r+1} & \cdots & b_{1n} & 0 \\ 0 & 1 & \cdots & 0 & b_{2,r+1} & \cdots & b_{2n} & 0 \\ \vdots & \vdots & & \vdots & \vdots & & \vdots & \vdots \\ 0 & 0 & \cdots & 1 & b_{r,r+1} & \cdots & b_{r,n} & 0 \\ \hdashline 0 & 0 & \cdots & 0 & 0 & \cdots & 0 & 0 \\ \vdots & \vdots & & \vdots & \vdots & & \vdots & \vdots \\ 0 & 0 & \cdots & 0 & 0 & \cdots & 0 & 0 \end{array}\right),$$

于是得 $\boldsymbol{Ax} = \boldsymbol{0}$ 的同解方程组为

$$\begin{cases} x_1 + b_{1,r+1}x_{r+1} + \cdots + b_{1n}x_n = 0 \\ x_2 + b_{2,r+1}x_{r+1} + \cdots + b_{2n}x_n = 0 \\ \qquad\qquad \cdots\cdots \\ x_r + b_{r,r+1}x_{r+1} + \cdots + b_{r,n}x_n = 0 \end{cases},$$

即得 $\boldsymbol{Ax} = \boldsymbol{0}$ 的一般解为

$$\begin{cases} x_1 = -b_{1,r+1}k_1 - b_{1,r+2}k_2 - \cdots - b_{1n}k_{n-r} \\ x_2 = -b_{2,r+1}k_1 - b_{2,r+2}k_2 - \cdots - b_{2n}k_{n-r} \\ \cdots \\ x_r = -b_{r,r+1}k_1 - b_{r,r+2}k_2 - \cdots - b_{r,n}k_{n-r} \\ x_{r+1} = k_1 \\ x_{r+2} = k_2 \\ \cdots \\ x_n = k_{n-r} \end{cases}$$，其中 $k_1, k_2, \cdots, k_{n-r}$ 为任意常数，

则

$$\boldsymbol{x} = \begin{pmatrix} x_1 \\ \vdots \\ x_r \\ x_{r+1} \\ x_{r+2} \\ \vdots \\ x_n \end{pmatrix} = k_1 \begin{pmatrix} -b_{1,r+1} \\ \vdots \\ -b_{r,r+1} \\ 1 \\ 0 \\ \vdots \\ 0 \end{pmatrix} + k_2 \begin{pmatrix} -b_{1,r+2} \\ \vdots \\ -b_{r,r+2} \\ 0 \\ 1 \\ \vdots \\ 0 \end{pmatrix} + \cdots + k_{n-r} \begin{pmatrix} -b_{1n} \\ \vdots \\ -b_{r,n} \\ 0 \\ 0 \\ \vdots \\ 1 \end{pmatrix},$$

记

$$\boldsymbol{\xi}_1 = \begin{pmatrix} -b_{1,r+1} \\ \vdots \\ -b_{r,r+1} \\ 1 \\ 0 \\ \vdots \\ 0 \end{pmatrix}, \quad \boldsymbol{\xi}_2 = \begin{pmatrix} -b_{1,r+2} \\ \vdots \\ -b_{r,r+2} \\ 0 \\ 1 \\ \vdots \\ 0 \end{pmatrix}, \quad \cdots, \quad \boldsymbol{\xi}_{n-r} = \begin{pmatrix} -b_{1n} \\ \vdots \\ -b_{r,n} \\ 0 \\ 0 \\ \vdots \\ 1 \end{pmatrix},$$

则 $\boldsymbol{Ax} = \boldsymbol{0}$ 的解为 $\boldsymbol{x} = k_1\boldsymbol{\xi}_1 + k_2\boldsymbol{\xi}_2 + \cdots + k_{n-r}\boldsymbol{\xi}_{n-r}$，显然① $\boldsymbol{\xi}_1, \boldsymbol{\xi}_2, \cdots, \boldsymbol{\xi}_{n-r} \in S$；② $\forall \boldsymbol{x} \in S$ 都可表示为

$\xi_1,\xi_2,\cdots,\xi_{n-r}$ 的线性组合；③因为 $R(\xi_1\ \ \xi_2\ \ \cdots\ \ \xi_{n-r})=R\begin{pmatrix}B_{r\times(n-r)}\\E_{n-r}\end{pmatrix}=n-r$，即 $\xi_1,\xi_2,\cdots,\xi_{n-r}$ 线性无关。所以由定义 4.8 可知，$\xi_1,\xi_2,\cdots,\xi_{n-r}$ 是解空间 S 的一个基，从而 $\dim S=n-r$。

定义 4.10 数域 F 上的齐次线性方程组 $\boldsymbol{Ax}=\boldsymbol{0}(A\in F_r^{m\times n})$ 的解空间 S 的一个基 $\xi_1,\xi_2,\cdots,\xi_{n-r}$ 又被称为齐次线性方程组 $\boldsymbol{Ax}=\boldsymbol{0}$ 的基础解系，于是 $\boldsymbol{Ax}=\boldsymbol{0}$ 的解可表示为 $\boldsymbol{x}=k_1\xi_1+k_2\xi_2+\cdots+k_{n-r}\xi_{n-r}$，其中 $k_1,k_2,\cdots,k_{n-r}$ 是任意常数，上式称为齐次线性方程组 $\boldsymbol{Ax}=\boldsymbol{0}$ 的通解。

例 4.16 设 $\boldsymbol{A}=\begin{pmatrix}1&2&2&0\\1&3&4&-2\\1&1&0&2\end{pmatrix}$，求 $\boldsymbol{Ax}=\boldsymbol{0}$ 的一个基础解系与通解。

解：因为

$$(\boldsymbol{A}|\boldsymbol{0})=\left(\begin{array}{cccc|c}1&2&2&0&0\\1&3&4&-2&0\\1&1&0&2&0\end{array}\right)\xrightarrow{行}\left(\begin{array}{cccc|c}1&0&-2&4&0\\0&1&2&-2&0\\0&0&0&0&0\end{array}\right),$$

则同解方程组为

$$\begin{cases}x_1-2x_3+4x_4=0\\x_2+2x_3-2x_4=0\end{cases},$$

解之得

$$\boldsymbol{x}=\begin{pmatrix}x_1\\x_2\\x_3\\x_4\end{pmatrix}=\begin{pmatrix}2k_1-4k_2\\-2k_1+2k_2\\k_1\\k_2\end{pmatrix}=k_1\begin{pmatrix}2\\-2\\1\\0\end{pmatrix}+k_2\begin{pmatrix}-4\\2\\0\\1\end{pmatrix},\quad k_1,k_2\ 为任意常数，$$

于是其基础解系为

$$\xi_1=\begin{pmatrix}2\\-2\\1\\0\end{pmatrix},\quad \xi_2=\begin{pmatrix}-4\\2\\0\\1\end{pmatrix}。$$

例 4.17 设 $\boldsymbol{A}_{m\times n}\boldsymbol{B}_{n\times l}=\boldsymbol{O}$，证明 $R(\boldsymbol{A})+R(\boldsymbol{B})\leqslant n$。

证：记 $\boldsymbol{B}=(\boldsymbol{\beta}_1\ \ \boldsymbol{\beta}_2\ \ \cdots\ \ \boldsymbol{\beta}_l)$，则 $\boldsymbol{A}(\boldsymbol{\beta}_1\ \ \boldsymbol{\beta}_2\ \ \cdots\ \ \boldsymbol{\beta}_l)=(\boldsymbol{0}\ \ \boldsymbol{0}\ \ \cdots\ \ \boldsymbol{0})$，即 $\boldsymbol{A\beta}_i=\boldsymbol{0}\ (i=1,2,\cdots,l)$，这表明矩阵 $\boldsymbol{B}$ 的 l 个列向量都是齐次线性方程组 $\boldsymbol{Ax}=\boldsymbol{0}$ 的解，记齐次线性方程组 $\boldsymbol{Ax}=\boldsymbol{0}$ 的解空间为 S，则 $\boldsymbol{\beta}_1,\boldsymbol{\beta}_2,\cdots,\boldsymbol{\beta}_l\in S$，故

$$R(\boldsymbol{\beta}_1\ \ \boldsymbol{\beta}_2\ \ \cdots\ \ \boldsymbol{\beta}_l)\leqslant\dim S=n-R(\boldsymbol{A}),$$

即 $R(\boldsymbol{A})+R(\boldsymbol{B})\leqslant n$。

例 4.18 证明 $R(\boldsymbol{A}^{\mathrm{T}}\boldsymbol{A})=R(\boldsymbol{A})$。

证：设 $\boldsymbol{A}$ 为 $m\times n$ 矩阵，$\boldsymbol{\alpha}\in\mathbf{R}^n$。

若 $\boldsymbol{\alpha}$ 是 $\boldsymbol{Ax}=\boldsymbol{0}$ 的解，即 $\boldsymbol{A\alpha}=\boldsymbol{0}$，则有 $\boldsymbol{A}^{\mathrm{T}}(\boldsymbol{A\alpha})=\boldsymbol{A}^{\mathrm{T}}\boldsymbol{0}=\boldsymbol{0}$，即 $(\boldsymbol{A}^{\mathrm{T}}\boldsymbol{A})\boldsymbol{\alpha}=\boldsymbol{0}$，也即 $\boldsymbol{\alpha}$ 是 $(\boldsymbol{A}^{\mathrm{T}}\boldsymbol{A})\boldsymbol{x}=\boldsymbol{0}$ 的解；若 $\boldsymbol{\alpha}$ 是 $(\boldsymbol{A}^{\mathrm{T}}\boldsymbol{A})\boldsymbol{x}=\boldsymbol{0}$ 的解，即 $(\boldsymbol{A}^{\mathrm{T}}\boldsymbol{A})\boldsymbol{\alpha}=\boldsymbol{0}$，则有 $(\boldsymbol{A\alpha})^{\mathrm{T}}(\boldsymbol{A\alpha})=\boldsymbol{\alpha}^{\mathrm{T}}(\boldsymbol{A}^{\mathrm{T}}\boldsymbol{A\alpha})=0$，

设 $\boldsymbol{A\alpha}=\begin{pmatrix}c_1\\c_2\\\vdots\\c_m\end{pmatrix}(c_i\in\mathbf{R})$，则有

$$0=(A\alpha)^{\mathrm{T}}(A\alpha)=c_1^2+c_2^2+\cdots+c_m^2,$$

所以$c_1=c_2=\cdots=c_m=0$，即$A\alpha=0$，也即α是$Ax=0$的解。

综上可知，方程$Ax=0$与$(A^{\mathrm{T}}A)x=0$的解空间相同，故$n-R(A^{\mathrm{T}}A)=n-R(A)$，即$R(A^{\mathrm{T}}A)=R(A)$。

4.4.2 非齐次线性方程组的解的结构

定理 4.10 设非齐次线性方程组$Ax=b(A\in F_r^{m\times n},b\in F^{m\times 1})$相应的齐次线性方程组$Ax=0$有基础解系$\xi_1,\xi_2,\cdots,\xi_{n-r}$，又$\eta^*$是$Ax=b$的一个特解，则$Ax=b$的通解为

$$x=\eta^*+k_1\xi_1+k_2\xi_2+\cdots+k_{n-r}\xi_{n-r}\ (\text{其中}\ k_1,k_2,\cdots,k_{n-r}\ \text{是任意常数})。$$

证：一方面，
$$\begin{aligned}&A(\eta^*+k_1\xi_1+k_2\xi_2+\cdots+k_{n-r}\xi_{n-r})\\&=A\eta^*+k_1A\xi_1+k_2A\xi_2+\cdots+k_{n-r}A\xi_{n-r}\\&=b+k_1\times 0+k_2\times 0+\cdots+k_{n-r}\times 0=b,\end{aligned}$$

即$x=\eta^*+k_1\xi_1+k_2\xi_2+\cdots+k_{n-r}\xi_{n-r}$（其中$k_1,k_2,\cdots,k_{n-r}$是任意常数）是$Ax=b$的解。

另一方面，设η是$Ax=b$的任一解，则$A(\eta-\eta^*)=A\eta-A\eta^*=b-b=0$，即知$\eta-\eta^*$是相应的齐次线性方程组$Ax=0$的解，则$\eta-\eta^*$含在$k_1\xi_1+k_2\xi_2+\cdots+k_{n-r}\xi_{n-r}$形式中，从而$\eta$含在$\eta^*+k_1\xi_1+k_2\xi_2+\cdots+k_{n-r}\xi_{n-r}$形式中。

综上所述，得证。

例 4.19 设$A=\begin{pmatrix}1&2&2&0\\1&3&4&-2\\1&1&0&2\end{pmatrix}$，$b=\begin{pmatrix}5\\6\\4\end{pmatrix}$，求$Ax=b$的通解。

解：由

$$(A|b)=\left(\begin{array}{cccc|c}1&2&2&0&5\\1&3&4&-2&6\\1&1&0&2&4\end{array}\right)\xrightarrow{\text{行}}\left(\begin{array}{cccc|c}1&0&-2&4&3\\0&1&2&-2&1\\0&0&0&0&0\end{array}\right)$$

得其同解方程组为
$$\begin{cases}x_1-2x_3+4x_4=3\\x_2+2x_3-2x_4=1\end{cases},$$

解之得

$$x=\begin{pmatrix}x_1\\x_2\\x_3\\x_4\end{pmatrix}=\begin{pmatrix}3+2k_1-4k_2\\1-2k_1+2k_2\\k_1\\k_2\end{pmatrix}=\begin{pmatrix}3\\1\\0\\0\end{pmatrix}+k_1\begin{pmatrix}2\\-2\\1\\0\end{pmatrix}+k_2\begin{pmatrix}-4\\2\\0\\1\end{pmatrix}\quad(k_1,k_2\ \text{是任意常数})。$$

例 4.20 设非齐次线性方程组$Ax=b$ $(A\in F_2^{3\times 3})$的3个解η_1,η_2,η_3满足$\eta_1+\eta_2=\begin{pmatrix}2\\0\\-2\end{pmatrix}$，$\eta_1+\eta_3=\begin{pmatrix}3\\1\\-1\end{pmatrix}$，求$Ax=b$的通解。

解：因为$R(A)=2$，所以$Ax=0$的基础解系中含有$3-2=1$个解向量，又因为η_1,η_2,η_3是

$\boldsymbol{Ax}=\boldsymbol{b}$ 的解，所以 $\boldsymbol{\xi}=\boldsymbol{\eta}_2-\boldsymbol{\eta}_3=(\boldsymbol{\eta}_1+\boldsymbol{\eta}_2)-(\boldsymbol{\eta}_1+\boldsymbol{\eta}_3)=\begin{pmatrix}-1\\-1\\-1\end{pmatrix}$ 是相应的 $\boldsymbol{Ax}=\boldsymbol{0}$ 的基础解系，又由

$$\boldsymbol{A}[\frac{1}{2}(\boldsymbol{\eta}_1+\boldsymbol{\eta}_2)]=\frac{1}{2}(\boldsymbol{A\eta}_1+\boldsymbol{A\eta}_2)=\frac{1}{2}(\boldsymbol{b}+\boldsymbol{b})=\boldsymbol{b}$$

得 $\boldsymbol{\eta}^*=\frac{1}{2}(\boldsymbol{\eta}_1+\boldsymbol{\eta}_2)=\begin{pmatrix}1\\0\\-1\end{pmatrix}$ 是 $\boldsymbol{Ax}=\boldsymbol{b}$ 的一特解，故 $\boldsymbol{Ax}=\boldsymbol{b}$ 的通解为 $\boldsymbol{x}=\boldsymbol{\eta}^*+k\boldsymbol{\xi}$，$k$ 是任意常数。

4.5 向量的内积、长度、夹角与欧氏空间

如果以几何空间作为向量空间理论的一个具体模型，就会发现向量的度量性质，如长度、夹角等，在向量空间的理论中没有得到反映，但是向量的度量性质在许多问题（其中包括几何问题）中有着特殊地位，因此，有必要引入度量的概念。我们知道，在解析几何中，向量的长度与夹角等度量性质都可以通过向量的内积来表示，所以在抽象的讨论中，我们取内积作为基本的概念。

在解析几何中，先从常力沿直线作功引入向量内积（又称为数量积）概念，即 $\boldsymbol{\alpha}\cdot\boldsymbol{\beta}\triangleq|\boldsymbol{\alpha}||\boldsymbol{\beta}|\cos\theta$，因两个向量的长度与夹角间的关系突出地表现为余弦定理，于是由余弦定理得（见图 4.1）向量内积的坐标表示式

$$|\boldsymbol{\alpha}||\boldsymbol{\beta}|\cos\theta=x_1x_2+y_1y_2+z_1z_2\text{。}$$

图 4.1

因为 n 维向量没有三维向量那样直观的长度和夹角的概念，所以只有把其内积的坐标表示式直接推广到 n 维向量空间，于是有定义 4.11。

定义 4.11 设 V 是实数域 $\mathbf{R}$ 上一个 r 维向量空间，V 中有 n 维向量

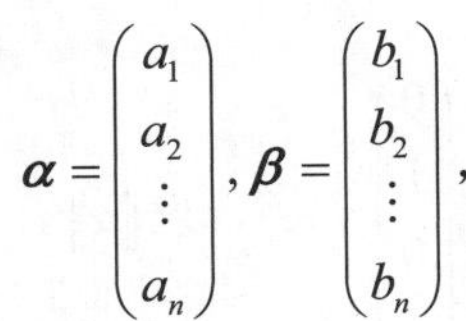

$$\boldsymbol{\alpha}=\begin{pmatrix}a_1\\a_2\\\vdots\\a_n\end{pmatrix},\boldsymbol{\beta}=\begin{pmatrix}b_1\\b_2\\\vdots\\b_n\end{pmatrix},$$

称实数 $(\boldsymbol{\alpha},\boldsymbol{\beta})\triangleq a_1b_1+a_2b_2+\cdots+a_nb_n$ 为向量 $\boldsymbol{\alpha}$ 与 $\boldsymbol{\beta}$ 的内积，将它写成矩阵形式，就是 $(\boldsymbol{\alpha},\boldsymbol{\beta})=\boldsymbol{\alpha}^{\mathrm{T}}\boldsymbol{\beta}$。这样定义了内积的 r 维向量空间 V 就是一个 r 维欧几里德（Euclid，公元前 330—前 275，古希腊数学家）空间（简称欧氏空间）。

按定义，V 的内积是 $V\times V\to\mathbf{R}$ 的一个代数运算，它具有下列性质（$\boldsymbol{\alpha},\boldsymbol{\beta},\boldsymbol{\gamma}\in V,k_1,k_2\in\mathbf{R}$）。

（1）$(\boldsymbol{\alpha},\boldsymbol{\beta})=(\boldsymbol{\beta},\boldsymbol{\alpha})$（对称性）。

（2）$(k_1\boldsymbol{\alpha}+k_2\boldsymbol{\beta},\boldsymbol{\gamma})=k_1(\boldsymbol{\alpha},\boldsymbol{\gamma})+k_2(\boldsymbol{\beta},\boldsymbol{\gamma})$（线性性）。

（3）$(\boldsymbol{\alpha},\boldsymbol{\alpha})\geqslant 0$，且当且仅当 $\boldsymbol{\alpha}=\boldsymbol{0}$ 时，$(\boldsymbol{\alpha},\boldsymbol{\alpha})=0$（非负性）。

（4）$(\boldsymbol{\alpha},\boldsymbol{\beta})^2 \leqslant (\boldsymbol{\alpha},\boldsymbol{\alpha})\cdot(\boldsymbol{\beta},\boldsymbol{\beta})$，此式称为柯西-施瓦兹（Schwarz，1843—1921，法国数学家）不等式。

读者不难验证性质（1）、性质（2）、性质（3），这里只验证性质（4）。$\forall t \in \mathbf{R}$，由 $(\boldsymbol{\alpha}+t\boldsymbol{\beta},\boldsymbol{\alpha}+t\boldsymbol{\beta}) \geqslant 0$ 可得 $(\boldsymbol{\alpha},\boldsymbol{\alpha})+2(\boldsymbol{\alpha},\boldsymbol{\beta})t+(\boldsymbol{\beta},\boldsymbol{\beta})t^2 \geqslant 0$，所以 $\Delta \leqslant 0$，即 $4(\boldsymbol{\alpha},\boldsymbol{\beta})^2-4(\boldsymbol{\alpha},\boldsymbol{\alpha})\cdot(\boldsymbol{\beta},\boldsymbol{\beta}) \leqslant 0$，于是 $(\boldsymbol{\alpha},\boldsymbol{\beta})^2 \leqslant (\boldsymbol{\alpha},\boldsymbol{\alpha})\cdot(\boldsymbol{\beta},\boldsymbol{\beta})$，得证。

定义 4.12 称实数 $\|\boldsymbol{\alpha}\| \triangleq \sqrt{(\boldsymbol{\alpha},\boldsymbol{\alpha})}=\sqrt{a_1^2+a_2^2+\cdots+a_n^2}$ 为 n 维实向量 $\boldsymbol{\alpha}$ 的长度（或范数）。当 $\|\boldsymbol{\alpha}\|=1$ 时，称 $\boldsymbol{\alpha}$ 为单位向量。

向量的长度具有下述性质。

（1）非负性：$\|\boldsymbol{\alpha}\| \geqslant 0$，且当且仅当 $\boldsymbol{\alpha}=\mathbf{0}$ 时，$\|\boldsymbol{\alpha}\|=0$。

（2）齐次性：$\|k\boldsymbol{\alpha}\|=|k|\cdot\|\boldsymbol{\alpha}\| \ (\forall k \in \mathbf{R})$。

（3）三角不等式：$\|\boldsymbol{\alpha}+\boldsymbol{\beta}\| \leqslant \|\boldsymbol{\alpha}\|+\|\boldsymbol{\beta}\|$。

不难验证性质（1）和性质（2），下面证明性质（3）$\|\boldsymbol{\alpha}+\boldsymbol{\beta}\|^2=(\boldsymbol{\alpha}+\boldsymbol{\beta},\boldsymbol{\alpha}+\boldsymbol{\beta})=(\boldsymbol{\alpha},\boldsymbol{\alpha})+2(\boldsymbol{\alpha},\boldsymbol{\beta})+(\boldsymbol{\beta},\boldsymbol{\beta}) \leqslant \|\boldsymbol{\alpha}\|^2+2\|\boldsymbol{\alpha}\|\|\boldsymbol{\beta}\|+\|\boldsymbol{\beta}\|^2=\left(\|\boldsymbol{\alpha}\|+\|\boldsymbol{\beta}\|\right)^2$，即 $\|\boldsymbol{\alpha}+\boldsymbol{\beta}\| \leqslant \|\boldsymbol{\alpha}\|+\|\boldsymbol{\beta}\|$。

例 4.21 证明 $\boldsymbol{\alpha}_0=\dfrac{1}{\|\boldsymbol{\alpha}\|}\boldsymbol{\alpha} \ (\boldsymbol{\alpha} \neq \mathbf{0})$ 是单位向量。

证：$\|\boldsymbol{\alpha}_0\|=\sqrt{(\dfrac{1}{\|\boldsymbol{\alpha}\|}\boldsymbol{\alpha},\dfrac{1}{\|\boldsymbol{\alpha}\|}\boldsymbol{\alpha})}=\dfrac{1}{\|\boldsymbol{\alpha}\|}\sqrt{(\boldsymbol{\alpha},\boldsymbol{\alpha})}=\dfrac{1}{\|\boldsymbol{\alpha}\|}\|\boldsymbol{\alpha}\|=1$，得证。于是，称由 $\boldsymbol{\alpha}(\neq \mathbf{0})$ 得到 $\boldsymbol{\alpha}_0=\dfrac{1}{\|\boldsymbol{\alpha}\|}\boldsymbol{\alpha}$ 的过程为把 $\boldsymbol{\alpha}$ 单位化。

下面来定义两向量的夹角，由柯西-施瓦兹不等式，当 $\boldsymbol{\alpha} \neq \mathbf{0}$，$\boldsymbol{\beta} \neq \mathbf{0}$ 时，有 $\left|\dfrac{(\boldsymbol{\alpha},\boldsymbol{\beta})}{\|\boldsymbol{\alpha}\|\|\boldsymbol{\beta}\|}\right| \leqslant 1$，于是可得定义 4.13。

定义 4.13 设 n 维实向量 $\boldsymbol{\alpha} \neq \mathbf{0}$，$\boldsymbol{\beta} \neq \mathbf{0}$，称 $\varphi=\arccos\dfrac{(\boldsymbol{\alpha},\boldsymbol{\beta})}{\|\boldsymbol{\alpha}\|\|\boldsymbol{\beta}\|} \ (0 \leqslant \varphi \leqslant \pi)$ 为 $\boldsymbol{\alpha}$ 与 $\boldsymbol{\beta}$ 之间的夹角。特别地，若 $(\boldsymbol{\alpha},\boldsymbol{\beta})=0$，称 $\boldsymbol{\alpha}$ 与 $\boldsymbol{\beta}$ 正交，可记作 $\boldsymbol{\alpha} \perp \boldsymbol{\beta}$。

例 4.22 设 $\boldsymbol{\alpha}=\begin{pmatrix}\frac{1}{\sqrt{2}}\\0\\0\\\frac{1}{\sqrt{2}}\end{pmatrix} \in \mathbf{R}^4$，$\boldsymbol{\beta}=\begin{pmatrix}0\\1\\0\\1\end{pmatrix} \in \mathbf{R}^4$，求 $\|\boldsymbol{\alpha}\|$，$\|\boldsymbol{\beta}\|$，$\boldsymbol{\alpha}$ 与 $\boldsymbol{\beta}$ 之间的夹角 φ。

解：$\|\boldsymbol{\alpha}\|=\sqrt{(\boldsymbol{\alpha},\boldsymbol{\alpha})}=\sqrt{\left(\dfrac{1}{\sqrt{2}}\right)^2+0^2+0^2+\left(\dfrac{1}{\sqrt{2}}\right)^2}=1$，

$$\|\boldsymbol{\beta}\|=\sqrt{(\boldsymbol{\beta},\boldsymbol{\beta})}=\sqrt{0^2+1^2+0^2+1^2}=\sqrt{2}，$$

$$\varphi=\arccos\frac{(\boldsymbol{\alpha},\boldsymbol{\beta})}{\|\boldsymbol{\alpha}\|\|\boldsymbol{\beta}\|}=\arccos\frac{\frac{1}{\sqrt{2}}}{1\times\sqrt{2}}=\arccos\frac{1}{2}=\frac{\pi}{3}。$$

例 4.23 证明：若 $\boldsymbol{\alpha},\boldsymbol{\beta}\in V$ 且 $\boldsymbol{\alpha}\perp\boldsymbol{\beta}$，则 $\|\boldsymbol{\alpha}+\boldsymbol{\beta}\|^2=\|\boldsymbol{\alpha}\|^2+\|\boldsymbol{\beta}\|^2$。

证：因为 $\boldsymbol{\alpha}\perp\boldsymbol{\beta}$，所以 $(\boldsymbol{\alpha},\boldsymbol{\beta})=0$，从而 $\|\boldsymbol{\alpha}+\boldsymbol{\beta}\|^2=(\boldsymbol{\alpha}+\boldsymbol{\beta},\boldsymbol{\alpha}+\boldsymbol{\beta})=(\boldsymbol{\alpha},\boldsymbol{\alpha})+2(\boldsymbol{\alpha},\boldsymbol{\beta})+(\boldsymbol{\beta},\boldsymbol{\beta})$ $=\|\boldsymbol{\alpha}\|^2+\|\boldsymbol{\beta}\|^2$。

本例所述，实际上就是普通空间 $\mathbf{R}^3$ 中的勾股定理在欧氏空间 V 中的推广，因此通常称它为 V 中的勾股定理。

例 4.24 已知 $\mathbf{R}^3$ 中两个向量 $\boldsymbol{\alpha}_1=\begin{pmatrix}1\\1\\1\end{pmatrix}$，$\boldsymbol{\alpha}_2=\begin{pmatrix}1\\-2\\1\end{pmatrix}$，（1）求证 $\boldsymbol{\alpha}_1\perp\boldsymbol{\alpha}_2$；（2）求非零向量 $\boldsymbol{\alpha}_3$，使 $\boldsymbol{\alpha}_3\perp\boldsymbol{\alpha}_1$ 且 $\boldsymbol{\alpha}_3\perp\boldsymbol{\alpha}_2$。

（1）**证**：因为 $(\boldsymbol{\alpha}_1,\boldsymbol{\alpha}_2)=1\times1+1\times(-2)+1\times1=0$，所以 $\boldsymbol{\alpha}_1\perp\boldsymbol{\alpha}_2$。

（2）**解**：欲使 $\boldsymbol{\alpha}_3\perp\boldsymbol{\alpha}_1$ 且 $\boldsymbol{\alpha}_3\perp\boldsymbol{\alpha}_2$，即要 $\begin{cases}(\boldsymbol{\alpha}_1,\boldsymbol{\alpha}_3)=\boldsymbol{\alpha}_1^{\mathrm{T}}\boldsymbol{\alpha}_3=0\\(\boldsymbol{\alpha}_2,\boldsymbol{\alpha}_3)=\boldsymbol{\alpha}_2^{\mathrm{T}}\boldsymbol{\alpha}_3=0\end{cases}$，即要 $\begin{pmatrix}\boldsymbol{\alpha}_1^{\mathrm{T}}\\\boldsymbol{\alpha}_2^{\mathrm{T}}\end{pmatrix}\boldsymbol{\alpha}_3=\mathbf{0}$，由 $\begin{pmatrix}\boldsymbol{\alpha}_1^{\mathrm{T}}\\\boldsymbol{\alpha}_2^{\mathrm{T}}\end{pmatrix}$ $=\begin{pmatrix}1&1&1\\1&-2&1\end{pmatrix}\xrightarrow{\text{行}}\begin{pmatrix}1&0&1\\0&1&0\end{pmatrix}$ 得 $\boldsymbol{\alpha}_3=k\begin{pmatrix}-1\\0\\1\end{pmatrix}(k\neq0)$。

几何空间通常采用直角坐标系，那么能否用两两正交的向量组，特别是两两正交的单位向量组来作 r 维向量空间的基呢？这里我们自然会提出 3 个问题（1）可以为基吗？（2）是否存在？（3）怎么得到？下面就来讨论这 3 个问题。

定义 4.14 正交向量组是指一组两两正交的非零向量。

定理 4.11 正交向量组必线性无关，且单位化后仍是正交向量组。

证：设非零向量 $\boldsymbol{\alpha}_1,\boldsymbol{\alpha}_2,\cdots,\boldsymbol{\alpha}_m$ 两两正交，若有 $k_1\boldsymbol{\alpha}_1+k_2\boldsymbol{\alpha}_2+\cdots+k_m\boldsymbol{\alpha}_m=\mathbf{0}$，则

$$0=(\mathbf{0},\boldsymbol{\alpha}_i)=(k_1\boldsymbol{\alpha}_1+k_2\boldsymbol{\alpha}_2+\cdots+k_m\boldsymbol{\alpha}_m,\boldsymbol{\alpha}_i)$$
$$=k_1(\boldsymbol{\alpha}_1,\boldsymbol{\alpha}_i)+\cdots+k_i(\boldsymbol{\alpha}_i,\boldsymbol{\alpha}_i)+\cdots+k_m(\boldsymbol{\alpha}_m,\boldsymbol{\alpha}_i)=k_i(\boldsymbol{\alpha}_i,\boldsymbol{\alpha}_i),$$

又因为 $\boldsymbol{\alpha}_i\neq\mathbf{0}$，所以只有 $k_i=0$（$i=1,2,\cdots,m$），故 $\boldsymbol{\alpha}_1,\boldsymbol{\alpha}_2,\cdots,\boldsymbol{\alpha}_m$ 线性无关。

又当 $i\neq j$ 时，$\left(\dfrac{\boldsymbol{\alpha}_i}{\|\boldsymbol{\alpha}_i\|},\dfrac{\boldsymbol{\alpha}_j}{\|\boldsymbol{\alpha}_j\|}\right)=\dfrac{1}{\|\boldsymbol{\alpha}_i\|}\cdot\dfrac{1}{\|\boldsymbol{\alpha}_j\|}(\boldsymbol{\alpha}_i,\boldsymbol{\alpha}_j)=0$，故 $\boldsymbol{\alpha}_1,\boldsymbol{\alpha}_2,\cdots,\boldsymbol{\alpha}_m$ 单位化后仍是正交向量组。

根据定理 4.7，含有 r 个向量的正交向量组可以成为 r 维向量空间 V 的基，于是有定义 4.15。

定义 4.15 设 r 维向量空间 V 的一个基为 $\boldsymbol{\alpha}_1,\boldsymbol{\alpha}_2,\cdots,\boldsymbol{\alpha}_r$，若其两两正交，则称 $\boldsymbol{\alpha}_1,\boldsymbol{\alpha}_2,\cdots,\boldsymbol{\alpha}_r$ 为 V 的一个正交基；若还有 $\|\boldsymbol{\alpha}_i\|=1\quad(i=1,2,\cdots,r)$，则称 $\boldsymbol{\alpha}_1,\boldsymbol{\alpha}_2,\cdots,\boldsymbol{\alpha}_r$ 为 V 的一个标准正交基（或规范正交基）。

例如，$\boldsymbol{i}=\begin{pmatrix}1\\0\\0\end{pmatrix},\boldsymbol{j}=\begin{pmatrix}0\\1\\0\end{pmatrix},\boldsymbol{k}=\begin{pmatrix}0\\0\\1\end{pmatrix}$ 为 $\mathbf{R}^3$ 的一个标准正交基。

若 $\boldsymbol{\alpha}_1,\boldsymbol{\alpha}_2,\cdots,\boldsymbol{\alpha}_r$ 为 r 维向量空间 V 的一个标准正交基，那么 V 中任一向量 $\boldsymbol{\alpha}$ 可由 $\boldsymbol{\alpha}_1,\boldsymbol{\alpha}_2,\cdots,\boldsymbol{\alpha}_r$ 线性表示，设线性表示式为

$$\boldsymbol{\alpha}=x_1\boldsymbol{\alpha}_1+x_2\boldsymbol{\alpha}_2+\cdots+x_r\boldsymbol{\alpha}_r,$$

则易得 $x_i=(\boldsymbol{\alpha},\boldsymbol{\alpha}_i)\quad(i=1,2,\cdots,r)$，这就是向量在标准正交基下的坐标的计算公式，利用这个公式能方便地求得向量的坐标，而要得出向量在普通基下的坐标需要求解线性方程组。由此可见标准正交基比普通基优越，这也是我们在几何空间喜欢用直角坐标系的原因。

现在面临的问题是 r 维向量空间 V 中标准正交基是否存在？如何从向量空间的一个普通基得到一个标准正交基呢？这里以三维空间为例，说明如何从一个普通基得到一个标准正交基。

如图 4.2 所示，设 $\boldsymbol{\alpha}_1,\boldsymbol{\alpha}_2,\boldsymbol{\alpha}_3$ 是 $\mathbf{R}^3$ 一个基，则可取 $\boldsymbol{\beta}_1=\boldsymbol{\alpha}_1$，由平行四边形法则可设 $\boldsymbol{\beta}_2=\boldsymbol{\alpha}_2-k_1\boldsymbol{\beta}_1$，由 $(\boldsymbol{\beta}_2,\boldsymbol{\beta}_1)=0$ 即得 $k_1=\dfrac{(\boldsymbol{\alpha}_2,\boldsymbol{\beta}_1)}{(\boldsymbol{\beta}_1,\boldsymbol{\beta}_1)}$，即 $\boldsymbol{\beta}_2=\boldsymbol{\alpha}_2-\dfrac{(\boldsymbol{\alpha}_2,\boldsymbol{\beta}_1)}{(\boldsymbol{\beta}_1,\boldsymbol{\beta}_1)}\boldsymbol{\beta}_1$。

又设 $\boldsymbol{\beta}_3=\boldsymbol{\alpha}_3-k_2\boldsymbol{\beta}_1-k_3\boldsymbol{\beta}_2$，由 $(\boldsymbol{\beta}_3,\boldsymbol{\beta}_1)=0$ 与 $(\boldsymbol{\beta}_3,\boldsymbol{\beta}_2)=0$ 可得 $k_2=\dfrac{(\boldsymbol{\alpha}_3,\boldsymbol{\beta}_1)}{(\boldsymbol{\beta}_1,\boldsymbol{\beta}_1)}$，$k_3=\dfrac{(\boldsymbol{\alpha}_3,\boldsymbol{\beta}_2)}{(\boldsymbol{\beta}_2,\boldsymbol{\beta}_2)}$，

即 $\boldsymbol{\beta}_3=\boldsymbol{\alpha}_3-\dfrac{(\boldsymbol{\alpha}_3,\boldsymbol{\beta}_1)}{(\boldsymbol{\beta}_1,\boldsymbol{\beta}_1)}\boldsymbol{\beta}_1-\dfrac{(\boldsymbol{\alpha}_3,\boldsymbol{\beta}_2)}{(\boldsymbol{\beta}_2,\boldsymbol{\beta}_2)}\boldsymbol{\beta}_2$。

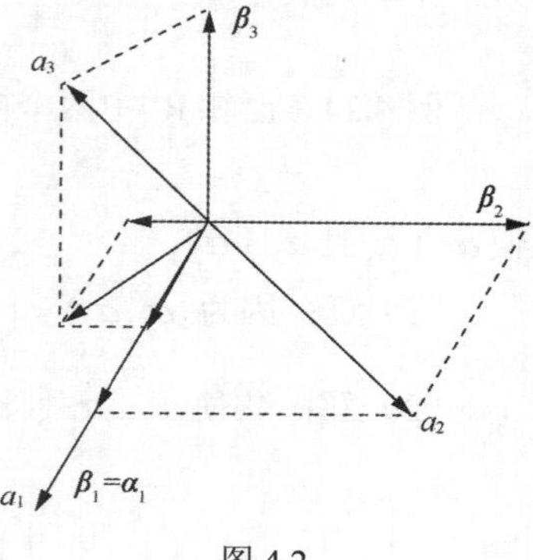

图 4.2

可见 $\boldsymbol{\beta}_2$ 是 $\boldsymbol{\alpha}_1,\boldsymbol{\alpha}_2$ 的线性组合，且 $\boldsymbol{\alpha}_2$ 前面系数为 1；$\boldsymbol{\beta}_3$ 是 $\boldsymbol{\alpha}_1,\boldsymbol{\alpha}_2,\boldsymbol{\alpha}_3$ 的线性组合，且 $\boldsymbol{\alpha}_3$ 前面系数为 1。又因 $\boldsymbol{\alpha}_1,\boldsymbol{\alpha}_2,\boldsymbol{\alpha}_3$ 是 $\mathbf{R}^3$ 的一个基，即 $\boldsymbol{\alpha}_1,\boldsymbol{\alpha}_2,\boldsymbol{\alpha}_3$ 线性无关，故 $\boldsymbol{\beta}_1,\boldsymbol{\beta}_2,\boldsymbol{\beta}_3$ 全不为 $\mathbf{0}$（否则 $\boldsymbol{\alpha}_1,\boldsymbol{\alpha}_2,\boldsymbol{\alpha}_3$ 线性相关），故 $\boldsymbol{\beta}_1,\boldsymbol{\beta}_2,\boldsymbol{\beta}_3$ 是 $\mathbf{R}^3$ 中的正交向量组，从而 $\boldsymbol{\beta}_1,\boldsymbol{\beta}_2,\boldsymbol{\beta}_3$ 是 $\mathbf{R}^3$ 的一个正交基，$\dfrac{\boldsymbol{\beta}_1}{\|\boldsymbol{\beta}_1\|},\dfrac{\boldsymbol{\beta}_2}{\|\boldsymbol{\beta}_2\|},\dfrac{\boldsymbol{\beta}_3}{\|\boldsymbol{\beta}_3\|}$ 是 $\mathbf{R}^3$ 的一个标准正交基。

于是可以推广，从而得到施密特（Schmidt，1876—1959，德国数学家）正交化过程。

定理 4.12 设向量空间 V 的一个基为 $\boldsymbol{\alpha}_1,\boldsymbol{\alpha}_2,\cdots,\boldsymbol{\alpha}_r$，则由递推公式

$$\boldsymbol{\beta}_1=\boldsymbol{\alpha}_1,\quad \boldsymbol{\beta}_2=\boldsymbol{\alpha}_2-\frac{(\boldsymbol{\alpha}_2,\boldsymbol{\beta}_1)}{(\boldsymbol{\beta}_1,\boldsymbol{\beta}_1)}\boldsymbol{\beta}_1,$$

$$\boldsymbol{\beta}_3=\boldsymbol{\alpha}_3-\frac{(\boldsymbol{\alpha}_3,\boldsymbol{\beta}_1)}{(\boldsymbol{\beta}_1,\boldsymbol{\beta}_1)}\boldsymbol{\beta}_1-\frac{(\boldsymbol{\alpha}_3,\boldsymbol{\beta}_2)}{(\boldsymbol{\beta}_2,\boldsymbol{\beta}_2)}\boldsymbol{\beta}_2,$$

$$\cdots\cdots$$

$$\boldsymbol{\beta}_r=\boldsymbol{\alpha}_r-\frac{(\boldsymbol{\alpha}_r,\boldsymbol{\beta}_1)}{(\boldsymbol{\beta}_1,\boldsymbol{\beta}_1)}\boldsymbol{\beta}_1-\frac{(\boldsymbol{\alpha}_r,\boldsymbol{\beta}_2)}{(\boldsymbol{\beta}_2,\boldsymbol{\beta}_2)}\boldsymbol{\beta}_2-\cdots-\frac{(\boldsymbol{\alpha}_r,\boldsymbol{\beta}_{r-1})}{(\boldsymbol{\beta}_{r-1},\boldsymbol{\beta}_{r-1})}\boldsymbol{\beta}_{r-1},$$

得到的 $\boldsymbol{\beta}_1,\boldsymbol{\beta}_2,\cdots,\boldsymbol{\beta}_r$ 是向量空间 V 的一个正交基，这个过程称为施密特正交化过程，再把 $\boldsymbol{\beta}_1,\boldsymbol{\beta}_2,\cdots,\boldsymbol{\beta}_r$ 单位化即得向量空间 V 的一个标准正交基。

证 *：对向量的个数 r 用归纳法来证明施密特正交化过程。当 $r=1$ 时定理自明，设 $r=k-1(k\geqslant 2)$ 时定理为真，下面证明 $r=k$ 时定理也真。

事实上，因为 $\boldsymbol{\alpha}_1,\boldsymbol{\alpha}_2,\cdots,\boldsymbol{\alpha}_k$ 线性无关，所以 $\boldsymbol{\alpha}_1,\boldsymbol{\alpha}_2,\cdots,\boldsymbol{\alpha}_{k-1}$ 也线性无关，由归纳假设，可求得正交向量组 $\boldsymbol{\beta}_1,\boldsymbol{\beta}_2,\cdots,\boldsymbol{\beta}_{k-1}$，且 $\boldsymbol{\beta}_j$ 可表示为 $\boldsymbol{\alpha}_1,\boldsymbol{\alpha}_2,\cdots,\boldsymbol{\alpha}_j$ 的线性组合 $(j=1,2,\cdots,k-1)$，将这些线性组合代入确定 $\boldsymbol{\beta}_k$ 的递推公式

$$\boldsymbol{\beta}_k=\boldsymbol{\alpha}_k-\frac{(\boldsymbol{\alpha}_k,\boldsymbol{\beta}_1)}{(\boldsymbol{\beta}_1,\boldsymbol{\beta}_1)}\boldsymbol{\beta}_1-\frac{(\boldsymbol{\alpha}_k,\boldsymbol{\beta}_2)}{(\boldsymbol{\beta}_2,\boldsymbol{\beta}_2)}\boldsymbol{\beta}_2-\cdots-\frac{(\boldsymbol{\alpha}_k,\boldsymbol{\beta}_{k-1})}{(\boldsymbol{\beta}_{k-1},\boldsymbol{\beta}_{k-1})}\boldsymbol{\beta}_{k-1},$$

由此确定的 $\boldsymbol{\beta}_k$ 显然是 $\boldsymbol{\alpha}_1,\boldsymbol{\alpha}_2,\cdots,\boldsymbol{\alpha}_k$ 的线性组合；其次，由上式可看出，在 $\boldsymbol{\beta}_k$ 表示为 $\boldsymbol{\alpha}_1,\boldsymbol{\alpha}_2,\cdots,\boldsymbol{\alpha}_k$

的线性组合中，$\boldsymbol{\alpha}_k$ 前面系数是 1，因此根据 $\boldsymbol{\alpha}_1,\boldsymbol{\alpha}_2,\cdots,\boldsymbol{\alpha}_k$ 线性无关可知 $\boldsymbol{\beta}_k \neq \mathbf{0}$；最后又因 $\boldsymbol{\beta}_1,\boldsymbol{\beta}_2,\cdots,\boldsymbol{\beta}_{k-1}$ 两两正交，故由内积性质可知，

$$(\boldsymbol{\beta}_k,\boldsymbol{\beta}_i)=\left(\boldsymbol{\alpha}_k-\frac{(\boldsymbol{\alpha}_k,\boldsymbol{\beta}_1)}{(\boldsymbol{\beta}_1,\boldsymbol{\beta}_1)}\boldsymbol{\beta}_1-\frac{(\boldsymbol{\alpha}_k,\boldsymbol{\beta}_2)}{(\boldsymbol{\beta}_2,\boldsymbol{\beta}_2)}\boldsymbol{\beta}_2-\cdots-\frac{(\boldsymbol{\alpha}_k,\boldsymbol{\beta}_{k-1})}{(\boldsymbol{\beta}_{k-1},\boldsymbol{\beta}_{k-1})}\boldsymbol{\beta}_{k-1},\boldsymbol{\beta}_i\right)$$
$$=(\boldsymbol{\alpha}_k,\boldsymbol{\beta}_i)-\frac{(\boldsymbol{\alpha}_k,\boldsymbol{\beta}_i)}{(\boldsymbol{\beta}_i,\boldsymbol{\beta}_i)}(\boldsymbol{\beta}_i,\boldsymbol{\beta}_i)=0,(i=1,2,\cdots,k-1),$$

即 $\boldsymbol{\beta}_k \perp \boldsymbol{\beta}_i$。综上所述，$\boldsymbol{\beta}_1,\boldsymbol{\beta}_2,\cdots,\boldsymbol{\beta}_r$ 是 r 维向量空间 V 中的正交向量组，因此它就是向量空间 V 的一个正交基，再把 $\boldsymbol{\beta}_1,\boldsymbol{\beta}_2,\cdots,\boldsymbol{\beta}_r$ 单位化即得向量空间 V 的一个标准正交基。

例 4.25 已知向量空间 V 的一个基为

$$\boldsymbol{\alpha}_1=\begin{pmatrix}1\\1\\0\\0\end{pmatrix},\ \boldsymbol{\alpha}_2=\begin{pmatrix}1\\0\\1\\0\end{pmatrix},\ \boldsymbol{\alpha}_3=\begin{pmatrix}-1\\0\\0\\1\end{pmatrix},$$

求 V 的一个标准正交基。

解： 取 $\boldsymbol{\beta}_1=\boldsymbol{\alpha}_1=\begin{pmatrix}1\\1\\0\\0\end{pmatrix}$，$\boldsymbol{\beta}_2=\boldsymbol{\alpha}_2-\dfrac{(\boldsymbol{\alpha}_2,\boldsymbol{\beta}_1)}{(\boldsymbol{\beta}_1,\boldsymbol{\beta}_1)}\boldsymbol{\beta}_1=\begin{pmatrix}1\\0\\1\\0\end{pmatrix}-\dfrac{1}{2}\begin{pmatrix}1\\1\\0\\0\end{pmatrix}=\begin{pmatrix}\frac{1}{2}\\-\frac{1}{2}\\1\\0\end{pmatrix}$，

$$\boldsymbol{\beta}_3=\boldsymbol{\alpha}_3-\frac{(\boldsymbol{\alpha}_3,\boldsymbol{\beta}_1)}{(\boldsymbol{\beta}_1,\boldsymbol{\beta}_1)}\boldsymbol{\beta}_1-\frac{(\boldsymbol{\alpha}_3,\boldsymbol{\beta}_2)}{(\boldsymbol{\beta}_2,\boldsymbol{\beta}_2)}\boldsymbol{\beta}_2=\begin{pmatrix}-1\\0\\0\\1\end{pmatrix}+\frac{1}{2}\begin{pmatrix}1\\1\\0\\0\end{pmatrix}+\frac{1}{3}\begin{pmatrix}\frac{1}{2}\\-\frac{1}{2}\\1\\0\end{pmatrix}=\begin{pmatrix}-\frac{1}{3}\\\frac{1}{3}\\\frac{1}{3}\\1\end{pmatrix},$$

再把 $\boldsymbol{\beta}_1,\boldsymbol{\beta}_2,\boldsymbol{\beta}_3$ 单位化得到

$$\boldsymbol{e}_1=\frac{\boldsymbol{\beta}_1}{\|\boldsymbol{\beta}_1\|}=\frac{1}{\sqrt{2}}\begin{pmatrix}1\\1\\0\\0\end{pmatrix}=\begin{pmatrix}\frac{1}{\sqrt{2}}\\\frac{1}{\sqrt{2}}\\0\\0\end{pmatrix},$$

$$\boldsymbol{e}_2=\frac{\boldsymbol{\beta}_2}{\|\boldsymbol{\beta}_2\|}=\frac{2}{\sqrt{6}}\begin{pmatrix}\frac{1}{2}\\-\frac{1}{2}\\1\\0\end{pmatrix}=\begin{pmatrix}\frac{1}{\sqrt{6}}\\-\frac{1}{\sqrt{6}}\\\frac{2}{\sqrt{6}}\\0\end{pmatrix},$$

$$e_3=\frac{\beta_3}{\|\beta_3\|}=\frac{\sqrt{3}}{2}\begin{pmatrix}-\frac{1}{3}\\ \frac{1}{3}\\ \frac{1}{3}\\ 1\end{pmatrix}=\begin{pmatrix}-\frac{\sqrt{3}}{6}\\ \frac{\sqrt{3}}{6}\\ \frac{\sqrt{3}}{6}\\ \frac{\sqrt{3}}{2}\end{pmatrix}$$

为V的一个标准正交基。

那向量空间V的标准正交基唯一吗？关于例4.25，用同样方法还可以按$\alpha_2,\alpha_1,\alpha_3$的顺序求得$V$的另一个标准正交基$e_1'=\begin{pmatrix}\frac{1}{\sqrt{2}}\\ 0\\ \frac{1}{\sqrt{2}}\\ 0\end{pmatrix}$，$e_2'=\begin{pmatrix}\frac{1}{\sqrt{6}}\\ \frac{2}{\sqrt{6}}\\ -\frac{1}{\sqrt{6}}\\ 0\end{pmatrix}$，$e_3'=\begin{pmatrix}-\frac{\sqrt{3}}{6}\\ \frac{\sqrt{3}}{6}\\ \frac{\sqrt{3}}{6}\\ \frac{\sqrt{3}}{2}\end{pmatrix}$。由于标准正交基在欧氏空间中占有特殊的地位，所以我们自然会问，这两个标准正交基之间的过渡矩阵C是什么呢？有什么特点？不难计算出其过渡矩阵$C=\begin{pmatrix}\frac{1}{2} & \frac{\sqrt{3}}{2} & 0\\ \frac{\sqrt{3}}{2} & -\frac{1}{2} & 0\\ 0 & 0 & 1\end{pmatrix}$且有$C^{\mathrm{T}}C=E$，同样，对于$n$维欧氏空间$V$的两个标准正交基之间的过渡矩阵$P$，也有$P^{\mathrm{T}}P=E$，这是因为设$\eta_1,\eta_2,\cdots,\eta_n$和$\xi_1,\xi_2,\cdots,\xi_n$为欧氏空间$V$的两个标准正交基，且有$(\eta_1\ \ \eta_2\ \cdots\ \eta_n)=(\xi_1\ \ \xi_2\ \cdots\ \xi_n)P$，则

$$P^{\mathrm{T}}P=P^{\mathrm{T}}EP=P^{\mathrm{T}}\begin{pmatrix}1 & 0 & \cdots & 0\\ 0 & 1 & \cdots & 0\\ \vdots & \vdots & & \vdots\\ 0 & 0 & \cdots & 1\end{pmatrix}P=P^{\mathrm{T}}\begin{pmatrix}\xi_1^{\mathrm{T}}\xi_1 & \xi_1^{\mathrm{T}}\xi_2 & \cdots & \xi_1^{\mathrm{T}}\xi_n\\ \xi_2^{\mathrm{T}}\xi_1 & \xi_2^{\mathrm{T}}\xi_2 & \cdots & \xi_2^{\mathrm{T}}\xi_n\\ \vdots & \vdots & & \vdots\\ \xi_n^{\mathrm{T}}\xi_1 & \xi_n^{\mathrm{T}}\xi_2 & \cdots & \xi_n^{\mathrm{T}}\xi_n\end{pmatrix}P$$

$$=P^{\mathrm{T}}\begin{pmatrix}\xi_1^{\mathrm{T}}\\ \xi_2^{\mathrm{T}}\\ \vdots\\ \xi_n^{\mathrm{T}}\end{pmatrix}(\xi_1\ \ \xi_2\ \cdots\ \xi_n)P=P^{\mathrm{T}}(\xi_1\ \ \xi_2\ \cdots\ \xi_n)^{\mathrm{T}}(\xi_1\ \ \xi_2\ \cdots\ \xi_n)P$$

$$=(\eta_1\ \ \eta_2\ \cdots\ \eta_n)^{\mathrm{T}}(\eta_1\ \ \eta_2\ \cdots\ \eta_n)=\begin{pmatrix}\eta_1^{\mathrm{T}}\\ \eta_2^{\mathrm{T}}\\ \vdots\\ \eta_n^{\mathrm{T}}\end{pmatrix}(\eta_1\ \ \eta_2\ \cdots\ \eta_n)$$

$$=\begin{pmatrix}\boldsymbol{\eta}_1^{\mathrm{T}}\boldsymbol{\eta}_1 & \boldsymbol{\eta}_1^{\mathrm{T}}\boldsymbol{\eta}_2 & \cdots & \boldsymbol{\eta}_1^{\mathrm{T}}\boldsymbol{\eta}_n\\ \boldsymbol{\eta}_2^{\mathrm{T}}\boldsymbol{\eta}_1 & \boldsymbol{\eta}_2^{\mathrm{T}}\boldsymbol{\eta}_2 & \cdots & \boldsymbol{\eta}_2^{\mathrm{T}}\boldsymbol{\eta}_n\\ \vdots & \vdots & & \vdots\\ \boldsymbol{\eta}_n^{\mathrm{T}}\boldsymbol{\eta}_1 & \boldsymbol{\eta}_n^{\mathrm{T}}\boldsymbol{\eta}_2 & \cdots & \boldsymbol{\eta}_n^{\mathrm{T}}\boldsymbol{\eta}_n\end{pmatrix}=\begin{pmatrix}1 & 0 & \cdots & 0\\ 0 & 1 & \cdots & 0\\ \vdots & \vdots & & \vdots\\ 0 & 0 & \cdots & 1\end{pmatrix}=\boldsymbol{E}。$$

于是引入定义 4.16。

定义 4.16 如果 n 阶方阵 $\boldsymbol{Q}$ 满足 $\boldsymbol{Q}^{\mathrm{T}}\boldsymbol{Q}=\boldsymbol{E}$（即 $\boldsymbol{Q}^{-1}=\boldsymbol{Q}^{\mathrm{T}}$），那么称 $\boldsymbol{Q}$ 为正交矩阵，简称正交阵。

命题 4.12 标准正交基之间的过渡矩阵是正交阵。

命题 4.13 （1）正交阵的行列式等于 1 或者 -1。

（2）$\boldsymbol{Q}$ 是正交阵，则 $\boldsymbol{Q}^{-1}$ 和 $\boldsymbol{Q}^{\mathrm{T}}$ 也是正交阵。

（3）两个正交阵的乘积仍是正交阵。

定理 4.13 n 阶方阵 $\boldsymbol{Q}$ 是正交阵的充分必要条件是 $\boldsymbol{Q}$ 的列（行）向量都是单位向量，且两两正交。

证： 记 $\boldsymbol{Q}=(\boldsymbol{\alpha}_1\ \ \boldsymbol{\alpha}_2\ \cdots\ \boldsymbol{\alpha}_n)$，若 $\boldsymbol{Q}$ 是正交阵，则 $\boldsymbol{Q}^{\mathrm{T}}\boldsymbol{Q}=\boldsymbol{E}$，即

$$\boldsymbol{E}=\boldsymbol{Q}^{\mathrm{T}}\boldsymbol{Q}=(\boldsymbol{\alpha}_1\ \ \boldsymbol{\alpha}_2\ \cdots\ \boldsymbol{\alpha}_n)^{\mathrm{T}}(\boldsymbol{\alpha}_1\ \ \boldsymbol{\alpha}_2\ \cdots\ \boldsymbol{\alpha}_n)$$

$$=\begin{pmatrix}\boldsymbol{\alpha}_1^{\mathrm{T}}\\ \boldsymbol{\alpha}_2^{\mathrm{T}}\\ \vdots\\ \boldsymbol{\alpha}_n^{\mathrm{T}}\end{pmatrix}(\boldsymbol{\alpha}_1\ \ \boldsymbol{\alpha}_2\ \cdots\ \boldsymbol{\alpha}_n)=\begin{pmatrix}\boldsymbol{\alpha}_1^{\mathrm{T}}\boldsymbol{\alpha}_1 & \boldsymbol{\alpha}_1^{\mathrm{T}}\boldsymbol{\alpha}_2 & \cdots & \boldsymbol{\alpha}_1^{\mathrm{T}}\boldsymbol{\alpha}_n\\ \boldsymbol{\alpha}_2^{\mathrm{T}}\boldsymbol{\alpha}_1 & \boldsymbol{\alpha}_2^{\mathrm{T}}\boldsymbol{\alpha}_2 & \cdots & \boldsymbol{\alpha}_2^{\mathrm{T}}\boldsymbol{\alpha}_n\\ \vdots & \vdots & & \vdots\\ \boldsymbol{\alpha}_n^{\mathrm{T}}\boldsymbol{\alpha}_1 & \boldsymbol{\alpha}_n^{\mathrm{T}}\boldsymbol{\alpha}_2 & \cdots & \boldsymbol{\alpha}_n^{\mathrm{T}}\boldsymbol{\alpha}_n\end{pmatrix},$$

从而有

$$(\boldsymbol{\alpha}_i,\boldsymbol{\alpha}_j)=\boldsymbol{\alpha}_i^{\mathrm{T}}\boldsymbol{\alpha}_j=\begin{cases}1, & i=j\\ 0, & i\neq j\end{cases},$$

故 $\boldsymbol{\alpha}_1,\boldsymbol{\alpha}_2,\cdots,\boldsymbol{\alpha}_n$ 都是单位向量，且两两正交。反之，就可证明充分性。对 $\boldsymbol{Q}$ 的行向量组可类似证明。

例如，用定理 4.13 就可判断方阵 $\boldsymbol{P}=\begin{pmatrix}\frac{1}{2} & -\frac{1}{2} & \frac{1}{2} & -\frac{1}{2}\\ \frac{1}{2} & -\frac{1}{2} & -\frac{1}{2} & \frac{1}{2}\\ \frac{1}{\sqrt{2}} & \frac{1}{\sqrt{2}} & 0 & 0\\ 0 & 0 & \frac{1}{\sqrt{2}} & \frac{1}{\sqrt{2}}\end{pmatrix}$ 是正交阵。

4.6 线性空间与线性变换*

下面把向量及向量空间概念推广，使向量及向量空间的概念更具一般性，当然推广后的向量概念更加抽象化了。

定义 4.17 设 V 是非空集，F 为一个数域。还定义了元素加法（简称加法，可记为“$\oplus$”）和数乘元素（简称数乘，可记为“$\otimes$”）运算。

若（1）对加法运算封闭，即 $\forall \boldsymbol{\alpha},\boldsymbol{\beta}\in V$，则 $\boldsymbol{\alpha}\oplus\boldsymbol{\beta}\in V$；（2）对数乘运算封闭，即 $\forall \boldsymbol{\alpha}\in V,k\in F$，则 $k\otimes\boldsymbol{\alpha}\in V$。这时称为 V 中的加法和数乘运算。

并且这两种运算满足以下 8 条运算律（设 $\forall \boldsymbol{\alpha},\boldsymbol{\beta},\boldsymbol{\gamma}\in V,\forall k,l\in F$）。

（1）$\boldsymbol{\alpha}\oplus\boldsymbol{\beta}=\boldsymbol{\beta}\oplus\boldsymbol{\alpha}$（交换律）。

（2）$(\boldsymbol{\alpha}\oplus\boldsymbol{\beta})\oplus\boldsymbol{\gamma}=\boldsymbol{\alpha}\oplus(\boldsymbol{\beta}\oplus\boldsymbol{\gamma})$（结合律）。

（3）在 V 中存在零元素 $\mathbf{0}$，对任何 $\boldsymbol{\alpha}\in V$，都有 $\boldsymbol{\alpha}\oplus\mathbf{0}=\boldsymbol{\alpha}$（零元）。

（4）对 $\forall \boldsymbol{\alpha}\in V$，都有 $\boldsymbol{\alpha}$ 的负元素 $\boldsymbol{\beta}\in V$ 使得 $\boldsymbol{\alpha}\oplus\boldsymbol{\beta}=\mathbf{0}$（负元）。

（5）$1\otimes\boldsymbol{\alpha}=\boldsymbol{\alpha}$。

（6）$k\otimes(l\otimes\boldsymbol{\alpha})=(kl)\otimes\boldsymbol{\alpha}$。

（7）$(k+l)\otimes\boldsymbol{\alpha}=k\otimes\boldsymbol{\alpha}\oplus l\otimes\boldsymbol{\alpha}$。

（8）$k\otimes(\boldsymbol{\alpha}\oplus\boldsymbol{\beta})=k\otimes\boldsymbol{\alpha}\oplus k\otimes\boldsymbol{\beta}$。

那么，V 就称为数域 F 上的线性空间，V 中的元素不论其本来的性质如何，统称为向量。V 中满足这 8 条运算律的加法及数乘运算，就称为线性运算。

前面把有序数组称为向量，并对它定义了加法和数乘运算，这些运算满足这 8 条运算律，最后，把对线性运算封闭的有序数组的集合称为向量空间。显然，那些只是现在定义的特殊情形。比较起来，现在的定义有很大的推广。

（1）向量不一定是有序数组，可以是其他元素，例如矩阵、多项式、函数等。

（2）线性空间中的线性运算只要满足 8 条运算律就行了，当然也就不一定是有序数组的加法及数乘运算。

下面举的例子，不特别说明，都是在实数域 $\mathbf{R}$ 上，在不引起混淆的情况下，仍然用通常符号来表示加法和数乘运算。

例 4.26 数域 F 上的全体 $m\times n$ 矩阵对于通常的矩阵加法和数乘矩阵构成数域 F 上的线性空间，记为 $F^{m\times n}$。

例 4.27 次数不超过 n 的多项式的全体，记作 $P[x]_n$，即

$$P[x]_n=\left\{\boldsymbol{\alpha}=a_0+a_1x+\cdots+a_nx^n,a_0,a_1,\cdots,a_n\in F\right\},$$

对于通常的多项式加法和数乘多项式运算构成线性空间。

例 4.28 n 次多项式的全体，记作 $Q[x]_n$，即

$$Q[x]_n=\left\{\boldsymbol{\alpha}=a_0+a_1x+\cdots+a_nx^n,a_0,a_1,\cdots,a_n\in F,a_n\neq 0\right\},$$

对于通常的多项式加法和数乘多项式运算不构成线性空间。这是因为

$$0\boldsymbol{\alpha}=0+0x+\cdots+0x^n\notin Q[x]_n,$$

即 $Q[x]_n$ 对运算不封闭。

例 4.29 以 2π 为周期的连续函数 $f(x)$ 的集合，对于通常的函数加法和数乘函数运算构成线性空间。

例 4.30 n 个有序实数组成的数组的全体

$$S^n=\{\boldsymbol{\alpha}=(x_1\ \ x_2\ \ \cdots\ \ x_n)^{\mathrm{T}},x_1,x_2,\cdots,x_n\in\mathbf{R}\}$$

对于通常的有序数组的加法和如下定义的数乘运算

$$\lambda \circ (x_1 \ \ x_2 \ \cdots \ x_n)^{\mathrm{T}} = (0 \ \ 0 \ \cdots \ 0)^{\mathrm{T}}$$

不构成线性空间。这是因为若 $x_1, x_2, \cdots, x_n$ 中有一个不为零，则

$$1 \circ (x_1 \ \ x_2 \ \cdots \ x_n)^{\mathrm{T}} = (0 \ \ 0 \ \cdots \ 0)^{\mathrm{T}} \neq (x_1 \ \ x_2 \ \cdots \ x_n)^{\mathrm{T}},$$

即不满足运算律（5）。

比较 S^n 与 $\mathbf{R}^n$，作为集合，它们是一样的，但由于在其中所定义的数乘运算不同，以致 $\mathbf{R}^n$ 构成线性空间而 S^n 不是线性空间，由此可见，线性空间的概念是集合与运算两者的结合。一般来说，同一个集合，若定义两种不同的线性运算，就构成不同的线性空间；若定义的运算不是线性运算，就不能构成线性空间。所以，所定义的线性运算是线性空间的本质，而其中的元素是什么并不重要。

例 4.31 正实数的全体，记作 $\mathbf{R}^+$，在其中定义加法和数乘运算为

$$a \oplus b = ab(a, b \in \mathbf{R}^+)$$
$$\lambda \circ a = a^{\lambda}(\lambda \in \mathbf{R} \ , a \in \mathbf{R}^+)$$

验证 $\mathbf{R}^+$ 对上述加法与数乘运算构成线性空间。

证：

（1）对加法运算封闭：对 $\forall a, b \in \mathbf{R}^+$，都有 $a \oplus b = ab \in \mathbf{R}^+$。

（2）对数乘运算封闭：对 $\forall a \in \mathbf{R}^+$，$\forall \lambda \in \mathbf{R}$，都有 $\lambda \circ a = a^{\lambda} \in \mathbf{R}^+$。而且还满足下列条件。

① $a \oplus b = ab = ba = b \oplus a$。

② $(a \oplus b) \oplus c = (ab) \oplus c = (ab)c = a(bc) = a \oplus (bc) = a \oplus (b \oplus c)$。

③ $\mathbf{R}^+$ 中存在零元素 1，对 $\forall a \in \mathbf{R}^+$，有 $a \oplus 1 = a \times 1 = a$。

④ 对 $\forall a \in \mathbf{R}^+$，有负元素 $a^{-1} \in \mathbf{R}^+$，使得 $a \oplus a^{-1} = aa^{-1} = 1$。

⑤ $1 \circ a = a^1 = a$。

⑥ $\lambda \circ (\mu \circ a) = \lambda \circ a^{\mu} = (a^{\mu})^{\lambda} = a^{\lambda\mu} = (\lambda\mu) \circ a$。

⑦ $(\lambda + \mu) \circ a = a^{\lambda+\mu} = a^{\lambda} a^{\mu} = a^{\lambda} \oplus a^{\mu} = \lambda \circ a \oplus \mu \circ a$。

⑧ $\lambda \circ (a \oplus b) = \lambda \circ (ab) = (ab)^{\lambda} = a^{\lambda} b^{\lambda} = a^{\lambda} \oplus b^{\lambda} = \lambda \circ a \oplus \lambda \circ b$。

因此，$\mathbf{R}^+$ 对于所定义的运算构成线性空间。

下面给出线性空间的一些简单性质，请读者自行证明。

（1）零元素唯一。

（2）任意元素的负元素唯一，于是 $\boldsymbol{\alpha}$ 的负元素就可记作 $-\boldsymbol{\alpha}$。

（3）$0 \otimes \boldsymbol{\alpha} = \mathbf{0}, k \otimes \mathbf{0} = \mathbf{0}, (-1) \otimes \boldsymbol{\alpha} = -\boldsymbol{\alpha}$。

（4）若 $k \otimes \boldsymbol{\alpha} = \mathbf{0}$，则 $k = 0$ 或 $\boldsymbol{\alpha} = \mathbf{0}$。

与前面所讲的向量空间一样，在线性空间中同样有只涉及线性运算的线性组合、线性相关与线性无关、基、维数与坐标等概念及有关的性质，以后我们将直接引用这些概念与性质。由于基、维数与坐标等概念是线性空间的主要特性，所以再叙述如下。

定义 4.18 在线性空间 V 中，如果存在 n 个元素 $\xi_1, \xi_2, \cdots, \xi_n$ 满足以下条件。

（1）$\xi_1, \xi_2, \cdots, \xi_n$ 线性无关。

（2）$\forall \boldsymbol{\alpha} \in V$，都有 $\boldsymbol{\alpha} = x_1\xi_1 + x_2\xi_2 + \cdots + x_n\xi_n$。

那么，$\xi_1,\xi_2,\cdots,\xi_n$ 就称为线性空间 V 的一个基，n 就称为线性空间 V 的维数，记作 $\dim V=n$，此时称 V 为 n 维线性空间，记作 V_n。其中的 $x_1,x_2,\cdots,x_n$ 这组有序数组是唯一确定的，称 $(x_1\ \ x_2\ \ \cdots\ \ x_n)^{\mathrm{T}}$ 为 $\boldsymbol{\alpha}$ 在基 $\xi_1,\xi_2,\cdots,\xi_n$ 下的坐标。

建立基、坐标概念以后，就把抽象的向量 $\boldsymbol{\alpha}$ 与具体的数组向量 $(x_1\ \ x_2\ \ \cdots\ \ x_n)^{\mathrm{T}}$ 联系起来了，而且它们是一一对应关系。

例 4.32 二阶方阵的全体 S 对于矩阵的加法和数乘矩阵运算构成线性空间，并且 $\boldsymbol{A}_1=\begin{pmatrix}1&0\\0&0\end{pmatrix}$，$\boldsymbol{A}_2=\begin{pmatrix}0&1\\0&0\end{pmatrix}$，$\boldsymbol{A}_3=\begin{pmatrix}0&0\\1&0\end{pmatrix}$，$\boldsymbol{A}_4=\begin{pmatrix}0&0\\0&1\end{pmatrix}$ 是 S 的一个基。

例 4.33 以 2π 为周期的连续函数 $f(x)$ 的集合，对于通常的函数加法和数乘函数运算构成线性空间，由《高等数学》中的“傅立叶（Fourier，1768—1830，法国数学家）级数展开”可知

$$1,\cos x,\sin x,\cos 2x,\sin 2x,\cdots\cos nx,\sin nx,\cdots$$

是该线性空间的一个基，且元素 $f(x)$ 在该基下的坐标为

$$(\frac{a_0}{2}\ \ a_1\ \ b_1\ \ a_2\ \ b_2\ \ \cdots\ \ a_n\ \ b_n\ \ \cdots)^{\mathrm{T}},$$

其中 $a_n=\dfrac{1}{\pi}\int_{-\pi}^{\pi}f(x)\cos nx\mathrm{d}x\ (n=0,1,2,\cdots)$，$b_n=\dfrac{1}{\pi}\int_{-\pi}^{\pi}f(x)\sin nx\mathrm{d}x\ (n=1,2,\cdots)$ 为傅立叶系数，因此该线性空间也是个无穷维线性空间。而且如果在该线性空间中这样定义内积

$$(f(x),g(x))=\int_{-\pi}^{\pi}f(x)g(x)\mathrm{d}x,$$

则该线性空间还是一个欧氏空间，且该基还是该线性空间的一个正交基。

例 4.34 在线性空间 $P[x]_3$ 中，$\boldsymbol{\alpha}_1=1,\boldsymbol{\alpha}_2=x,\boldsymbol{\alpha}_3=x^2,\boldsymbol{\alpha}_4=x^3$ 就是它的一个基，任一不超过 3 次的多项式 $\boldsymbol{\alpha}=a_0+a_1x+a_2x^2+a_3x^3$ 都可表示为

$$\boldsymbol{\alpha}=a_0\boldsymbol{\alpha}_1+a_1\boldsymbol{\alpha}_2+a_2\boldsymbol{\alpha}_3+a_3\boldsymbol{\alpha}_4,$$

因此 $\boldsymbol{\alpha}$ 在这个基下的坐标为 $(a_0\ \ a_1\ \ a_2\ \ a_3)^{\mathrm{T}}$。

另 $\boldsymbol{\beta}_1=1,\boldsymbol{\beta}_2=1+x,\boldsymbol{\beta}_3=2x^2,\boldsymbol{\beta}_4=x^3$ 也是它的一个基，则

$$\boldsymbol{\alpha}=(a_0-a_1)\boldsymbol{\beta}_1+a_1\boldsymbol{\beta}_2+\frac{1}{2}a_2\boldsymbol{\beta}_3+a_3\boldsymbol{\beta}_4,$$

因此 $\boldsymbol{\alpha}$ 在这个基下的坐标为 $(a_0-a_1\ \ a_1\ \ \dfrac{1}{2}a_2\ \ a_3)^{\mathrm{T}}$。

由例 4.34 可见，线性空间的基是不唯一的，且同一元素在不同基下的坐标也是不同的。那么，基的变化及相应的坐标变化之间有怎样的关系呢？

定义 4.19 设 $\boldsymbol{\xi}_1,\boldsymbol{\xi}_2,\cdots,\boldsymbol{\xi}_n$ 和 $\boldsymbol{\eta}_1,\boldsymbol{\eta}_2,\cdots,\boldsymbol{\eta}_n$ 是 V_n 中的两个基，故 $\boldsymbol{\eta}_1,\boldsymbol{\eta}_2,\cdots,\boldsymbol{\eta}_n$ 可由 $\boldsymbol{\xi}_1,\boldsymbol{\xi}_2,\cdots,\boldsymbol{\xi}_n$ 线性表示，设

$$\begin{cases}\boldsymbol{\eta}_1=a_{11}\boldsymbol{\xi}_1+a_{21}\boldsymbol{\xi}_2+\cdots+a_{n1}\boldsymbol{\xi}_n\\ \boldsymbol{\eta}_2=a_{12}\boldsymbol{\xi}_1+a_{22}\boldsymbol{\xi}_2+\cdots+a_{n2}\boldsymbol{\xi}_n\\ \quad\cdots\cdots\\ \boldsymbol{\eta}_n=a_{1n}\boldsymbol{\xi}_1+a_{2n}\boldsymbol{\xi}_2+\cdots+a_{nn}\boldsymbol{\xi}_n\end{cases},$$

令
$$P=\begin{pmatrix}a_{11}&a_{12}&\cdots&a_{1n}\\a_{21}&a_{22}&\cdots&a_{2n}\\\vdots&\vdots&&\vdots\\a_{n1}&a_{n2}&\cdots&a_{nn}\end{pmatrix},$$
把$\xi_1,\xi_2,\cdots,\xi_n$这n个有序元素记作$(\xi_1\ \ \xi_2\ \cdots\ \xi_n)$，利用向量和矩阵的形式，则上式又可表示为$(\eta_1\ \ \eta_2\ \cdots\ \eta_n)=(\xi_1\ \ \xi_2\ \cdots\ \xi_n)P$，把上式叫做基变换公式，其中$P$称为由基$\xi_1,\xi_2,\cdots,\xi_n$到基$\eta_1,\eta_2,\cdots,\eta_n$的过渡矩阵，过渡矩阵$P$可逆。

在例4.34中，就有基变换公式
$$(\beta_1\ \ \beta_2\ \ \beta_3\ \ \beta_4)=(\alpha_1\ \ \alpha_2\ \ \alpha_3\ \ \alpha_4)\begin{pmatrix}1&1&0&0\\0&1&0&0\\0&0&2&0\\0&0&0&1\end{pmatrix}。$$

定理4.14 $\forall\alpha\in V_n$在基$\xi_1,\xi_2,\cdots,\xi_n$和基$\eta_1,\eta_2,\cdots,\eta_n$下的坐标分别为$\begin{pmatrix}x_1\\x_2\\\vdots\\x_n\end{pmatrix}$与$\begin{pmatrix}y_1\\y_2\\\vdots\\y_n\end{pmatrix}$，若有$(\eta_1\ \ \eta_2\ \cdots\ \eta_n)=(\xi_1\ \ \xi_2\ \cdots\ \xi_n)P$，则有坐标变换公式$\begin{pmatrix}y_1\\y_2\\\vdots\\y_n\end{pmatrix}=P^{-1}\begin{pmatrix}x_1\\x_2\\\vdots\\x_n\end{pmatrix}$。

证：因$(\xi_1\ \ \xi_2\ \cdots\ \xi_n)\begin{pmatrix}x_1\\x_2\\\vdots\\x_n\end{pmatrix}=\alpha=(\eta_1\ \ \eta_2\ \cdots\ \eta_n)\begin{pmatrix}y_1\\y_2\\\vdots\\y_n\end{pmatrix}=(\xi_1\ \ \xi_2\ \cdots\ \xi_n)P\begin{pmatrix}y_1\\y_2\\\vdots\\y_n\end{pmatrix}$，

即
$$(\xi_1\ \ \xi_2\ \cdots\ \xi_n)\left(\begin{pmatrix}x_1\\x_2\\\vdots\\x_n\end{pmatrix}-P\begin{pmatrix}y_1\\y_2\\\vdots\\y_n\end{pmatrix}\right)=\mathbf{0}。$$

因$\xi_1,\xi_2,\cdots,\xi_n$线性无关，即$(\xi_1\ \ \xi_2\ \cdots\ \xi_n)x=\mathbf{0}$只有零解，

所以
$$\begin{pmatrix}x_1\\x_2\\\vdots\\x_n\end{pmatrix}=P\begin{pmatrix}y_1\\y_2\\\vdots\\y_n\end{pmatrix},$$

故有
$$\begin{pmatrix}y_1\\y_2\\\vdots\\y_n\end{pmatrix}=P^{-1}\begin{pmatrix}x_1\\x_2\\\vdots\\x_n\end{pmatrix}。$$

由此可见，过渡矩阵确定了两个基之间的关系，同时也确定了同一元素在两个基下的坐标之间的关系。

定义4.20 设V_n与U_m是数域F上的两个线性空间，如果由V_n到U_m存在一个映射T: $V_n\to U_m$。设$\alpha\in V_n,T(\alpha)=\beta\in U_m$，就说映射$T$把元素$\alpha$变为$\beta$，称$\beta$为$\alpha$在映射$T$下的像，

称$\boldsymbol{\alpha}$为$\boldsymbol{\beta}$在映射T下的原像。如果映射T还满足以下条件。

（1）$\forall \boldsymbol{\alpha},\boldsymbol{\beta} \in V_n$（从而$\boldsymbol{\alpha}+\boldsymbol{\beta} \in V_n$），都有$T(\boldsymbol{\alpha}+\boldsymbol{\beta})=T(\boldsymbol{\alpha})+T(\boldsymbol{\beta})$；

（2）$\forall \boldsymbol{\alpha} \in V_n, \forall k \in F$（从而$k\boldsymbol{\alpha} \in V_n$），都有$T(k\boldsymbol{\alpha})=kT(\boldsymbol{\alpha})$；

那么，称T为从V_n到U_m的线性映射（或线性变换）。特别，如果$U_m=V_n$，就称映射T：$V_n \to V_n$为V_n中的变换，线性变换T：$V_n \to V_n$为V_n中的线性变换。

简言之，线性变换就是保持线性组合不变（即原像是怎样的线性组合，则像就是怎样的线性组合）的映射。

例 4.35 $\boldsymbol{y}=\boldsymbol{A}\boldsymbol{x}$（$\boldsymbol{x},\boldsymbol{y} \in F^n, \boldsymbol{A} \in F^{n\times n}$）就是$V_n$中的线性变换。

例 4.36 $\mathbf{R}$上的函数$y=f(x)$是一个变换，特别地，$y=kx$（k为常数）就是一个线性变换。

例 4.37 线性空间V_n中的恒等（单位）变换E，即$E(\boldsymbol{\alpha})=\boldsymbol{\alpha},\forall \boldsymbol{\alpha} \in V_n$，以及零变换$O$，即$O(\boldsymbol{\alpha})=\boldsymbol{0},\forall \boldsymbol{\alpha} \in V_n$都是线性变换。

例 4.38 在$P[x]_n$中，（1）微分运算D是一个线性变换；（2）如果$T(\boldsymbol{\alpha})=a_0$，那么$T$也是一个线性变换；（3）如果$T_1(\boldsymbol{\alpha})=1$，那么$T_1$是个变换，但不是线性变换。

例 4.39 定义在闭区间$[a,b]$上的全体连续函数$f(x)$对于通常的函数加法和数乘函数运算构成线性空间，以$C(a,b)$表示，在这个线性空间中，积分变换

$$J(f(x))=\int_a^x f(t)dt$$

是一个线性变换。

以上5个例子请读者自己验证。

线性变换具有下述基本性质。

（1）$T(\boldsymbol{0})=\boldsymbol{0}$; $T(-\boldsymbol{\alpha})=-T(\boldsymbol{\alpha})$。

（2）若$\boldsymbol{\beta}=k_1\boldsymbol{\alpha}_1+k_2\boldsymbol{\alpha}_2+\cdots+k_r\boldsymbol{\alpha}_r$，则$T(\boldsymbol{\beta})=k_1T(\boldsymbol{\alpha}_1)+k_2T(\boldsymbol{\alpha}_2)+\cdots+k_rT(\boldsymbol{\alpha}_r)$。

（3）若$\boldsymbol{\alpha}_1,\boldsymbol{\alpha}_2,\cdots,\boldsymbol{\alpha}_r$线性相关，则$T(\boldsymbol{\alpha}_1),T(\boldsymbol{\alpha}_2),\cdots,T(\boldsymbol{\alpha}_r)$也线性相关。

这些性质请读者自行证明（不太困难）。另外注意性质（3）的否命题是不成立的，即若$\boldsymbol{\alpha}_1,\boldsymbol{\alpha}_2,\cdots,\boldsymbol{\alpha}_r$线性无关，则$T(\boldsymbol{\alpha}_1),T(\boldsymbol{\alpha}_2),\cdots,T(\boldsymbol{\alpha}_r)$不一定线性无关，例如零变换。

定义 4.21 设V_n与U_m是数域F上的两个线性空间，如果由V_n到U_m存在一个一一映射T，且T还是线性映射，那么就说线性空间V_n与U_m同构，线性映射T就称为由V_n到U_m的同构映射。

命题 4.14 同构作为线性空间之间的关系，具有自反性、对称性与传递性。

命题 4.15 维数相等的线性空间都同构。

证：设n维线性空间V_n有一个基$\boldsymbol{\xi}_1,\boldsymbol{\xi}_2,\cdots,\boldsymbol{\xi}_n$，$\forall \boldsymbol{\alpha} \in V_n$在基$\boldsymbol{\xi}_1,\boldsymbol{\xi}_2,\cdots,\boldsymbol{\xi}_n$下的坐标为$(a_1\ a_2\ \cdots\ a_n)^{\mathrm{T}}$，即$\boldsymbol{\alpha}=a_1\boldsymbol{\xi}_1+a_2\boldsymbol{\xi}_2+\cdots+a_n\boldsymbol{\xi}_n$，则可建立$V_n$到$\mathbf{R}^n$的映射$T$：$T(\boldsymbol{\alpha})=(a_1\ a_2\ \cdots\ a_n)^{\mathrm{T}}$，则有以下结果。

（1）T是一一映射。

（2）设$\boldsymbol{\alpha}=a_1\boldsymbol{\xi}_1+a_2\boldsymbol{\xi}_2+\cdots+a_n\boldsymbol{\xi}_n$，$\boldsymbol{\beta}=b_1\boldsymbol{\xi}_1+b_2\boldsymbol{\xi}_2+\cdots+b_n\boldsymbol{\xi}_n$，有

$$T(\boldsymbol{\alpha}+\boldsymbol{\beta})=T((a_1+b_1)\boldsymbol{\xi}_1+(a_2+b_2)\boldsymbol{\xi}_2+\cdots+(a_n+b_n)\boldsymbol{\xi}_n)$$

$$
\begin{aligned}
&=(a_1+b_1 \ \ a_2+b_2 \ \ \cdots \ \ a_n+b_n)^{\mathrm{T}}\\
&=(a_1 \ \ a_2 \ \ \cdots \ \ a_n)^{\mathrm{T}}+(b_1 \ \ b_2 \ \ \cdots \ \ b_n)^{\mathrm{T}}\\
&=T(\boldsymbol{\alpha})+T(\boldsymbol{\beta})\text{。}
\end{aligned}
$$

（3）对 $\forall k \in \mathbf{R}$ ，有 $T(k\boldsymbol{\alpha})=T(ka_1\boldsymbol{\xi}_1+ka_2\boldsymbol{\xi}_2+\cdots+ka_n\boldsymbol{\xi}_n)$

$$
\begin{aligned}
&=(ka_1 \ \ ka_2 \ \ \cdots \ \ ka_n)^{\mathrm{T}}\\
&=k(a_1 \ \ a_2 \ \ \cdots \ \ a_n)^{\mathrm{T}}\\
&=kT(\boldsymbol{\alpha})\text{。}
\end{aligned}
$$

故 V_n 与 $\mathbf{R}^n$ 同构，由同构的对称性、传递性知维数相等的线性空间都同构。

由命题 4.15 可知线性空间的结构完全由它的维数所决定，维数是有限维线性空间的唯一本质特征。同构的概念除元素一一对应外，主要是保持线性运算的对应关系，因此，V_n 中的抽象的线性运算就可转化为 $\mathbf{R}^n$ 中数组向量的线性运算，并且 $\mathbf{R}^n$ 中凡是只涉及线性运算的性质都适用于 V_n 。但 $\mathbf{R}^n$ 中超出线性运算的性质，在 V_n 中就不一定具备，例如 $\mathbf{R}^n$ 中的内积概念在 V_n 中就不一定有意义。

$\mathbf{R}^n$ 中的线性变换可以用矩阵形式表示，当然，我们也希望在任一线性空间 V_n 中的抽象的线性变换也能用具体的矩阵形式来表示，下面就来讨论这一问题。

可以这么说，要研究 V_n 中的线性变换 T ，其实质就是要知道线性空间 V_n 中任一元素 $\boldsymbol{\alpha}$ 的像 $T(\boldsymbol{\alpha})$ 是什么。

设 $\boldsymbol{\xi}_1,\boldsymbol{\xi}_2,\cdots,\boldsymbol{\xi}_n$ 是 V_n 的一个基，则 $\forall \boldsymbol{\alpha} \in V_n$ 可以用基 $\boldsymbol{\xi}_1,\boldsymbol{\xi}_2,\cdots,\boldsymbol{\xi}_n$ 线性表示，即有关系式

$$\boldsymbol{\alpha}=x_1\boldsymbol{\xi}_1+x_2\boldsymbol{\xi}_2+\cdots+x_n\boldsymbol{\xi}_n\text{，}$$

其中 $\boldsymbol{\alpha}$ 在基 $\boldsymbol{\xi}_1,\boldsymbol{\xi}_2,\cdots,\boldsymbol{\xi}_n$ 下的坐标 $(x_1,x_2,\cdots,x_n)^{\mathrm{T}}$ 是唯一确定的，则

$$T(\boldsymbol{\alpha})=T(x_1\boldsymbol{\xi}_1+x_2\boldsymbol{\xi}_2+\cdots+x_n\boldsymbol{\xi}_n)=x_1T(\boldsymbol{\xi}_1)+x_2T(\boldsymbol{\xi}_2)+\cdots+x_nT(\boldsymbol{\xi}_n)\text{，}$$

这说明任一元素的像可用一个基的像线性表示。换句话说，要想知道任一元素的像，只需知道一个基的像即可，从而要研究 V_n 中的线性变换 T ，关键是要研究线性变换 T 在线性空间 V_n 的一个基上的作用。

定义 4.22 设 $\boldsymbol{\xi}_1,\boldsymbol{\xi}_2,\cdots,\boldsymbol{\xi}_n$ 是线性空间 V_n 的一个基，T 是 V_n 中的一个线性变换，基在变换 T 下的像可用基 $\boldsymbol{\xi}_1,\boldsymbol{\xi}_2,\cdots,\boldsymbol{\xi}_n$ 线性表示：

$$
\begin{cases}
T(\boldsymbol{\xi}_1)=a_{11}\boldsymbol{\xi}_1+a_{21}\boldsymbol{\xi}_2+\cdots+a_{n1}\boldsymbol{\xi}_n\\
T(\boldsymbol{\xi}_2)=a_{12}\boldsymbol{\xi}_1+a_{22}\boldsymbol{\xi}_2+\cdots+a_{n2}\boldsymbol{\xi}_n\\
\cdots\\
T(\boldsymbol{\xi}_n)=a_{1n}\boldsymbol{\xi}_1+a_{2n}\boldsymbol{\xi}_2+\cdots+a_{nn}\boldsymbol{\xi}_n
\end{cases}\text{，}
$$

用矩阵形式表示就是

$$T(\boldsymbol{\xi}_1 \ \ \boldsymbol{\xi}_2 \ \ \cdots \ \ \boldsymbol{\xi}_n)\triangleq(T(\boldsymbol{\xi}_1) \ \ T(\boldsymbol{\xi}_2) \ \ \cdots \ \ T(\boldsymbol{\xi}_n))=(\boldsymbol{\xi}_1 \ \ \boldsymbol{\xi}_2 \ \ \cdots \ \ \boldsymbol{\xi}_n)\boldsymbol{A}\text{，}$$

其中 $\boldsymbol{A}=\begin{pmatrix} a_{11} & a_{12} & \cdots & a_{1n}\\ a_{21} & a_{22} & \cdots & a_{2n}\\ \vdots & \vdots & & \vdots\\ a_{n1} & a_{n2} & \cdots & a_{nn}\end{pmatrix}$ 称为线性变换 T 在基 $\boldsymbol{\xi}_1,\boldsymbol{\xi}_2,\cdots,\boldsymbol{\xi}_n$ 下的矩阵。

由定义 4.22，在V_n中取定一个基后，一个线性变换T可唯一地确定一个n阶方阵$\boldsymbol{A}$，那么一个n阶方阵$\boldsymbol{A}$可唯一地确定一个线性变换T吗？事实上，给定一个n阶方阵$\boldsymbol{A}$和V_n的基$\boldsymbol{\xi}_1,\boldsymbol{\xi}_2,\cdots,\boldsymbol{\xi}_n$，于是定义变换$T(\boldsymbol{\alpha})=(\boldsymbol{\xi}_1\ \ \boldsymbol{\xi}_2\ \ \cdots\ \ \boldsymbol{\xi}_n)\boldsymbol{A}\begin{pmatrix}x_1\\x_2\\\vdots\\x_n\end{pmatrix}$，其中$\begin{pmatrix}x_1\\x_2\\\vdots\\x_n\end{pmatrix}$为$\forall\boldsymbol{\alpha}\in V_n$在基$\boldsymbol{\xi}_1,\boldsymbol{\xi}_2,\cdots,\boldsymbol{\xi}_n$下的坐标，即$\boldsymbol{\alpha}=x_1\boldsymbol{\xi}_1+x_2\boldsymbol{\xi}_2+\cdots+x_n\boldsymbol{\xi}_n$，容易证明$T$是一个线性变换，且$T$在基$\boldsymbol{\xi}_1,\boldsymbol{\xi}_2,\cdots,\boldsymbol{\xi}_n$下的矩阵为$\boldsymbol{A}$，这是因为设

$$\boldsymbol{\alpha}=x_1\boldsymbol{\xi}_1+x_2\boldsymbol{\xi}_2+\cdots+x_n\boldsymbol{\xi}_n,\quad \boldsymbol{\beta}=y_1\boldsymbol{\xi}_1+y_2\boldsymbol{\xi}_2+\cdots+y_n\boldsymbol{\xi}_n,$$

那么，

$$\boldsymbol{\alpha}+\boldsymbol{\beta}=(x_1+y_1)\boldsymbol{\xi}_1+(x_2+y_2)\boldsymbol{\xi}_2+\cdots+(x_n+y_n)\boldsymbol{\xi}_n,$$

$$k\boldsymbol{\alpha}=(kx_1)\boldsymbol{\xi}_1+(kx_2)\boldsymbol{\xi}_2+\cdots+(kx_n)\boldsymbol{\xi}_n,$$

于是由变换T的定义有

$$\begin{aligned}T(\boldsymbol{\alpha}+\boldsymbol{\beta})&=(\boldsymbol{\xi}_1\ \ \boldsymbol{\xi}_2\ \ \cdots\ \ \boldsymbol{\xi}_n)\boldsymbol{A}\begin{pmatrix}x_1+y_1\\x_2+y_2\\\vdots\\x_n+y_n\end{pmatrix}\\&=(\boldsymbol{\xi}_1\ \ \boldsymbol{\xi}_2\ \ \cdots\ \ \boldsymbol{\xi}_n)\boldsymbol{A}\begin{pmatrix}x_1\\x_2\\\vdots\\x_n\end{pmatrix}+(\boldsymbol{\xi}_1\ \ \boldsymbol{\xi}_2\ \ \cdots\ \ \boldsymbol{\xi}_n)\boldsymbol{A}\begin{pmatrix}y_1\\y_2\\\vdots\\y_n\end{pmatrix}=T(\boldsymbol{\alpha})+T(\boldsymbol{\beta}),\end{aligned}$$

$$T(k\boldsymbol{\alpha})=(\boldsymbol{\xi}_1\ \ \boldsymbol{\xi}_2\ \ \cdots\ \ \boldsymbol{\xi}_n)\boldsymbol{A}\begin{pmatrix}kx_1\\kx_2\\\vdots\\kx_n\end{pmatrix}=k(\boldsymbol{\xi}_1\ \ \boldsymbol{\xi}_2\ \ \cdots\ \ \boldsymbol{\xi}_n)\boldsymbol{A}\begin{pmatrix}x_1\\x_2\\\vdots\\x_n\end{pmatrix}=kT(\boldsymbol{\alpha}),$$

所以，T是一个线性变换，又$\begin{cases}T(\boldsymbol{\xi}_1)=(\boldsymbol{\xi}_1\ \ \boldsymbol{\xi}_2\ \ \cdots\ \ \boldsymbol{\xi}_n)\boldsymbol{A}\boldsymbol{\varepsilon}_1\\T(\boldsymbol{\xi}_2)=(\boldsymbol{\xi}_1\ \ \boldsymbol{\xi}_2\ \ \cdots\ \ \boldsymbol{\xi}_n)\boldsymbol{A}\boldsymbol{\varepsilon}_2\\\cdots\\T(\boldsymbol{\xi}_n)=(\boldsymbol{\xi}_1\ \ \boldsymbol{\xi}_2\ \ \cdots\ \ \boldsymbol{\xi}_n)\boldsymbol{A}\boldsymbol{\varepsilon}_n\end{cases}$，则$T$在基$\boldsymbol{\xi}_1,\boldsymbol{\xi}_2,\cdots,\boldsymbol{\xi}_n$下的矩阵为

$(\boldsymbol{A}\boldsymbol{\varepsilon}_1\ \ \boldsymbol{A}\boldsymbol{\varepsilon}_2\ \ \cdots\ \ \boldsymbol{A}\boldsymbol{\varepsilon}_n)=\boldsymbol{A}(\boldsymbol{\varepsilon}_1\ \ \boldsymbol{\varepsilon}_2\ \ \cdots\ \ \boldsymbol{\varepsilon}_n)=\boldsymbol{A}\boldsymbol{E}=\boldsymbol{A}$。

那唯一性呢？设有两个线性变换T_1和T_2，它们在基$\boldsymbol{\xi}_1,\boldsymbol{\xi}_2,\cdots,\boldsymbol{\xi}_n$下的矩阵都为$\boldsymbol{A}$，即$T_1(\boldsymbol{\xi}_i)=T_2(\boldsymbol{\xi}_i)\quad(i=1,2,\cdots,n)$，设$\forall\boldsymbol{\alpha}\in V_n$且有$\boldsymbol{\alpha}=x_1\boldsymbol{\xi}_1+x_2\boldsymbol{\xi}_2+\cdots+x_n\boldsymbol{\xi}_n$，则

$$\begin{aligned}T_1(\boldsymbol{\alpha})&=T_1(x_1\boldsymbol{\xi}_1+x_2\boldsymbol{\xi}_2+\cdots+x_n\boldsymbol{\xi}_n)\\&=x_1T_1(\boldsymbol{\xi}_1)+x_2T_1(\boldsymbol{\xi}_2)+\cdots+x_nT_1(\boldsymbol{\xi}_n)\\&=x_1T_2(\boldsymbol{\xi}_1)+x_2T_2(\boldsymbol{\xi}_2)+\cdots+x_nT_2(\boldsymbol{\xi}_n)\\&=T_2(x_1\boldsymbol{\xi}_1+x_2\boldsymbol{\xi}_2+\cdots+x_n\boldsymbol{\xi}_n)=T_2(\boldsymbol{\alpha}),\end{aligned}$$

即$T_1=T_2$。综上，线性空间V_n确定一个基后，V_n中的线性变换与n阶方阵之间就有一一对应的关系，从而抽象的线性变换就能用具体的矩阵形式来表示。

例 4.40 在$P[x]_3=\left\{f(x)=a_0+a_1x+a_2x^2+a_3x^3\right\}$中有微分$D(f(x))=f'(x)$，求解下列问题。

（1）取基为 $\boldsymbol{\alpha}_1=1,\boldsymbol{\alpha}_2=x,\boldsymbol{\alpha}_3=x^2,\boldsymbol{\alpha}_4=x^3$，求 D 在该基下的矩阵。

（2）取基为 $\boldsymbol{\beta}_1=1,\boldsymbol{\beta}_2=1+x,\boldsymbol{\beta}_3=2x^2,\boldsymbol{\beta}_4=x^3$，求 D 在该基下的矩阵。

解： （1） $$\begin{cases} D(\boldsymbol{\alpha}_1)=0=0\boldsymbol{\alpha}_1+0\boldsymbol{\alpha}_2+0\boldsymbol{\alpha}_3+0\boldsymbol{\alpha}_4 \\ D(\boldsymbol{\alpha}_2)=1=1\boldsymbol{\alpha}_1+0\boldsymbol{\alpha}_2+0\boldsymbol{\alpha}_3+0\boldsymbol{\alpha}_4 \\ D(\boldsymbol{\alpha}_3)=2x=0\boldsymbol{\alpha}_1+2\boldsymbol{\alpha}_2+0\boldsymbol{\alpha}_3+0\boldsymbol{\alpha}_4 \\ D(\boldsymbol{\alpha}_4)=3x^2=0\boldsymbol{\alpha}_1+0\boldsymbol{\alpha}_2+3\boldsymbol{\alpha}_3+0\boldsymbol{\alpha}_4 \end{cases},$$

所以 D 在该基下的矩阵为 $\boldsymbol{A}=\begin{pmatrix} 0&1&0&0\\0&0&2&0\\0&0&0&3\\0&0&0&0 \end{pmatrix}$。

（2） $$\begin{cases} D(\boldsymbol{\beta}_1)=0=0\boldsymbol{\beta}_1+0\boldsymbol{\beta}_2+0\boldsymbol{\beta}_3+0\boldsymbol{\beta}_4 \\ D(\boldsymbol{\beta}_2)=1=1\boldsymbol{\beta}_1+0\boldsymbol{\beta}_2+0\boldsymbol{\beta}_3+0\boldsymbol{\beta}_4 \\ D(\boldsymbol{\beta}_3)=4x=-4\boldsymbol{\beta}_1+4\boldsymbol{\beta}_2+0\boldsymbol{\beta}_3+0\boldsymbol{\beta}_4 \\ D(\boldsymbol{\beta}_4)=3x^2=0\boldsymbol{\beta}_1+0\boldsymbol{\beta}_2+\dfrac{3}{2}\boldsymbol{\beta}_3+0\boldsymbol{\beta}_4 \end{cases},$$

所以 D 在该基下的矩阵为 $\boldsymbol{B}=\begin{pmatrix} 0&1&-4&0\\0&0&4&0\\0&0&0&\dfrac{3}{2}\\0&0&0&0 \end{pmatrix}$。

由例 4.40 可知，线性变换的矩阵是与线性空间 V_n 中的一个基联系在一起的，同一个线性变换在不同的基下有不同的矩阵，为了利用矩阵来研究线性变换，有必要弄清楚线性变换在一个基下的矩阵是如何随着基的改变而改变的。

定理 4.15 给定线性空间 V_n 的两个基 $\boldsymbol{\xi}_1,\boldsymbol{\xi}_2,\cdots,\boldsymbol{\xi}_n$ 与 $\boldsymbol{\eta}_1,\boldsymbol{\eta}_2,\cdots,\boldsymbol{\eta}_n$ 及 V_n 中的一个线性变换 T，而且由基 $\boldsymbol{\xi}_1,\boldsymbol{\xi}_2,\cdots,\boldsymbol{\xi}_n$ 到基 $\boldsymbol{\eta}_1,\boldsymbol{\eta}_2,\cdots,\boldsymbol{\eta}_n$ 的过渡矩阵是 $\boldsymbol{P}$。如果 T 在这两个基下的矩阵分别为 $\boldsymbol{A},\boldsymbol{B}$，则有 $\boldsymbol{B}=\boldsymbol{P}^{-1}\boldsymbol{A}\boldsymbol{P}$。

证： 按定理的假设，有

$$(\boldsymbol{\eta}_1\ \ \boldsymbol{\eta}_2\ \cdots\ \boldsymbol{\eta}_n)=(\boldsymbol{\xi}_1\ \ \boldsymbol{\xi}_2\ \cdots\ \boldsymbol{\xi}_n)\boldsymbol{P},$$

$$\boldsymbol{P}=\begin{pmatrix} a_{11}&a_{12}&\cdots&a_{1n}\\a_{21}&a_{22}&\cdots&a_{2n}\\\vdots&\vdots&&\vdots\\a_{n1}&a_{n2}&\cdots&a_{nn} \end{pmatrix}\text{可逆,}$$

及
$$(T(\boldsymbol{\xi}_1)\ \ T(\boldsymbol{\xi}_2)\ \cdots\ T(\boldsymbol{\xi}_n))=(\boldsymbol{\xi}_1\ \ \boldsymbol{\xi}_2\ \cdots\ \boldsymbol{\xi}_n)\boldsymbol{A},$$
$$(T(\boldsymbol{\eta}_1)\ \ T(\boldsymbol{\eta}_2)\ \cdots\ T(\boldsymbol{\eta}_n))=(\boldsymbol{\eta}_1\ \ \boldsymbol{\eta}_2\ \cdots\ \boldsymbol{\eta}_n)\boldsymbol{B},$$

又因为有

$$\begin{cases} T(\boldsymbol{\eta}_1)=T(a_{11}\boldsymbol{\xi}_1+a_{21}\boldsymbol{\xi}_2+\cdots+a_{n1}\boldsymbol{\xi}_n)=a_{11}T(\boldsymbol{\xi}_1)+a_{21}T(\boldsymbol{\xi}_2)+\cdots+a_{n1}T(\boldsymbol{\xi}_n) \\ T(\boldsymbol{\eta}_2)=T(a_{12}\boldsymbol{\xi}_1+a_{22}\boldsymbol{\xi}_2+\cdots+a_{n2}\boldsymbol{\xi}_n)=a_{12}T(\boldsymbol{\xi}_1)+a_{22}T(\boldsymbol{\xi}_2)+\cdots+a_{n2}T(\boldsymbol{\xi}_n) \\ \cdots \\ T(\boldsymbol{\eta}_n)=T(a_{1n}\boldsymbol{\xi}_1+a_{2n}\boldsymbol{\xi}_2+\cdots+a_{nn}\boldsymbol{\xi}_n)=a_{1n}T(\boldsymbol{\xi}_1)+a_{2n}T(\boldsymbol{\xi}_2)+\cdots+a_{nn}T(\boldsymbol{\xi}_n) \end{cases},$$

所以

$$(T(\boldsymbol{\eta}_1)\ T(\boldsymbol{\eta}_2)\ \cdots\ T(\boldsymbol{\eta}_n)) = (T(\boldsymbol{\xi}_1)\ T(\boldsymbol{\xi}_2)\ \cdots\ T(\boldsymbol{\xi}_n))\boldsymbol{P},$$

即有

$$(\boldsymbol{\eta}_1\ \ \boldsymbol{\eta}_2\ \cdots\ \boldsymbol{\eta}_n)\boldsymbol{B} = (\boldsymbol{\xi}_1\ \ \boldsymbol{\xi}_2\ \cdots\ \boldsymbol{\xi}_n)\boldsymbol{AP} = (\boldsymbol{\eta}_1\ \ \boldsymbol{\eta}_2\ \cdots\ \boldsymbol{\eta}_n)\boldsymbol{P}^{-1}\boldsymbol{AP},$$

又因为$\boldsymbol{\eta}_1,\boldsymbol{\eta}_2,\cdots,\boldsymbol{\eta}_n$线性无关，所以$\boldsymbol{B}=\boldsymbol{P}^{-1}\boldsymbol{AP}$。

因此，对于线性空间V_n中的线性变换T，希望能找到一个基使得T在该基下的矩阵具有最简单的形式，特别地，对角阵$\boldsymbol{\Lambda}$可以认为是矩阵中比较简单的一种，所以，下面主要讨论线性变换T在适当的基下的矩阵可以有什么样的简单形式，以及哪些线性变换在一个适当的基下的矩阵可以是对角阵$\boldsymbol{\Lambda}$，即其在某一基下的矩阵$\boldsymbol{A}$，有$\boldsymbol{\Lambda}=\boldsymbol{P}^{-1}\boldsymbol{AP}$，这就是方阵与对角阵相似的问题，将在第5章重点研究。

习题4

1．设向量$\boldsymbol{\alpha}=\begin{pmatrix}1\\1\\1\\3\end{pmatrix}$，$\boldsymbol{\beta}=\begin{pmatrix}-1\\-3\\5\\1\end{pmatrix}$，若$3\boldsymbol{\alpha}-2\boldsymbol{\gamma}=5\boldsymbol{\beta}$，求$\boldsymbol{\gamma}$。

2．将向量$\boldsymbol{\beta}$用其余向量线性表示。

（1）$\boldsymbol{\alpha}_1=\begin{pmatrix}1\\1\\-1\end{pmatrix},\boldsymbol{\alpha}_2=\begin{pmatrix}1\\2\\1\end{pmatrix},\boldsymbol{\alpha}_3=\begin{pmatrix}0\\0\\1\end{pmatrix},\boldsymbol{\beta}=\begin{pmatrix}1\\0\\-2\end{pmatrix}$。

（2）$\boldsymbol{\alpha}_1=\begin{pmatrix}1\\1\\1\\1\end{pmatrix},\boldsymbol{\alpha}_2=\begin{pmatrix}1\\1\\-1\\-1\end{pmatrix},\boldsymbol{\alpha}_3=\begin{pmatrix}1\\-1\\1\\-1\end{pmatrix},\boldsymbol{\alpha}_4=\begin{pmatrix}1\\-1\\-1\\1\end{pmatrix},\boldsymbol{\beta}=\begin{pmatrix}1\\2\\1\\1\end{pmatrix}$。

3．已知向量组

$$A:\ \boldsymbol{\alpha}_1=\begin{pmatrix}0\\1\\1\end{pmatrix},\boldsymbol{\alpha}_2=\begin{pmatrix}1\\1\\0\end{pmatrix};\quad B:\ \boldsymbol{\beta}_1=\begin{pmatrix}-1\\0\\1\end{pmatrix},\boldsymbol{\beta}_2=\begin{pmatrix}1\\2\\1\end{pmatrix},\boldsymbol{\beta}_3=\begin{pmatrix}3\\2\\-1\end{pmatrix},$$

证明向量组A与向量组B等价。

4．判断下列向量组的线性相关性。

（1）$\boldsymbol{\alpha}_1=\begin{pmatrix}1\\1\\1\end{pmatrix},\boldsymbol{\alpha}_2=\begin{pmatrix}0\\2\\5\end{pmatrix},\boldsymbol{\alpha}_3=\begin{pmatrix}1\\3\\6\end{pmatrix}$。

（2）$\boldsymbol{\alpha}_1=\begin{pmatrix}2\\-1\\3\end{pmatrix},\boldsymbol{\alpha}_2=\begin{pmatrix}3\\-1\\5\end{pmatrix},\boldsymbol{\alpha}_3=\begin{pmatrix}1\\-4\\3\end{pmatrix}$。

（3）$\boldsymbol{\alpha}_1=\begin{pmatrix}4\\3\\-1\\1\\-1\end{pmatrix},\boldsymbol{\alpha}_2=\begin{pmatrix}2\\1\\-3\\2\\-5\end{pmatrix},\boldsymbol{\alpha}_3=\begin{pmatrix}1\\5\\2\\-2\\6\end{pmatrix},\boldsymbol{\alpha}_4=\begin{pmatrix}1\\-3\\0\\1\\-2\end{pmatrix}$。

5．设$\boldsymbol{\alpha}_1,\boldsymbol{\alpha}_2$线性相关，$\boldsymbol{\beta}_1,\boldsymbol{\beta}_2$也线性相关，问$\boldsymbol{\alpha}_1+\boldsymbol{\beta}_1$，$\boldsymbol{\alpha}_2+\boldsymbol{\beta}_2$是否一定线性相关？试举例说明。

6．举例说明下列各命题是错误的。

（1）若向量组$\boldsymbol{\alpha}_1,\boldsymbol{\alpha}_2,\cdots,\boldsymbol{\alpha}_m$线性相关，则$\boldsymbol{\alpha}_1$可由$\boldsymbol{\alpha}_2,\cdots,\boldsymbol{\alpha}_m$线性表示。

（2）若有不全为 0 的数组$k_1,k_2,\cdots,k_m$使

$$k_1\boldsymbol{\alpha}_1+k_2\boldsymbol{\alpha}_2+\cdots+k_m\boldsymbol{\alpha}_m+k_1\boldsymbol{\beta}_1+k_2\boldsymbol{\beta}_2+\cdots+k_m\boldsymbol{\beta}_m=\mathbf{0}$$

成立，则$\boldsymbol{\alpha}_1,\boldsymbol{\alpha}_2,\cdots,\boldsymbol{\alpha}_m$线性相关，$\boldsymbol{\beta}_1,\boldsymbol{\beta}_2,\cdots,\boldsymbol{\beta}_m$亦线性相关。

（3）若只有当$k_1,k_2,\cdots,k_m$全为 0 时，等式

$$k_1\boldsymbol{\alpha}_1+k_2\boldsymbol{\alpha}_2+\cdots+k_m\boldsymbol{\alpha}_m+k_1\boldsymbol{\beta}_1+k_2\boldsymbol{\beta}_2+\cdots+k_m\boldsymbol{\beta}_m=\mathbf{0}$$

才能成立，则$\boldsymbol{\alpha}_1,\boldsymbol{\alpha}_2,\cdots,\boldsymbol{\alpha}_m$线性无关，$\boldsymbol{\beta}_1,\boldsymbol{\beta}_2,\cdots,\boldsymbol{\beta}_m$亦线性无关。

（4）若$\boldsymbol{\alpha}_1,\boldsymbol{\alpha}_2,\cdots,\boldsymbol{\alpha}_m$线性相关，$\boldsymbol{\beta}_1,\boldsymbol{\beta}_2,\cdots,\boldsymbol{\beta}_m$亦线性相关，则有不全为 0 的数组$k_1,k_2,\cdots,k_m$使

$$k_1\boldsymbol{\alpha}_1+k_2\boldsymbol{\alpha}_2+\cdots+k_m\boldsymbol{\alpha}_m=\mathbf{0}，\quad k_1\boldsymbol{\beta}_1+k_2\boldsymbol{\beta}_2+\cdots+k_m\boldsymbol{\beta}_m=\mathbf{0}$$

同时成立。

7．试证：

（1）向量组$\boldsymbol{\alpha}_1+\boldsymbol{\alpha}_2,\boldsymbol{\alpha}_2+\boldsymbol{\alpha}_3,\boldsymbol{\alpha}_3+\boldsymbol{\alpha}_4,\boldsymbol{\alpha}_4+\boldsymbol{\alpha}_1$线性相关；

（2）若向量组$\boldsymbol{\alpha}_1,\boldsymbol{\alpha}_2,\cdots,\boldsymbol{\alpha}_m$线性无关，则向量组$\boldsymbol{\alpha}_1,\boldsymbol{\alpha}_1+\boldsymbol{\alpha}_2,\boldsymbol{\alpha}_1+\boldsymbol{\alpha}_2+\boldsymbol{\alpha}_3,\cdots,\boldsymbol{\alpha}_1+\boldsymbol{\alpha}_2+\boldsymbol{\alpha}_3+\cdots+\boldsymbol{\alpha}_m$也线性无关。

8．求下列向量组的秩及其一个最大无关组,并把其余向量用该最大无关组表示。

（1）$\boldsymbol{\alpha}_1=\begin{pmatrix}1\\-1\\2\\4\end{pmatrix},\boldsymbol{\alpha}_2=\begin{pmatrix}0\\3\\1\\2\end{pmatrix},\boldsymbol{\alpha}_3=\begin{pmatrix}3\\0\\7\\14\end{pmatrix},\boldsymbol{\alpha}_4=\begin{pmatrix}1\\2\\3\\6\end{pmatrix}$。

（2）$\boldsymbol{\alpha}_1=\begin{pmatrix}1\\3\\1\end{pmatrix},\boldsymbol{\alpha}_2=\begin{pmatrix}1\\1\\0\end{pmatrix},\boldsymbol{\alpha}_3=\begin{pmatrix}1\\0\\0\end{pmatrix},\boldsymbol{\alpha}_4=\begin{pmatrix}1\\-2\\-3\end{pmatrix}$。

9．设向量组$\boldsymbol{\alpha}_1,\boldsymbol{\alpha}_2,\cdots,\boldsymbol{\alpha}_r$与向量组$\boldsymbol{\alpha}_1,\boldsymbol{\alpha}_2,\cdots,\boldsymbol{\alpha}_r,\boldsymbol{\alpha}_{r+1},\cdots,\boldsymbol{\alpha}_s$（$s>r$）有相同的秩,证明：向量组$\boldsymbol{\alpha}_1,\boldsymbol{\alpha}_2,\cdots,\boldsymbol{\alpha}_r$与向量组$\boldsymbol{\alpha}_1,\boldsymbol{\alpha}_2,\cdots,\boldsymbol{\alpha}_r,\boldsymbol{\alpha}_{r+1},\cdots,\boldsymbol{\alpha}_s$等价。

10．设$\boldsymbol{\alpha}_1,\boldsymbol{\alpha}_2,\cdots,\boldsymbol{\alpha}_n$是一组$n$维向量，证明它们线性无关的充分必要条件是任一$n$维向量都可由它们线性表示。

11．设向量组$\boldsymbol{\alpha}_1,\boldsymbol{\alpha}_2,\cdots,\boldsymbol{\alpha}_m$线性相关，且$\boldsymbol{\alpha}_1\neq\mathbf{0}$，证明存在某个向量$\boldsymbol{\alpha}_k(2\leqslant k\leqslant m)$，使$\boldsymbol{\alpha}_k$能由$\boldsymbol{\alpha}_1,\boldsymbol{\alpha}_2,\cdots,\boldsymbol{\alpha}_{k-1}$线性表示。

12．设向量组B：$\boldsymbol{\beta}_1,\boldsymbol{\beta}_2,\cdots,\boldsymbol{\beta}_r$能由向量组$A$：$\boldsymbol{\alpha}_1,\boldsymbol{\alpha}_2,\cdots,\boldsymbol{\alpha}_s$线性表示为

$$(\boldsymbol{\beta}_1\ \ \boldsymbol{\beta}_2\ \cdots\ \boldsymbol{\beta}_r)=(\boldsymbol{\alpha}_1\ \ \boldsymbol{\alpha}_2\ \cdots\ \boldsymbol{\alpha}_s)\boldsymbol{K},$$

其中$\boldsymbol{K}$为$s\times r$矩阵，且向量组A线性无关，证明向量组B线性无关的充分必要条件是$R(\boldsymbol{K})=r$。

13．设$\begin{cases}\boldsymbol{\beta}_1=\boldsymbol{\alpha}_2+\boldsymbol{\alpha}_3+\cdots+\boldsymbol{\alpha}_n\\ \boldsymbol{\beta}_2=\boldsymbol{\alpha}_1+\boldsymbol{\alpha}_3+\cdots+\boldsymbol{\alpha}_n\\ \quad\cdots\\ \boldsymbol{\beta}_n=\boldsymbol{\alpha}_1+\boldsymbol{\alpha}_2+\cdots+\boldsymbol{\alpha}_{n-1}\end{cases}$，证明向量组$\boldsymbol{\alpha}_1,\boldsymbol{\alpha}_2,\cdots,\boldsymbol{\alpha}_n$与向量组$\boldsymbol{\beta}_1,\boldsymbol{\beta}_2,\cdots,\boldsymbol{\beta}_n$等价。

14．问

$$V_1=\left\{k\begin{pmatrix}1\\2\\\vdots\\n\end{pmatrix},k\in F\right\},$$

$$V_2=\left\{\begin{pmatrix}x_1\\x_2\\\vdots\\x_n\end{pmatrix},x_i\in F\text{且满足}x_1+2x_2+\cdots+nx_n=0\right\}$$

是向量空间吗？为什么？

15．验证$\boldsymbol{\alpha}_1=\begin{pmatrix}1\\-1\\0\end{pmatrix},\boldsymbol{\alpha}_2=\begin{pmatrix}2\\1\\3\end{pmatrix},\boldsymbol{\alpha}_3=\begin{pmatrix}3\\1\\2\end{pmatrix}$为$\mathbf{R}^3$的一个基,并求$\boldsymbol{\beta}=\begin{pmatrix}5\\0\\7\end{pmatrix}$在该基下的坐标。

16．在$\mathbf{R}^4$中取两个基

$$\begin{cases}\boldsymbol{\varepsilon}_1=(1\ \ 0\ \ 0\ \ 0)^{\mathrm T}\\ \boldsymbol{\varepsilon}_2=(0\ \ 1\ \ 0\ \ 0)^{\mathrm T}\\ \boldsymbol{\varepsilon}_3=(0\ \ 0\ \ 1\ \ 0)^{\mathrm T}\\ \boldsymbol{\varepsilon}_4=(0\ \ 0\ \ 0\ \ 1)^{\mathrm T}\end{cases},\quad \begin{cases}\boldsymbol{\alpha}_1=(2\ \ 1\ \ -1\ \ 1)^{\mathrm T}\\ \boldsymbol{\alpha}_2=(0\ \ 3\ \ 1\ \ 0)^{\mathrm T}\\ \boldsymbol{\alpha}_3=(5\ \ 3\ \ 2\ \ 1)^{\mathrm T}\\ \boldsymbol{\alpha}_4=(6\ \ 6\ \ 1\ \ 3)^{\mathrm T}\end{cases},$$

求以下问题。

（1）求由前一个基到后一个基的过渡矩阵。

（2）求向量$(x_1\ \ x_2\ \ x_3\ \ x_4)^{\mathrm T}$在后一个基下的坐标。

（3）求在两个基下有相同坐标的向量。

17．求下列齐次线性方程组的一个基础解系和它的通解。

（1）$\begin{cases}x_1-8x_2+10x_3+2x_4=0\\2x_1+4x_2+5x_3-x_4=0\\3x_1+8x_2+6x_3-2x_4=0\end{cases}$；（2）$\begin{cases}2x_1-3x_2-2x_3+x_4=0\\3x_1+5x_2+4x_3-2x_4=0\\8x_1+7x_2+6x_3-3x_4=0\end{cases}$；

（3）$\begin{cases}2x_1-5x_2+x_3-3x_4=0\\-3x_1+4x_2-2x_3+x_4=0\\x_1+2x_2-x_3+3x_4=0\\-2x_1+15x_2-6x_3+13x_4=0\end{cases}$。

18．求下列非齐次线性方程组的通解。

（1）$\begin{cases}2x_1+4x_2-x_3+3x_4=9\\x_1+2x_2+x_3=6\\x_1+2x_2+2x_3-x_4=7\\2x_1+4x_2+x_3+x_4=11\end{cases}$；（2）$\begin{cases}2x_1-3x_2+x_3-5x_4=1\\-5x_1-10x_2-2x_3+x_4=-21\\x_1+4x_2+3x_3+2x_4=1\\2x_1-4x_2+9x_3-3x_4=-16\end{cases}$；

（3）$\begin{cases}x_1+x_2=5\\2x_1+x_2+x_3+2x_4=1\\5x_1+3x_2+2x_3+2x_4=3\end{cases}$。

19．设三元非齐次线性方程组 $\boldsymbol{Ax}=\boldsymbol{b}$ 的系数矩阵 $\boldsymbol{A}$ 的秩为 2，且它的 3 个解向量 $\boldsymbol{\eta}_1,\boldsymbol{\eta}_2,\boldsymbol{\eta}_3$ 满足 $\boldsymbol{\eta}_1=\begin{pmatrix}3\\1\\-1\end{pmatrix}$, $\boldsymbol{\eta}_2+\boldsymbol{\eta}_3=\begin{pmatrix}2\\0\\-2\end{pmatrix}$，求 $\boldsymbol{Ax}=\boldsymbol{b}$ 的通解。

20．设矩阵 $\boldsymbol{A}=(\boldsymbol{\alpha}_1\ \ \boldsymbol{\alpha}_2\ \ \boldsymbol{\alpha}_3\ \ \boldsymbol{\alpha}_4)$，其中 $\boldsymbol{\alpha}_2,\boldsymbol{\alpha}_3,\boldsymbol{\alpha}_4$ 线性无关，$\boldsymbol{\alpha}_1=2\boldsymbol{\alpha}_2-\boldsymbol{\alpha}_3$，向量 $\boldsymbol{\beta}=\boldsymbol{\alpha}_1+\boldsymbol{\alpha}_2+\boldsymbol{\alpha}_3+\boldsymbol{\alpha}_4$，求非齐次线性方程组 $\boldsymbol{Ax}=\boldsymbol{\beta}$ 的通解。

21．设 $\boldsymbol{\eta}^*$ 是非齐次线性方程组 $\boldsymbol{Ax}=\boldsymbol{b}$ 的一个解，$\boldsymbol{\xi}_1,\boldsymbol{\xi}_2,\cdots,\boldsymbol{\xi}_{n-r}$ 是相应的齐次线性方程组的一个基础解系，证明：

（1）$\boldsymbol{\eta}^*,\boldsymbol{\xi}_1,\boldsymbol{\xi}_2,\cdots,\boldsymbol{\xi}_{n-r}$ 线性无关；

（2）$\boldsymbol{\eta}^*,\boldsymbol{\eta}^*+\boldsymbol{\xi}_1,\boldsymbol{\eta}^*+\boldsymbol{\xi}_2,\cdots,\boldsymbol{\eta}^*+\boldsymbol{\xi}_{n-r}$ 线性无关。

22．设 $\boldsymbol{\eta}_1,\boldsymbol{\eta}_2,\cdots,\boldsymbol{\eta}_s$ 是非齐次线性方程组 $\boldsymbol{Ax}=\boldsymbol{b}$ 的 s 个解，$k_1,k_2,\cdots,k_s$ 为常数，满足 $k_1+k_2+\cdots+k_s=1$，试证明：$\boldsymbol{x}=k_1\boldsymbol{\eta}_1+k_2\boldsymbol{\eta}_2+\cdots+k_s\boldsymbol{\eta}_s$ 也是它的解。

23．设非齐次线性方程组 $\boldsymbol{Ax}=\boldsymbol{b}$ 的系数矩阵 $\boldsymbol{A}$ 的秩为 r，$\boldsymbol{\eta}_1,\boldsymbol{\eta}_2,\cdots,\boldsymbol{\eta}_{n-r+1}$ 是它的 $n-r+1$ 个线性无关的解，证明：它的任一解可表示为

$\boldsymbol{x}=k_1\boldsymbol{\eta}_1+k_2\boldsymbol{\eta}_2+\cdots+k_{n-r+1}\boldsymbol{\eta}_{n-r+1}$ （其中 $k_1+k_2+\cdots+k_{n-r+1}=1$）。

24．设有向量 $\boldsymbol{\alpha}=\begin{pmatrix}1\\2\\-1\end{pmatrix}$，$\boldsymbol{\beta}=\begin{pmatrix}-2\\3\\1\end{pmatrix}$，求（1）$(\boldsymbol{\alpha}+\boldsymbol{\beta},\boldsymbol{\alpha}-\boldsymbol{\beta})$；（2）$\|2\boldsymbol{\alpha}-3\boldsymbol{\beta}\|$。

25．将下列向量组先正交化，再单位化。

（1）$\boldsymbol{\alpha}_1=\begin{pmatrix}1\\1\\1\end{pmatrix}$，$\boldsymbol{\alpha}_2=\begin{pmatrix}1\\2\\3\end{pmatrix}$，$\boldsymbol{\alpha}_3=\begin{pmatrix}1\\4\\9\end{pmatrix}$。

（2）$\boldsymbol{\alpha}_1=\begin{pmatrix}1\\0\\-1\\1\end{pmatrix},\boldsymbol{\alpha}_2=\begin{pmatrix}1\\-1\\0\\1\end{pmatrix},\boldsymbol{\alpha}_3=\begin{pmatrix}-1\\1\\1\\0\end{pmatrix}$。

26．下列矩阵是否为正交阵？说明理由。

（1）$\boldsymbol{A}=\begin{pmatrix}1&-\frac{1}{2}&\frac{1}{3}\\-\frac{1}{2}&1&\frac{1}{2}\\\frac{1}{3}&\frac{1}{2}&-1\end{pmatrix}$；（2）$\boldsymbol{B}=\begin{pmatrix}\frac{1}{9}&-\frac{8}{9}&-\frac{4}{9}\\-\frac{8}{9}&\frac{1}{9}&-\frac{4}{9}\\-\frac{4}{9}&-\frac{4}{9}&\frac{7}{9}\end{pmatrix}$。

27．验证：

（1）二阶矩阵的全体 S_1；

（2）主对角线上元素之和等于 0 的二阶矩阵的全体 S_2；

（3）二阶对称矩阵的全体 S_3，

对于矩阵的加法和数乘矩阵运算构成线性空间，并写出各个空间的一个基。

28．验证：与向量 $(0\ \ 0\ \ 1)^{\mathrm{T}}$ 不平行的全体三维数组向量，对于数组向量的加法和数乘向量运算不构成线性空间。

29．说明 xOy 平面上变换 $T\begin{pmatrix}x\\y\end{pmatrix}=\boldsymbol{A}\begin{pmatrix}x\\y\end{pmatrix}$ 的几何意义，其中

（1）$\boldsymbol{A}=\begin{pmatrix}-1&0\\0&1\end{pmatrix}$；　　（2）$\boldsymbol{A}=\begin{pmatrix}0&0\\0&1\end{pmatrix}$；

（3）$\boldsymbol{A}=\begin{pmatrix}0&1\\1&0\end{pmatrix}$；　　（4）$\boldsymbol{A}=\begin{pmatrix}0&1\\-1&0\end{pmatrix}$。

30．n 阶对称阵的全体 V 对于矩阵的线性运算构成一个 $\dfrac{n(n+1)}{2}$ 维线性空间。给出 n 阶可逆矩阵 $\boldsymbol{P}$，以 $\boldsymbol{A}$ 表示 V 中的任一元素，变换

$$T(\boldsymbol{A})=\boldsymbol{P}^{\mathrm{T}}\boldsymbol{A}\boldsymbol{P}$$

称为合同变换。试证明合同变换 T 是 V 中的线性变换。

31．函数集合

$$V_3=\{\boldsymbol{\alpha}=(a_2x^2+a_1x+a_0)\mathrm{e}^x,a_2,a_1,a_0\in\mathbf{R}\}$$

对于函数的线性运算构成三维线性空间，在 V_3 中取一个基

$$\boldsymbol{\alpha}_1=x^2\mathrm{e}^x\text{，}\ \boldsymbol{\alpha}_2=x\mathrm{e}^x\text{，}\ \boldsymbol{\alpha}_3=\mathrm{e}^x\text{，}$$

求微分运算 D 在这个基下的矩阵。

32．二阶对称阵的全体

$$V_3=\{\boldsymbol{A}=\begin{pmatrix}x_1&x_2\\x_2&x_3\end{pmatrix},x_1,x_2,x_3\in F\}$$

对于矩阵的线性运算构成三维线性空间，在 V_3 中取一个基

$$\boldsymbol{A}_1=\begin{pmatrix}1&0\\0&0\end{pmatrix}\text{，}\ \boldsymbol{A}_2=\begin{pmatrix}0&1\\1&0\end{pmatrix}\text{，}\ \boldsymbol{A}_3=\begin{pmatrix}0&0\\0&1\end{pmatrix}\text{，}$$

在 V_3 中定义合同变换

$$T(\boldsymbol{A})=\begin{pmatrix}1&0\\1&1\end{pmatrix}\boldsymbol{A}\begin{pmatrix}1&1\\0&1\end{pmatrix},$$

求 T 在基 $\boldsymbol{A}_1,\boldsymbol{A}_2,\boldsymbol{A}_3$ 下的矩阵。

第 5 章　方阵的相似变换、特征值与特征向量

在第 4 章我们提出需要研究哪些线性变换 $\boldsymbol{y}=\boldsymbol{T}\boldsymbol{x}$ 在一个适当的基下的矩阵可以是对角阵 $\boldsymbol{\Lambda}$，即其在某一基下的矩阵 $\boldsymbol{A}$，有 $\boldsymbol{\Lambda}=\boldsymbol{P}^{-1}\boldsymbol{A}\boldsymbol{P}$，这就是方阵与对角阵相似的问题。

本章首先引入方阵的相似变换定义，然后由方阵的可对角化引入方阵的特征值与特征向量，最后利用方阵的特征值与特征向量来讨论方阵的对角化与实对称阵的对角化问题。

在 18 世纪中叶利用行列式对二次曲线和二次曲面进行分类时，就出现了方阵的特征值问题。方阵的特征值理论不仅是线性代数的基本内容，而且用特征值处理问题又是线性代数的重要方法，另外，工程技术中的一些问题，如振动问题和稳定性问题、经济问题分析和最优控制问题，以及数学中解微分方程组等问题，也常可归结为求一个方阵的特征值与特征向量的问题。由于其广泛的应用背景，科技工作者对它的研究做了大量的工作，目前已研究出多种方法计算方阵的特征值与特征向量，特别是其经典数值计算方法和各种智能计算方法。

5.1　相似变换、方阵的特征值与特征向量

定义 5.1　对于 n 阶方阵 $\boldsymbol{A}$ 和 $\boldsymbol{B}$，若有可逆方阵 $\boldsymbol{P}$ 使得 $\boldsymbol{P}^{-1}\boldsymbol{A}\boldsymbol{P}=\boldsymbol{B}$，则称 $\boldsymbol{A}$ 与 $\boldsymbol{B}$ 相似，记作 $\boldsymbol{A}\sim\boldsymbol{B}$。对 $\boldsymbol{A}$ 进行运算 $\boldsymbol{P}^{-1}\boldsymbol{A}\boldsymbol{P}$ 称为对 $\boldsymbol{A}$ 进行相似变换，可逆方阵 $\boldsymbol{P}$ 称为把 $\boldsymbol{A}$ 变成 $\boldsymbol{B}$ 的相似变换矩阵。

方阵的相似具有下列基本性质。

（1）自反性，即 $\boldsymbol{A}\sim\boldsymbol{A}$。

（2）对称性，即若 $\boldsymbol{A}\sim\boldsymbol{B}$，则 $\boldsymbol{B}\sim\boldsymbol{A}$。

（3）传递性，即若 $\boldsymbol{A}\sim\boldsymbol{B},\ \boldsymbol{B}\sim\boldsymbol{C}$，则 $\boldsymbol{A}\sim\boldsymbol{C}$。

（4）若 $\boldsymbol{A}\sim\boldsymbol{B}$，则 $|\boldsymbol{A}|=|\boldsymbol{B}|$。

（5）保秩性，即若 $\boldsymbol{A}\sim\boldsymbol{B}$，则 $R(\boldsymbol{A})=R(\boldsymbol{B})$。

（6）若 $\boldsymbol{A}\sim\boldsymbol{B}$，则 $\varphi(\boldsymbol{A})\sim\varphi(\boldsymbol{B})$，其中 $\varphi(x)=a_0+a_1x+\cdots+a_mx^m$ 为 x 的 m 次多项式。

定义 5.2　若方阵 $\boldsymbol{A}$ 能够与一个对角阵 $\boldsymbol{\Lambda}$ 相似，则称 $\boldsymbol{A}$ 可相似对角化，简称为可对角化。

现在的问题是怎样的一个方阵才可以对角化呢？如果能对角化，又如何对角化呢？

不妨先假设方阵 $\boldsymbol{A}$ 可对角化，即有可逆方阵 $\boldsymbol{P}$ 使得

$$\boldsymbol{P}^{-1}\boldsymbol{A}\boldsymbol{P}=\begin{pmatrix}\lambda_1 & & & \\ & \lambda_2 & & \\ & & \ddots & \\ & & & \lambda_n\end{pmatrix}=\boldsymbol{\Lambda},$$

即 $\boldsymbol{A}\boldsymbol{P}=\boldsymbol{P}\boldsymbol{\Lambda}$。把 $\boldsymbol{P}$ 用其列向量表示为 $\boldsymbol{P}=(\boldsymbol{p}_1\ \ \boldsymbol{p}_2\ \ \cdots\ \ \boldsymbol{p}_n)$，于是，则有

$$A(p_1\ \ p_2\ \ \cdots\ \ p_n)=(p_1\ \ p_2\ \ \cdots\ \ p_n)\begin{pmatrix}\lambda_1 & & & \\ & \lambda_2 & & \\ & & \ddots & \\ & & & \lambda_n\end{pmatrix},$$

即得$(Ap_1\ \ Ap_2\ \ \cdots\ \ Ap_n)=(\lambda_1 p_1\ \ \lambda_2 p_2\ \ \cdots\ \ \lambda_n p_n)$，
于是有$Ap_i=\lambda_i p_i(i=1,2,\cdots,n)$，而且$p_i\neq 0$及$p_1,p_2,\cdots,p_n$线性无关（$\because P$可逆）。

于是就有了定义 5.3。

定义 5.3 对于n阶方阵A，若有数λ和n维列向量$p\neq 0$满足$Ap=\lambda p$，那么，称λ为A的特征值，称p为A的对应于特征值λ的特征向量。

由定义 5.3 可直接得到命题 5.1。

命题 5.1 设λ为方阵A的特征值，则有以下结论。

（1）λ^2为A^2的特征值，λ^k为A^k的特征值（k为正整数），$\varphi(\lambda)$为$\varphi(A)$的特征值，其中$\varphi(x)=a_0+a_1x+a_2x^2+\cdots+a_mx^m$为$x$的$m$次多项式。

（2）当A可逆时，则$\lambda\neq 0$且$\dfrac{1}{\lambda}$是A^{-1}的特征值，λ^k为A^k的特征值（k为负整数）。

怎么求n阶方阵A的特征值和对应于特征值λ的特征向量呢？不妨先假设n阶方阵A有特征值λ和对应于特征值λ的特征向量$p(p\neq 0)$，由定义可知，$Ap=\lambda p$即$(A-\lambda E)p=0$，也即$(A-\lambda E)x=0$有非零解p，从而系数行列式$|A-\lambda E|=0$。称$|A-\lambda E|$为方阵A的特征多项式，$|A-\lambda E|=0$为A的特征方程，显然A的特征方程的解就是其特征值。

例 5.1 求$A=\begin{pmatrix}1&2&2\\2&1&2\\2&2&1\end{pmatrix}$的特征值与特征向量。

解：由$|A-\lambda E|=\begin{vmatrix}1-\lambda&2&2\\2&1-\lambda&2\\2&2&1-\lambda\end{vmatrix}=(5-\lambda)(\lambda+1)^2=0$

得A的特征值$\lambda_1=5,\lambda_2=\lambda_3=-1$。

对于$\lambda_1=5$，解线性方程组$(A-5E)x=0$，由

$$A-5E=\begin{pmatrix}-4&2&2\\2&-4&2\\2&2&-4\end{pmatrix}\xrightarrow{\text{行}}\begin{pmatrix}1&0&-1\\0&1&-1\\0&0&0\end{pmatrix}$$

得同解方程组$\begin{cases}x_1-x_3=0\\x_2-x_3=0\end{cases}$，于是有基础解系$p_1=\begin{pmatrix}1\\1\\1\end{pmatrix}$，所以$x=k_1p_1(k_1\neq 0)$是对应于$\lambda_1=5$的全部特征向量。

对于$\lambda_2=\lambda_3=-1$，解线性方程组$(A+E)x=0$，由

$$A+E=\begin{pmatrix}2&2&2\\2&2&2\\2&2&2\end{pmatrix}\xrightarrow{\text{行}}\begin{pmatrix}1&1&1\\0&0&0\\0&0&0\end{pmatrix}$$

得基础解系 $\boldsymbol{p}_2=\begin{pmatrix}-1\\1\\0\end{pmatrix}$，$\boldsymbol{p}_3=\begin{pmatrix}-1\\0\\1\end{pmatrix}$，所以 $\boldsymbol{x}=k_2\boldsymbol{p}_2+k_3\boldsymbol{p}_3$（$k_2,k_3$ 不全为 0）是对应于 $\lambda_2=\lambda_3=-1$ 的全部特征向量。

例 5.2 求 $\boldsymbol{A}=\begin{pmatrix}-1&1&0\\-4&3&0\\1&0&2\end{pmatrix}$ 的特征值与特征向量。

解： 由 $|\boldsymbol{A}-\lambda\boldsymbol{E}|=\begin{vmatrix}-1-\lambda&1&0\\-4&3-\lambda&0\\1&0&2-\lambda\end{vmatrix}=(2-\lambda)(\lambda-1)^2=0$

得 $\boldsymbol{A}$ 的特征值 $\lambda_1=2,\lambda_2=\lambda_3=1$。

对于 $\lambda_1=2$，解线性方程组 $(\boldsymbol{A}-2\boldsymbol{E})\boldsymbol{x}=\boldsymbol{0}$，由

$$\boldsymbol{A}-2\boldsymbol{E}=\begin{pmatrix}-3&1&0\\-4&1&0\\1&0&0\end{pmatrix}\xrightarrow{\text{行}}\begin{pmatrix}1&0&0\\0&1&0\\0&0&0\end{pmatrix}$$

得基础解系 $\boldsymbol{p}_1=\begin{pmatrix}0\\0\\1\end{pmatrix}$，所以 $\boldsymbol{x}=k_1\boldsymbol{p}_1(k_1\neq 0)$ 是对应于 $\lambda_1=2$ 的全部特征向量。

对于 $\lambda_2=\lambda_3=1$，解线性方程组 $(\boldsymbol{A}-\boldsymbol{E})\boldsymbol{x}=\boldsymbol{0}$，由

$$\boldsymbol{A}-\boldsymbol{E}=\begin{pmatrix}-2&1&0\\-4&2&0\\1&0&1\end{pmatrix}\xrightarrow{\text{行}}\begin{pmatrix}1&0&1\\0&1&2\\0&0&0\end{pmatrix}$$

得基础解系 $\boldsymbol{p}_2=\begin{pmatrix}1\\2\\-1\end{pmatrix}$，所以 $\boldsymbol{x}=k_2\boldsymbol{p}_2(k_2\neq 0)$ 是对应于 $\lambda_2=\lambda_3=1$ 的全部特征向量。

注意，在例 5.1 中，对应于二重特征值 $\lambda=-1$ 有两个线性无关的特征向量；在例 5.2 中，对应于二重特征值 $\lambda=1$ 只有一个线性无关的特征向量。一般有定理 5.1。

定理 5.1 对应于 r 重特征值 λ_0 的线性无关的特征向量的个数不超过 r。从而方阵的所有特征向量中线性无关的向量的个数不超过它的特征值的个数。

证*： $\boldsymbol{A}$ 是 n 阶方阵，设 $(\boldsymbol{A}-\lambda_0\boldsymbol{E})\boldsymbol{x}=\boldsymbol{0}$ 的基础解系为 $\xi_1,\xi_2,\cdots,\xi_k$。现要证明 $k\leqslant r$。

将 $\xi_1,\xi_2,\cdots,\xi_k$ 扩充为 $\mathbf{R}^n$ 的基 $\xi_1,\xi_2,\cdots,\xi_k,\xi_{k+1},\cdots,\xi_n$。令

$$\boldsymbol{P}=(\xi_1,\xi_2,\cdots,\xi_k,\xi_{k+1},\cdots,\xi_n),$$

则 $\boldsymbol{P}$ 可逆。又因为有 $\boldsymbol{A}\xi_1=\lambda_0\xi_1,\boldsymbol{A}\xi_2=\lambda_0\xi_2,\cdots,\boldsymbol{A}\xi_k=\lambda_0\xi_k$，从而

$$\begin{aligned}\boldsymbol{AP}&=\boldsymbol{A}(\xi_1,\xi_2,\cdots,\xi_k,\xi_{k+1},\cdots,\xi_n)=(\boldsymbol{A}\xi_1,\boldsymbol{A}\xi_2,\cdots,\boldsymbol{A}\xi_k,\boldsymbol{A}\xi_{k+1},\cdots,\boldsymbol{A}\xi_n)\\&=(\lambda_0\xi_1,\lambda_0\xi_2,\cdots,\lambda_0\xi_k,\boldsymbol{A}\xi_{k+1},\cdots,\boldsymbol{A}\xi_n)\end{aligned}$$

$$=(\xi_1,\xi_2,\cdots,\xi_k,\xi_{k+1},\cdots,\xi_n)\begin{pmatrix}\lambda_0 & 0 & \cdots & 0 & * & \cdots & * \\ 0 & \lambda_0 & \cdots & 0 & * & \cdots & * \\ \vdots & \vdots & & \vdots & \vdots & & \vdots \\ 0 & 0 & \cdots & \lambda_0 & * & \cdots & * \\ 0 & 0 & \cdots & 0 & * & & * \\ \vdots & \vdots & & \vdots & \vdots & & \vdots \\ 0 & 0 & \cdots & 0 & * & \cdots & * \end{pmatrix},$$

即 $\boldsymbol{P}^{-1}\boldsymbol{AP}=\begin{pmatrix}\lambda_0\boldsymbol{E}_k & \boldsymbol{C}_{k\times(n-k)} \\ \boldsymbol{O} & \boldsymbol{B}_{(n-k)\times(n-k)}\end{pmatrix}$。

所以 $|\boldsymbol{A}-\lambda\boldsymbol{E}|=|\boldsymbol{P}^{-1}|\times|\boldsymbol{A}-\lambda\boldsymbol{E}|\times|\boldsymbol{P}|=|\boldsymbol{P}^{-1}\boldsymbol{AP}-\lambda\boldsymbol{E}|$

$$=\begin{vmatrix}(\lambda_0-\lambda)\boldsymbol{E}_k & \boldsymbol{C} \\ \boldsymbol{O} & \boldsymbol{B}-\lambda\boldsymbol{E}_{n-k}\end{vmatrix}=(\lambda_0-\lambda)^k|\boldsymbol{B}-\lambda\boldsymbol{E}_{n-k}|。$$

所以 λ_0 至少是 $\boldsymbol{A}$ 的 k 重特征值，即 $r\geqslant k$。

定理 5.2 设 n 阶方阵 $\boldsymbol{A},\boldsymbol{B}$，若 $\boldsymbol{A}\sim\boldsymbol{B}$，则 $\boldsymbol{A}$ 与 $\boldsymbol{B}$ 的特征多项式相同，从而 $\boldsymbol{A}$ 与 $\boldsymbol{B}$ 的特征值相同。

证：由 $\boldsymbol{P}^{-1}\boldsymbol{AP}=\boldsymbol{B}$ 可得 $\boldsymbol{B}-\lambda\boldsymbol{E}=\boldsymbol{P}^{-1}\boldsymbol{AP}-\lambda\boldsymbol{E}=\boldsymbol{P}^{-1}(\boldsymbol{A}-\lambda\boldsymbol{E})\boldsymbol{P}$，因此

$$|\boldsymbol{B}-\lambda\boldsymbol{E}|=|\boldsymbol{P}^{-1}|\times|\boldsymbol{A}-\lambda\boldsymbol{E}|\times|\boldsymbol{P}|=|\boldsymbol{P}|^{-1}\times|\boldsymbol{A}-\lambda\boldsymbol{E}|\times|\boldsymbol{P}|=|\boldsymbol{A}-\lambda\boldsymbol{E}|。$$

需要注意的是，该定理的逆不成立，例如 $\boldsymbol{E}=\begin{pmatrix}1 & 0 \\ 0 & 1\end{pmatrix}$ 和 $\boldsymbol{B}=\begin{pmatrix}1 & 1 \\ 0 & 1\end{pmatrix}$ 有相同的特征多项式，但 $\boldsymbol{E}$ 与 $\boldsymbol{B}$ 不相似，因为与单位阵 $\boldsymbol{E}$ 相似的矩阵只能是单位阵。

推论 若 n 阶方阵 $\boldsymbol{A}$ 与对角阵

$$\boldsymbol{\Lambda}=\begin{pmatrix}\lambda_1 & & & \\ & \lambda_2 & & \\ & & \ddots & \\ & & & \lambda_n\end{pmatrix}$$

相似，则 $\lambda_1,\lambda_2,\cdots,\lambda_n$ 是 $\boldsymbol{A}$ 的 n 个特征值。

定理 5.3 n 阶方阵 $\boldsymbol{A}=(a_{ij})_{n\times n}$ 在复数域 $\mathbf{C}$ 中有且仅有 n 个特征值，且若 $\lambda_1,\lambda_2,\cdots,\lambda_n$ 是 $\boldsymbol{A}$ 的 n 个特征值，则

（1）$\lambda_1+\lambda_2+\cdots+\lambda_n=a_{11}+a_{22}+\cdots+a_{nn}\triangleq\mathrm{tr}\boldsymbol{A}$；

（2）$\lambda_1\lambda_2\cdots\lambda_n=|\boldsymbol{A}|$。

证*：由方阵 $\boldsymbol{A}$ 的特征方程 $|\boldsymbol{A}-\lambda\boldsymbol{E}|=0$ 和代数基本定理（即一元 n 次代数方程在复数域 $\mathbf{C}$ 中有且仅有 n 个根）可知定理的前一结论为真，且复特征值以共轭形式成对出现。

下面证明定理的后一结论，由 $|\boldsymbol{A}-\lambda\boldsymbol{E}|=(\lambda_1-\lambda)(\lambda_2-\lambda)\cdots(\lambda_n-\lambda)$ 可得

$$|\boldsymbol{A}-\lambda\boldsymbol{E}|=(-1)^n\lambda^n+(-1)^{n-1}(\lambda_1+\lambda_2+\cdots+\lambda_n)\lambda^{n-1}+\cdots+(\lambda_1\lambda_2\cdots\lambda_n),$$

另一方面，由行列式的运算知

$$|\boldsymbol{A}-\lambda\boldsymbol{E}|=\begin{vmatrix} a_{11}-\lambda & a_{12} & \cdots & a_{1n} \\ a_{21} & a_{22}-\lambda & \cdots & a_{2n} \\ \vdots & \vdots & & \vdots \\ a_{n1} & a_{n2} & \cdots & a_{nn}-\lambda \end{vmatrix}$$

是一个关于λ的n次多项式，且其中的λ^n与λ^{n-1}项全由乘积$(a_{11}-\lambda)(a_{22}-\lambda)\cdots(a_{nn}-\lambda)$得来，且当$\lambda=0$时，就可得其常数项为$|\boldsymbol{A}|$，故

$$|\boldsymbol{A}-\lambda\boldsymbol{E}|=(-1)^n\lambda^n+(-1)^{n-1}(a_{11}+a_{22}+\cdots+a_{nn})\lambda^{n-1}+\cdots+|\boldsymbol{A}|,$$

比较上面两式即得证。

例 5.3 设三阶方阵$\boldsymbol{A}$的特征值为$\lambda_1=1,\lambda_2=2,\lambda_3=-3$，求$|\boldsymbol{A}^3-\boldsymbol{A}^*+\boldsymbol{E}|$。

解： 因$|\boldsymbol{A}|=\lambda_1\lambda_2\lambda_3=-6$，故$\boldsymbol{A}$可逆，且$\boldsymbol{A}^*=|\boldsymbol{A}|\boldsymbol{A}^{-1}$，所以

$$\boldsymbol{A}^3-\boldsymbol{A}^*+\boldsymbol{E}=\boldsymbol{A}^3+6\boldsymbol{A}^{-1}+\boldsymbol{E},$$

设$\varphi(t)=t^3+6t^{-1}+1$，则$\varphi(\boldsymbol{A})=\boldsymbol{A}^3+6\boldsymbol{A}^{-1}+\boldsymbol{E}$的特征值为

$$\varphi(\lambda_1)=8,\varphi(\lambda_2)=12,\varphi(\lambda_3)=-28,$$

故

$$|\boldsymbol{A}^3-\boldsymbol{A}^*+\boldsymbol{E}|=8\times12\times(-28)=-2688。$$

定理 5.4 设$\lambda_1,\lambda_2,\cdots,\lambda_m$为方阵$\boldsymbol{A}$的互异特征值，$\boldsymbol{p}_1,\boldsymbol{p}_2,\cdots,\boldsymbol{p}_m$依次是与之对应的特征向量，则向量组$\boldsymbol{p}_1,\boldsymbol{p}_2,\cdots,\boldsymbol{p}_m$线性无关。换言之，对应于互异特征值的特征向量必线性无关。

证： 用数学归纳法证明，当$m=1$时，由于特征向量不为零，因此定理成立。

设对应于方阵$\boldsymbol{A}$的$m-1$个互异特征值$\lambda_1,\lambda_2,\cdots,\lambda_{m-1}$的特征向量$\boldsymbol{p}_1,\boldsymbol{p}_2,\cdots,\boldsymbol{p}_{m-1}$线性无关。下面证明对应于方阵$\boldsymbol{A}$的$m$个互异特征值$\lambda_1,\lambda_2,\cdots,\lambda_{m-1},\lambda_m$的特征向量$\boldsymbol{p}_1,\boldsymbol{p}_2,\cdots,\boldsymbol{p}_{m-1},\boldsymbol{p}_m$也线性无关。

设

$$k_1\boldsymbol{p}_1+k_2\boldsymbol{p}_2+\cdots+k_{m-1}\boldsymbol{p}_{m-1}+k_m\boldsymbol{p}_m=\boldsymbol{0} \tag{1}$$

则$\boldsymbol{A}(k_1\boldsymbol{p}_1+k_2\boldsymbol{p}_2+\cdots+k_{m-1}\boldsymbol{p}_{m-1}+k_m\boldsymbol{p}_m)=\boldsymbol{0}$，利用$\boldsymbol{A}\boldsymbol{p}_i=\lambda_i\boldsymbol{p}_i$ $(i=1,2,\cdots,m)$，整理可得

$$k_1\lambda_1\boldsymbol{p}_1+k_2\lambda_2\boldsymbol{p}_2+\cdots+k_{m-1}\lambda_{m-1}\boldsymbol{p}_{m-1}+k_m\lambda_m\boldsymbol{p}_m=\boldsymbol{0} \tag{2}$$

由式（1）、式（2）消去$\boldsymbol{p}_m$，得

$$k_1(\lambda_1-\lambda_m)\boldsymbol{p}_1+k_2(\lambda_2-\lambda_m)\boldsymbol{p}_2+\cdots+k_{m-1}(\lambda_{m-1}-\lambda_m)\boldsymbol{p}_{m-1}=\boldsymbol{0},$$

由归纳法假设$\boldsymbol{p}_1,\boldsymbol{p}_2,\cdots,\boldsymbol{p}_{m-1}$线性无关，于是只有

$$k_1(\lambda_1-\lambda_m)=0,k_2(\lambda_2-\lambda_m)=0,\cdots,k_{m-1}(\lambda_{m-1}-\lambda_m)=0,$$

因$\lambda_1-\lambda_m\neq0,\lambda_2-\lambda_m\neq0,\cdots,\lambda_{m-1}-\lambda_m\neq0$，故只有$k_1=k_2=\cdots=k_{m-1}=0$，代入式（1）可得$k_m\boldsymbol{p}_m=\boldsymbol{0}$，又因$\boldsymbol{p}_m\neq\boldsymbol{0}$，则只有$k_m=0$，所以$\boldsymbol{p}_1,\boldsymbol{p}_2,\cdots,\boldsymbol{p}_{m-1},\boldsymbol{p}_m$线性无关。

推论 设$\lambda_1,\lambda_2,\cdots,\lambda_m$是方阵$\boldsymbol{A}$的互异特征值，$\boldsymbol{p}_1^{(i)},\boldsymbol{p}_2^{(i)},\cdots,\boldsymbol{p}_{k_i}^{(i)}$是方阵$\boldsymbol{A}$的对应于特征值$\lambda_i$的$k_i$个线性无关的特征向量$(i=1,2,\cdots,m)$，则特征向量组$\boldsymbol{p}_1^{(i)},\cdots,\boldsymbol{p}_{k_1}^{(i)},\cdots\cdots,\boldsymbol{p}_1^{(m)},\cdots,\boldsymbol{p}_{k_m}^{(m)}$也线性无关。简言之，对应于互异特征值的线性无关的特征向量合起来仍线性无关。

证***：** 假设$l_1^{(1)}\boldsymbol{p}_1^{(1)}+\cdots+l_{k_1}^{(1)}\boldsymbol{p}_{k_1}^{(1)}+\cdots\cdots+l_1^{(m)}\boldsymbol{p}_1^{(m)}+\cdots+l_{k_m}^{(m)}\boldsymbol{p}_{k_m}^{(m)}=\boldsymbol{0}$。

令$\boldsymbol{\eta}_i=l_1^{(i)}\boldsymbol{p}_1^{(i)}+\cdots+l_{k_i}^{(i)}\boldsymbol{p}_{k_i}^{(i)}$，则$\boldsymbol{\eta}_i$是零向量或是对应于特征值$\lambda_i$的特征向量$(i=1,2,\cdots,m)$，由假设得$\boldsymbol{\eta}_1+\boldsymbol{\eta}_2+\cdots+\boldsymbol{\eta}_m=\boldsymbol{0}$，因此$\boldsymbol{\eta}_1=\boldsymbol{\eta}_2=\cdots=\boldsymbol{\eta}_m=\boldsymbol{0}$（否则，假如只有$\boldsymbol{\eta}_1,\boldsymbol{\eta}_2$不为零向量，

其余都为零向量，则有$\boldsymbol{\eta}_1+\boldsymbol{\eta}_2=\mathbf{0}$，即$\boldsymbol{\eta}_1,\boldsymbol{\eta}_2$线性相关，又$\boldsymbol{\eta}_1,\boldsymbol{\eta}_2$分别是对应于互异特征值$\lambda_1,\lambda_2$的特征向量，这与定理 5.4 矛盾），即

$$\boldsymbol{\eta}_i=l_1^{(i)}\boldsymbol{p}_1^{(i)}+\cdots+l_{k_i}^{(i)}\boldsymbol{p}_{k_i}^{(i)}=\mathbf{0}\ (i=1,2,\cdots,m),$$

又$\boldsymbol{p}_1^{(i)},\boldsymbol{p}_2^{(i)},\cdots,\boldsymbol{p}_{k_i}^{(i)}$是方阵$\boldsymbol{A}$的对应于特征值$\lambda_i$的$k_i$个线性无关的特征向量，故只有$l_1^{(i)}=l_2^{(i)}=\cdots=l_{k_i}^{(i)}=0\ (i=1,2,\cdots,m)$，得证。

例 5.4 设λ_1和λ_2是方阵$\boldsymbol{A}$的两个不同的特征值，对应的特征向量依次为$\boldsymbol{p}_1$和$\boldsymbol{p}_2$，证明$\boldsymbol{p}_1+\boldsymbol{p}_2$不是$\boldsymbol{A}$的特征向量。

证：按题设，有$\boldsymbol{A}\boldsymbol{p}_1=\lambda_1\boldsymbol{p}_1,\boldsymbol{A}\boldsymbol{p}_2=\lambda_2\boldsymbol{p}_2$，故$\boldsymbol{A}(\boldsymbol{p}_1+\boldsymbol{p}_2)=\lambda_1\boldsymbol{p}_1+\lambda_2\boldsymbol{p}_2$。

用反证法，假设$\boldsymbol{p}_1+\boldsymbol{p}_2$是$\boldsymbol{A}$的特征向量，则应存在数$\lambda$，使得$\boldsymbol{A}(\boldsymbol{p}_1+\boldsymbol{p}_2)=\lambda(\boldsymbol{p}_1+\boldsymbol{p}_2)$，于是

$$\lambda(\boldsymbol{p}_1+\boldsymbol{p}_2)=\lambda_1\boldsymbol{p}_1+\lambda_2\boldsymbol{p}_2,$$

即$(\lambda_1-\lambda)\boldsymbol{p}_1+(\lambda_2-\lambda)\boldsymbol{p}_2=\mathbf{0}$，因$\lambda_1\neq\lambda_2$，按定理 5.4 可知$\boldsymbol{p}_1,\boldsymbol{p}_2$线性无关，故由上式得$\lambda_1-\lambda=\lambda_2-\lambda=0$，即$\lambda_1=\lambda_2$，与题设矛盾，因此$\boldsymbol{p}_1+\boldsymbol{p}_2$不是$\boldsymbol{A}$的特征向量。

例 5.5* （**Google 搜索中的数学**）Google 搜索总是把最重要、最受人关心的条目排在前面，计算机怎么识别哪些条目比较重要，哪些条目不重要呢？实际上 Google 搜索是利用一些数学原理对页面的重要性进行排序的，可以把全球的因特网看成一个规模巨大的随机图，每一个网页就是一个节点，如果从一个网页到另一个网页有超级链接，就相当于添加了一条有向边连接这两个节点，怎么知道节点重要不重要呢？如果不看这个节点的内容，只看它的图，那么显然和这个节点连接的边越多该节点越重要，还要看是哪个节点指向它的，如果是重量级的，那么它就更重要。

用i代表互联网上的一个网页，给每一个网页一个权重$x_i\geqslant 0$，令权重越大者越重要。x_i应满足什么性质呢？就是上面所说的性质。若第i网页指向第j网页，那么第i网页的权重x_i就应该加到第j网页上，从而指向第j网页的所有网页的权重之和应该与第j网页的权重x_j成正比，记λ为共同的比例系数，上述性质用数学式来表达可以写成如下线性方程组：

$$\sum_{i(i\to j)}x_i=\lambda x_j,\forall j\ 。$$

可以把线性方程组写成矩阵形式，设$\boldsymbol{x}=(x_1\ \ x_2\ \ \cdots)$是由网页权重组成的行向量，记$\boldsymbol{A}=(a_{ij})$，其中$a_{ij}=\begin{cases}1, & \text{第}i\text{网页指向第}j\text{网页}\\ 0, & \text{第}i\text{网页不指向第}j\text{网页}\end{cases}$，则上述线性方程组可写成$\boldsymbol{xA}=\lambda\boldsymbol{x}$，即$\boldsymbol{A}^{\mathrm{T}}\boldsymbol{x}^{\mathrm{T}}=\lambda\boldsymbol{x}^{\mathrm{T}}$，说明$\boldsymbol{x}^{\mathrm{T}}$是$\boldsymbol{A}^{\mathrm{T}}$的非负特征向量。

例如，考虑由 4 个互联网页面组成的子图（见图 5.1），要给这 4 个互联网页面排序，实际上就是解出线性方程组

$$(x_1\ \ x_2\ \ x_3\ \ x_4)\boldsymbol{A}=\lambda(x_1\ \ x_2\ \ x_3\ \ x_4)$$

的非负解，即求$\boldsymbol{A}^{\mathrm{T}}$的非负特征向量，其中

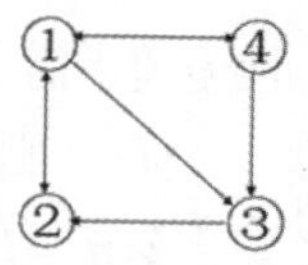

图 5.1

$$A=(a_{ij})=\begin{pmatrix}0&1&1&1\\1&0&0&0\\0&1&0&0\\1&0&1&0\end{pmatrix}。$$

数学的神奇性就在这里，原来不知如何下手的互联网页的排序问题，现在已经轻而易举地变成了求解矩阵 $\boldsymbol{A}^{\mathrm{T}}$ 的非负特征向量 $\boldsymbol{x}$ 问题。当然为了保证矩阵 $\boldsymbol{A}^{\mathrm{T}}$ 的非负特征向量 $\boldsymbol{x}$ 存在且唯一，还需要对矩阵 $\boldsymbol{A}$ 进行数学上的处理。这一“漂亮的”想法出自斯坦福大学 1998 年在读的博士研究生谢尔盖·布林（Sergey Brin）与拉里·佩奇（Larry Page）。他们于 1998 年在第 7 次 World Wide Web 会议（WWW1998）上公布了论文“The Page Rank citation ranking: Bringing order to the Web”时，正在用自己的宿舍作为办公室初创产业，这一产业后来发展为庞大的 Google 公司。

5.2 方阵的对角化

方阵的对角化是线性代数的一个重要课题，现在来讨论什么样的方阵才可以对角化。如果能对角化，又如何对角化呢？

定理 5.5 n 阶方阵 $\boldsymbol{A}$ 可对角化的充分必要条件是 $\boldsymbol{A}$ 有 n 个线性无关的特征向量。

证： 必要性前面已经证明，下面证明充分性。

设 $\boldsymbol{p}_1,\boldsymbol{p}_2,\cdots,\boldsymbol{p}_n$ 是方阵 $\boldsymbol{A}$ 的 n 个线性无关的特征向量，由定理 5.1 可知方阵 A 有 n 个相对应的特征值 $\lambda_1,\lambda_2,\cdots,\lambda_n$，即有 $\boldsymbol{A}\boldsymbol{p}_i=\lambda_i\boldsymbol{p}_i(i=1,2,\cdots,n)$，于是得

$$(\boldsymbol{A}\boldsymbol{p}_1\ \ \boldsymbol{A}\boldsymbol{p}_2\ \cdots\ \boldsymbol{A}\boldsymbol{p}_n)=(\lambda_1\boldsymbol{p}_1\ \ \lambda_2\boldsymbol{p}_2\ \cdots\ \lambda_n\boldsymbol{p}_n),$$

即

$$\boldsymbol{A}(\boldsymbol{p}_1\ \ \boldsymbol{p}_2\ \cdots\ \boldsymbol{p}_n)=(\boldsymbol{p}_1\ \ \boldsymbol{p}_2\ \cdots\ \boldsymbol{p}_n)\begin{pmatrix}\lambda_1&&&\\&\lambda_2&&\\&&\ddots&\\&&&\lambda_n\end{pmatrix},$$

令 $\boldsymbol{P}=(\boldsymbol{p}_1\ \ \boldsymbol{p}_2\ \cdots\ \boldsymbol{p}_n)$，则

$$\boldsymbol{AP}=\boldsymbol{P}\begin{pmatrix}\lambda_1&&&\\&\lambda_2&&\\&&\ddots&\\&&&\lambda_n\end{pmatrix},$$

又因 $\boldsymbol{p}_1,\boldsymbol{p}_2,\cdots,\boldsymbol{p}_n$ 线性无关，故 $\boldsymbol{P}$ 为可逆方阵，所以

$$\boldsymbol{P}^{-1}\boldsymbol{AP}=\begin{pmatrix}\lambda_1&&&\\&\lambda_2&&\\&&\ddots&\\&&&\lambda_n\end{pmatrix},$$

即方阵 $\boldsymbol{A}$ 可对角化。

联系定理 5.4，可得推论 1 和推论 2。

推论 1 若 n 阶方阵 $\boldsymbol{A}$ 有 n 个互异特征值，则 $\boldsymbol{A}$ 可对角化。

推论 2 n 阶方阵 $\boldsymbol{A}$ 可对角化的充分必要条件是 $\boldsymbol{A}$ 有 n 个特征值且对应于特征值 λ_i 的线性无关的特征向量的个数等于特征值 λ_i 的重根 $n_i (i=1,2,\cdots,s)$。

证[*]：根据代数学基本定理，可设 $|\boldsymbol{A}-\lambda\boldsymbol{E}|=(\lambda_1-\lambda)^{n_1}\cdots(\lambda_s-\lambda)^{n_s}, \sum_{i=1}^{s} n_i = n$，$\lambda_1,\lambda_2,\cdots,\lambda_s$ 互异。

充分性可由定理 5.4 及其推论和定理 5.5 直接得到，下面证明必要性。

设
$$\boldsymbol{P}^{-1}\boldsymbol{A}\boldsymbol{P}=\boldsymbol{\Lambda}=\begin{pmatrix}\lambda_1\boldsymbol{E}_1 & & & \\ & \lambda_2\boldsymbol{E}_2 & & \\ & & \ddots & \\ & & & \lambda_s\boldsymbol{E}_s\end{pmatrix},$$

于是有 $\boldsymbol{P}^{-1}(\boldsymbol{A}-\lambda_i\boldsymbol{E})\boldsymbol{P}=\boldsymbol{P}^{-1}\boldsymbol{A}\boldsymbol{P}-\lambda_i\boldsymbol{E}=\boldsymbol{\Lambda}-\lambda_i\boldsymbol{E}$，注意 $\boldsymbol{\Lambda}-\lambda_i\boldsymbol{E}$ 是对角阵，而且主对角线上仅有 $n-n_i$ 个元素不为零，故 $R(\boldsymbol{A}-\lambda_i\boldsymbol{E})=R(\boldsymbol{\Lambda}-\lambda_i\boldsymbol{E})=n-n_i$，则 $(\boldsymbol{A}-\lambda_i\boldsymbol{E})\boldsymbol{x}=\boldsymbol{0}$ 的解空间的维数为 $n-R(\boldsymbol{A}-\lambda_i\boldsymbol{E})=n-(n-n_i)=n_i$，所以对应于特征值 λ_i 的线性无关的特征向量的个数等于特征值 λ_i 的重数 $n_i (i=1,2,\cdots,s)$。

例 5.6 判断下列方阵可否对角化。

（1）$\boldsymbol{A}=\begin{pmatrix}0&1&0\\0&0&1\\-6&-11&-6\end{pmatrix}$；（2）$\boldsymbol{A}=\begin{pmatrix}1&2&2\\2&1&2\\2&2&1\end{pmatrix}$；（3）$\boldsymbol{A}=\begin{pmatrix}-1&1&0\\-4&3&0\\1&0&2\end{pmatrix}$。

解:（1）由 $|\boldsymbol{A}-\lambda\boldsymbol{E}|=-(\lambda+1)(\lambda+2)(\lambda+3)=0$ 可知 $\boldsymbol{A}$ 有 3 个互异特征值 $\lambda_1=-1,\lambda_2=-2,\lambda_3=-3$，故 $\boldsymbol{A}$ 可对角化。

而且对应于 $\lambda_1=-1, \lambda_2=-2, \lambda_3=-3$ 的特征向量依次为

$$\boldsymbol{p}_1=\begin{pmatrix}1\\-1\\1\end{pmatrix}, \boldsymbol{p}_2=\begin{pmatrix}1\\-2\\4\end{pmatrix}, \boldsymbol{p}_3=\begin{pmatrix}1\\-3\\9\end{pmatrix},$$

于是构造矩阵 $\boldsymbol{P}=\begin{pmatrix}1&1&1\\-1&-2&-3\\1&4&9\end{pmatrix}$，则有 $\boldsymbol{P}^{-1}\boldsymbol{A}\boldsymbol{P}=\begin{pmatrix}-1&&\\&-2&\\&&-3\end{pmatrix}$。

（2）由 $|\boldsymbol{A}-\lambda\boldsymbol{E}|=(5-\lambda)(\lambda+1)^2=0$ 得 $\boldsymbol{A}$ 的特征值 $\lambda_1=5, \lambda_2=\lambda_3=-1$，而且由例 5.1 求得 $\boldsymbol{A}$ 有 3 个线性无关的特征向量，故 $\boldsymbol{A}$ 可对角化。

而且对应于 $\lambda_1=5, \lambda_2=\lambda_3=-1$ 的特征向量依次为

$$\boldsymbol{p}_1=\begin{pmatrix}1\\1\\1\end{pmatrix}, \boldsymbol{p}_2=\begin{pmatrix}-1\\1\\0\end{pmatrix}, \boldsymbol{p}_3=\begin{pmatrix}-1\\0\\1\end{pmatrix},$$

于是构造矩阵 $\boldsymbol{P}=\begin{pmatrix}1&-1&-1\\1&1&0\\1&0&1\end{pmatrix}$，则有 $\boldsymbol{P}^{-1}\boldsymbol{A}\boldsymbol{P}=\begin{pmatrix}5&&\\&-1&\\&&-1\end{pmatrix}$。

（3）由例 5.2 求得，$\boldsymbol{A}$ 的对应于二重特征值 $\lambda_2=\lambda_3=1$ 只有一个线性无关的特征向量，故 $\boldsymbol{A}$

不可对角化。

例 5.7 设 $\boldsymbol{A}=\begin{pmatrix}1&2&2\\2&1&2\\2&2&1\end{pmatrix}$，求 $\boldsymbol{A}^k\ (k=2,3,\cdots)$。

解： 由例 5.6 的第（2）小题求得存在 $\boldsymbol{P}=\begin{pmatrix}1&-1&-1\\1&1&0\\1&0&1\end{pmatrix}$，使得 $\boldsymbol{P}^{-1}\boldsymbol{A}\boldsymbol{P}=\begin{pmatrix}5&&\\&-1&\\&&-1\end{pmatrix}\triangleq\boldsymbol{\Lambda}$，

于是 $\boldsymbol{A}=\boldsymbol{P}\boldsymbol{\Lambda}\boldsymbol{P}^{-1}, \boldsymbol{A}^k=\boldsymbol{P}\boldsymbol{\Lambda}^k\boldsymbol{P}^{-1}$，故

$$\boldsymbol{A}^k=\begin{pmatrix}1&-1&-1\\1&1&0\\1&0&1\end{pmatrix}\times\begin{pmatrix}5^k&&\\&(-1)^k&\\&&(-1)^k\end{pmatrix}\times\frac{1}{3}\begin{pmatrix}1&1&1\\-1&2&-1\\-1&-1&2\end{pmatrix}$$

$$=\frac{1}{3}\begin{pmatrix}5^k+2\times(-1)^k&5^k-(-1)^k&5^k-(-1)^k\\5^k-(-1)^k&5^k+2\times(-1)^k&5^k-(-1)^k\\5^k-(-1)^k&5^k-(-1)^k&5^k+2\times(-1)^k\end{pmatrix}。$$

本例说明，对于可对角化的方阵，其幂的计算大为简化了，这一点初步体现了方阵对角化的实用价值。当然，并不是所有方阵都可对角化，但是有定理 5.6，该定理这里不予证明。

定理 5.6* 对一个有 n 个特征值的 n 阶方阵 $\boldsymbol{A}$，都存在 n 阶可逆方阵 $\boldsymbol{P}$，使得

$$\boldsymbol{P}^{-1}\boldsymbol{A}\boldsymbol{P}=\begin{pmatrix}\boldsymbol{J}_1&&&\\&\boldsymbol{J}_2&&\\&&\ddots&\\&&&\boldsymbol{J}_s\end{pmatrix},$$

其中 $\boldsymbol{J}_i\ (i=1,2,\cdots,s)$ 都是形如 $\begin{pmatrix}\lambda&1&0&\cdots&0&0\\0&\lambda&1&\cdots&0&0\\0&0&\lambda&\cdots&0&0\\\vdots&\vdots&\vdots&&\vdots&\vdots\\0&0&0&\cdots&\lambda&1\\0&0&0&\cdots&0&\lambda\end{pmatrix}$ 的 n_i 阶方阵，$n_1+n_2+\cdots+n_s=n$。

称 $\boldsymbol{J}_i\ (i=1,2,\cdots,s)$ 为 n_i 阶约当（Jordan，1838—1922，法国数学家）块，$\begin{pmatrix}\boldsymbol{J}_1&&&\\&\boldsymbol{J}_2&&\\&&\ddots&\\&&&\boldsymbol{J}_s\end{pmatrix}$ 为约当形矩阵或约当标准形。显然，对角阵可以看成每个约当块都为一阶的约当标准形。

例如，矩阵 $\boldsymbol{A}=\begin{pmatrix}-1&1&0\\-4&3&0\\1&0&2\end{pmatrix}$ 有 3 个特征值 $\lambda_1=2,\lambda_2=\lambda_3=1$，但仅有 2 个线性无关的特征向量 $\boldsymbol{p}_1=\begin{pmatrix}0\\0\\1\end{pmatrix},\boldsymbol{p}_2=\begin{pmatrix}1\\2\\-1\end{pmatrix}$，所以它不可对角化，但它与约当形矩阵 $\begin{pmatrix}2&0&0\\0&1&1\\0&0&1\end{pmatrix}$ 相似，这时

$$\boldsymbol{P}=\begin{pmatrix}0 & 1 & 0\\ 0 & 2 & 1\\ 1 & -1 & -1\end{pmatrix}。$$

例 5.8* **（人口迁移的动态分析）** 对城乡人口流动做年度调查，发现有一个稳定的朝向城镇流动的趋势。每年有 2.5%的乡村居民移居城镇，而有 1%的城镇居民迁居乡村。现在总人口的 60%位于城镇，假如城乡总人口数保持不变，并且人口流动的这种趋势继续下去，那么 1 年以后住在城镇人口所占比例是多少？2 年以后呢？10 年以后呢？最终呢？

解：设开始时，令乡村人口数为 y_0，城镇人口数为 z_0，则 1 年以后乡村人口数 $y_1=\frac{975}{1000}y_0+\frac{1}{100}z_0$，城镇人口数 $z_1=\frac{25}{1000}y_0+\frac{99}{100}z_0$，把它写成矩阵形式

$$\begin{pmatrix}y_1\\ z_1\end{pmatrix}=\begin{pmatrix}\frac{975}{1000} & \frac{1}{100}\\ \frac{25}{1000} & \frac{99}{100}\end{pmatrix}\begin{pmatrix}y_0\\ z_0\end{pmatrix}=\boldsymbol{A}\begin{pmatrix}y_0\\ z_0\end{pmatrix}。$$

2 年以后有

$$\begin{pmatrix}y_2\\ z_2\end{pmatrix}=\boldsymbol{A}\begin{pmatrix}y_1\\ z_1\end{pmatrix}=\boldsymbol{A}^2\begin{pmatrix}y_0\\ z_0\end{pmatrix}；$$

10 年以后有

$$\begin{pmatrix}y_{10}\\ z_{10}\end{pmatrix}=\boldsymbol{A}^{10}\begin{pmatrix}y_0\\ z_0\end{pmatrix}。$$

那么，k 年之后呢？先将 $\boldsymbol{A}$ 对角化，即 $\boldsymbol{A}=\begin{pmatrix}-1 & \frac{2}{5}\\ 1 & 1\end{pmatrix}\begin{pmatrix}\frac{193}{200} & 0\\ 0 & 1\end{pmatrix}\begin{pmatrix}-\frac{5}{7} & \frac{2}{7}\\ \frac{5}{7} & \frac{5}{7}\end{pmatrix}$，则

$$\begin{pmatrix}y_k\\ z_k\end{pmatrix}=\boldsymbol{A}^k\begin{pmatrix}y_0\\ z_0\end{pmatrix}=\begin{pmatrix}-1 & \frac{2}{5}\\ 1 & 1\end{pmatrix}\begin{pmatrix}\left(\frac{193}{200}\right)^k & 0\\ 0 & 1\end{pmatrix}\begin{pmatrix}-\frac{5}{7} & \frac{2}{7}\\ \frac{5}{7} & \frac{5}{7}\end{pmatrix}\begin{pmatrix}y_0\\ z_0\end{pmatrix}$$

$$=\begin{pmatrix}\frac{5}{7}\left(\frac{193}{200}\right)^k+\frac{2}{7} & -\frac{2}{7}\left(\frac{193}{200}\right)^k+\frac{2}{7}\\ -\frac{5}{7}\left(\frac{193}{200}\right)^k+\frac{5}{7} & \frac{2}{7}\left(\frac{193}{200}\right)^k+\frac{5}{7}\end{pmatrix}\begin{pmatrix}y_0\\ z_0\end{pmatrix}。$$

容易看出经过一个时期以后，这个人口城乡分布会达到一个极限状态（或稳定状态），即

$$\begin{pmatrix}y_\infty\\ z_\infty\end{pmatrix}=(y_0+z_0)\begin{pmatrix}\frac{2}{7}\\ \frac{5}{7}\end{pmatrix}，$$

总人口数仍是 y_0+z_0，与开始时一样，但总人口数的 $\frac{5}{7}$ 在城镇，而 $\frac{2}{7}$ 在乡村，无论初始分布是什么样，这总是成立的。

例 5.9* **（常染色体遗传模型）** 为了揭示生命的奥秘，遗传学的研究已引起了人们的广泛兴趣。动植物在产生下一代的过程中，会将自己的特征遗传给下一代，从而完成“生命的延续”。

在常染色体遗传中，后代从每个亲体的基因对中各继承一个基因，形成自己的基因对。人类眼睛颜色是通过常染色体控制的，其特征遗传由两个基因 A 和 a 控制。基因对是 AA 和 Aa 的人，眼睛是棕色；基因对是 aa 的人，眼睛为蓝色。由于 AA 和 Aa 都表示了同一外部特征，可认为基因 A 支配了 a，也可认为基因 a 对于基因 A 来说是隐性的（或称 A 为显性基因，a 为隐性基因）。

下面选取一个常染色体遗传——植物后代问题进行讨论。

某植物园中植物的基因型为 AA，Aa，aa，人们计划用 AA 型植物与每种基因型植物相结合的方案培育植物后代。经过若干年后，这种植物后代的 3 种基因型分布将出现什么情形？

假设 $a_n,b_n,c_n(n=0,1,2,\ldots)$ 分别代表第 n 代植物中，基因型为 AA、Aa 和 aa 的植物占植物总数的比例，令 $\boldsymbol{x}^{(n)}=(a_n\ \ b_n\ \ c_n)^{\mathrm{T}}$ 为第 n 代植物的基因分布，$\boldsymbol{x}^{(0)}=(a_0\ \ b_0\ \ c_0)^{\mathrm{T}}$ 表示植物基因型的初始分布，显然 $a_0+b_0+c_0=1$。

先考虑第 n 代中的 AA 型，第 $n-1$ 代 AA 型与 AA 型相结合，后代全部是 AA 型；第 $n-1$ 代的 Aa 型与 AA 型相结合，后代是 AA 型的可能性为 $\frac{1}{2}$；第 $n-1$ 代的 aa 型与 AA 型相结合，后代不可能是 AA 型。因此，有

$$a_n=1\times a_{n-1}+\frac{1}{2}b_{n-1}+0\times c_{n-1}\text{。}$$

同理，有 $b_n=\frac{1}{2}b_{n-1}+c_{n-1}$，$c_n=0$。

把它写成矩阵形式，即 $\boldsymbol{x}^{(n)}=\boldsymbol{M}\boldsymbol{x}^{(n-1)}$，$n=1,2,\cdots$，其中 $\boldsymbol{M}=\begin{pmatrix}1&\frac{1}{2}&0\\0&\frac{1}{2}&1\\0&0&0\end{pmatrix}$。另 $a_n+b_n+c_n=a_{n-1}+b_{n-1}+c_{n-1}=\cdots=a_0+b_0+c_0=1$。于是递推得到

$$\boldsymbol{x}^{(n)}=\boldsymbol{M}\boldsymbol{x}^{(n-1)}=\boldsymbol{M}^2\boldsymbol{x}^{(n-2)}=\cdots=\boldsymbol{M}^n\boldsymbol{x}^{(0)}\ ,$$

即为第 n 代基因分布与初始分布的关系。

将 $\boldsymbol{M}$ 对角化，即 $\boldsymbol{M}=\boldsymbol{P\Lambda P}^{-1}=\begin{pmatrix}1&1&1\\0&-1&-2\\0&0&1\end{pmatrix}\begin{pmatrix}1&0&0\\0&\frac{1}{2}&0\\0&0&0\end{pmatrix}\begin{pmatrix}1&1&1\\0&-1&-2\\0&0&1\end{pmatrix}$，

则第 n 代基因分布

$$\boldsymbol{x}^{(n)}=(\boldsymbol{P\Lambda P}^{-1})^n\boldsymbol{x}^{(0)}=\boldsymbol{P\Lambda}^n\boldsymbol{P}^{-1}\boldsymbol{x}^{(0)}$$

$$=\begin{pmatrix}1&1&1\\0&-1&-2\\0&0&1\end{pmatrix}\begin{pmatrix}1&0&0\\0&\left(\frac{1}{2}\right)^n&0\\0&0&0\end{pmatrix}\begin{pmatrix}1&1&1\\0&-1&-2\\0&0&1\end{pmatrix}\begin{pmatrix}a_0\\b_0\\c_0\end{pmatrix}$$

$$=\begin{pmatrix}a_0+b_0+c_0-\frac{1}{2^n}b_0-\frac{1}{2^{n-1}}c_0\\ \frac{1}{2^n}b_0+\frac{1}{2^{n-1}}c_0\\ 0\end{pmatrix},$$

即

$$\begin{cases}a_n=1-\frac{1}{2^n}b_0-\frac{1}{2^{n-1}}c_0\\ b_n=\frac{1}{2^n}b_0+\frac{1}{2^{n-1}}c_0\\ c_n=0\end{cases}。$$

显然，当$n\to+\infty$时，$a_n\to1,b_n\to0,c_n\to0$，即在足够长的时间后，培育出的植物基本上呈现AA型。

通过本问题的讨论，可以对许多植物（动物）遗传分布有一个具体的了解，同时这个结果也验证了生物学中的一个重要结论：显性基因多次遗传后占主导因素，这也是称它为显性的原因。

例 5.10*　**（递推关系式的矩阵解法）**　斐波那契数列①可用递推关系式$F_{n+2}=F_{n+1}+F_n(n=1,2,\cdots)$表示，其中$F_1=1$，$F_2=1$，求其通项$F_n$。

解：由递推关系式有$\begin{cases}F_{n+2}=F_{n+1}+F_n\\F_{n+1}=F_{n+1}\end{cases}$，$F_1=F_2=1$，即

$$\begin{pmatrix}F_{n+2}\\F_{n+1}\end{pmatrix}=\begin{pmatrix}1&1\\1&0\end{pmatrix}\begin{pmatrix}F_{n+1}\\F_n\end{pmatrix},\begin{pmatrix}F_2\\F_1\end{pmatrix}=\begin{pmatrix}1\\1\end{pmatrix},$$

于是有

$$\begin{pmatrix}F_{n+1}\\F_n\end{pmatrix}=\begin{pmatrix}1&1\\1&0\end{pmatrix}\begin{pmatrix}F_n\\F_{n-1}\end{pmatrix}=\begin{pmatrix}1&1\\1&0\end{pmatrix}^2\begin{pmatrix}F_{n-1}\\F_{n-2}\end{pmatrix}=\cdots=\begin{pmatrix}1&1\\1&0\end{pmatrix}^{n-1}\begin{pmatrix}F_2\\F_1\end{pmatrix}=\begin{pmatrix}1&1\\1&0\end{pmatrix}^{n-1}\begin{pmatrix}1\\1\end{pmatrix}。$$

利用方阵的对角化，可求得

$$\begin{pmatrix}1&1\\1&0\end{pmatrix}^{n-1}=\frac{1}{\lambda_1-\lambda_2}\begin{pmatrix}\lambda_1^n-\lambda_2^n&\lambda_1\lambda_2^n-\lambda_2\lambda_1^n\\ \lambda_1^{n-1}-\lambda_2^{n-1}&\lambda_1\lambda_2^{n-1}-\lambda_2\lambda_1^{n-1}\end{pmatrix},$$

① 斐波那契（Fibonacci，1170—1250，意大利数学家）在1202年所著《算法之书》中提出1个问题：有小兔1对，第2个月成年，第3个月产下小兔1对，以后每个月都产下1对小兔。而所生小兔也在第2个月成年，第3个月开始每月产下1对小兔。假定每产1对小兔必为一雌一雄，且均无死亡，问1年后共有几对小兔？由该问题推广出的无限项数列叫做斐波那契数列，其中的每1项称为斐波那契数。

式中 $\lambda_1=\frac{1+\sqrt{5}}{2},\lambda_2=\frac{1-\sqrt{5}}{2}$ 为方阵 $\begin{pmatrix}1&1\\1&0\end{pmatrix}$ 的特征值。

所以，$F_n=\frac{1}{\lambda_1-\lambda_2}(\lambda_1^n-\lambda_2^n)=\frac{1}{\sqrt{5}}\left[\left(\frac{1+\sqrt{5}}{2}\right)^n-\left(\frac{1-\sqrt{5}}{2}\right)^n\right]$。

例 5.11* 在现代控制理论、信号与系统中，状态变量分析法占有重要地位。对于一个系统，能够完全表征其运动状态的最小个数的一组变量为状态变量。由系统的状态变量构成的一阶微分（或差分）方程组称为系统的状态方程，在指定系统输出的情况下，该输出与状态变量间的函数关系式（为代数方程组）称为系统的输出方程。状态方程和输出方程合起来就构成对一个系统完整的动态描述，称为系统的状态空间表达式，其只有一阶微分（或差分）方程组和代数方程组，便于计算机进行数值计算，这也正是状态变量分析法的优点之一。

例如，对于系统（见图 5.2），若以 u_c 和 i 作为此系统的两个状态变量，它们都是时间 t 的函数，根据电学原理，就有状态方程：

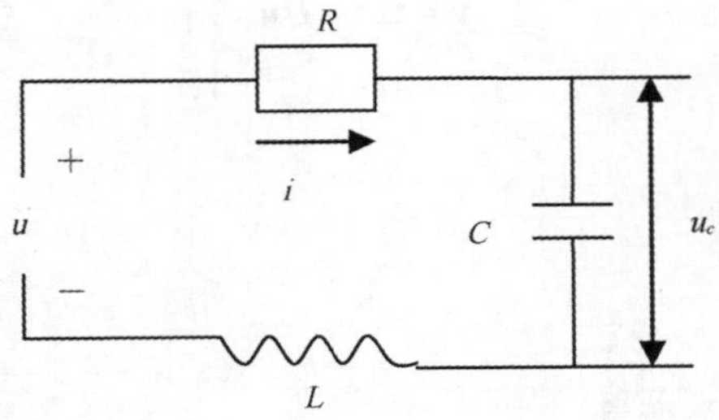

图 5.2

$$\dot{u}_c\triangleq\frac{\mathrm{d}u_c}{\mathrm{d}t}=\frac{1}{C}i,$$

$$\dot{i}\triangleq\frac{\mathrm{d}i}{\mathrm{d}t}=-\frac{1}{L}u_c-\frac{R}{L}i+\frac{1}{L}u,$$

若将状态变量用一般符号 x_i 表示，即令 $x_1=u_c,x_2=i$，并写成矩阵形式，则状态方程变为

$$\begin{pmatrix}\dot{x}_1\\\dot{x}_2\end{pmatrix}=\begin{pmatrix}0&\frac{1}{C}\\-\frac{1}{L}&-\frac{R}{L}\end{pmatrix}\begin{pmatrix}x_1\\x_2\end{pmatrix}+\begin{pmatrix}0\\\frac{1}{L}\end{pmatrix}u,$$

或

$$\dot{\boldsymbol{x}}=\boldsymbol{A}\boldsymbol{x}+\boldsymbol{B}u,$$

式中

$$\dot{\boldsymbol{x}}=\begin{pmatrix}\dot{x}_1\\\dot{x}_2\end{pmatrix},\boldsymbol{A}=\begin{pmatrix}0&\frac{1}{C}\\-\frac{1}{L}&-\frac{R}{L}\end{pmatrix},\boldsymbol{B}=\begin{pmatrix}0\\\frac{1}{L}\end{pmatrix}。$$

若指定 u_c 作为输出，输出一般用 y 表示，则有输出方程：

$$y = u_c,$$

或

$$y = x_1,$$

它的矩阵形式为

$$y = \begin{pmatrix} 1 & 0 \end{pmatrix} \begin{pmatrix} x_1 \\ x_2 \end{pmatrix},$$

或

$$y = \boldsymbol{C}\boldsymbol{x},$$

式中 $\boldsymbol{C} = (1 \quad 0)$。

这是一个典型的线性定常系统，即状态空间表达式中的矩阵 $\boldsymbol{A}$、$\boldsymbol{B}$、$\boldsymbol{C}$ 的元素既不依赖输入，也不依赖输出，又与时间无关；若仅与时间有关，则称之为线性时变系统；若与状态变量 $\boldsymbol{x}$ 有关，则称之为非线性系统。

一般地，对于一个具有 r 个输入、m 个输出，且还可能有输入对输出的直接传递的复杂系统，其系统状态空间表达式的一般形式为

$$\dot{\boldsymbol{x}} = \boldsymbol{A}\boldsymbol{x} + \boldsymbol{B}\boldsymbol{u},$$
$$\boldsymbol{y} = \boldsymbol{C}\boldsymbol{x} + \boldsymbol{D}\boldsymbol{u},$$

式中，

$\boldsymbol{x} = \begin{pmatrix} x_1 \\ \vdots \\ x_n \end{pmatrix}$ 为 n 维状态变量；

$\boldsymbol{u} = \begin{pmatrix} u_1 \\ \vdots \\ u_r \end{pmatrix}$ 为 r 维输入（控制）变量；

$\boldsymbol{y} = \begin{pmatrix} y_1 \\ \vdots \\ y_m \end{pmatrix}$ 为 m 维输出变量；

$\boldsymbol{A} = \begin{pmatrix} a_{11} & \cdots & a_{1n} \\ \vdots & & \vdots \\ a_{n1} & \cdots & a_{nn} \end{pmatrix}$ 为系统内部状态的联系，称为系统矩阵；

$\boldsymbol{B} = \begin{pmatrix} b_{11} & \cdots & b_{1r} \\ \vdots & & \vdots \\ b_{n1} & \cdots & b_{nr} \end{pmatrix}$ 为输入（控制）矩阵；

$\boldsymbol{C} = \begin{pmatrix} c_{11} & \cdots & c_{1n} \\ \vdots & & \vdots \\ c_{m1} & \cdots & c_{mn} \end{pmatrix}$ 为输出矩阵；

$\boldsymbol{D} = \begin{pmatrix} d_{11} & \cdots & d_{1r} \\ \vdots & & \vdots \\ d_{m1} & \cdots & d_{mr} \end{pmatrix}$ 为直接传递矩阵。

对于一个给定的系统，可以选取不同的状态变量，相应地有不同的状态空间表达式来描述同一系统。所选取的状态变量之间，实际上是一种变量的线性变换。

例如，对于上例，若改选u_c和$\dot{u}_c$作为两个状态变量，即令

$$z_1 = u_c, z_2 = \dot{u}_c,$$

即
$$\begin{pmatrix} x_1 \\ x_2 \end{pmatrix} = \begin{pmatrix} 1 & 0 \\ 0 & C \end{pmatrix} \begin{pmatrix} z_1 \\ z_2 \end{pmatrix},$$

则得到新的状态空间表达式

$$\dot{\boldsymbol{z}} = \begin{pmatrix} 0 & 1 \\ -\dfrac{1}{LC} & -\dfrac{R}{L} \end{pmatrix} \boldsymbol{z} + \begin{pmatrix} 0 \\ \dfrac{1}{LC} \end{pmatrix} u,$$

$$\boldsymbol{y} = (1 \quad 0)\boldsymbol{z}。$$

一般地，给定一线性定常系统为

$$\dot{\boldsymbol{x}} = \boldsymbol{Ax} + \boldsymbol{Bu}, \quad \boldsymbol{x}(0) = \boldsymbol{x}_0 \text{（} t = 0 \text{时状态，即初始状态），}$$

$$\boldsymbol{y} = \boldsymbol{Cx} + \boldsymbol{Du},$$

其在可逆线性变换$\boldsymbol{x} = \boldsymbol{Tz}$下得到新的状态空间表达式

$$\dot{\boldsymbol{z}} = \boldsymbol{T}^{-1}\boldsymbol{ATz} + \boldsymbol{T}^{-1}\boldsymbol{Bu}, \quad \boldsymbol{z}(0) = \boldsymbol{T}^{-1}\boldsymbol{x}(0) = \boldsymbol{T}^{-1}\boldsymbol{x}_0,$$

$$\boldsymbol{y} = \boldsymbol{CTz} + \boldsymbol{Du}。$$

怎样求解线性定常系统的状态方程呢？关键是要求出其相应齐次状态方程$\dot{\boldsymbol{x}} = \boldsymbol{Ax}$的解，下面以二阶系统为例说明。

（1）若系统矩阵$\boldsymbol{A}$为对角阵，即状态方程为

$$\dot{\boldsymbol{x}} = \begin{pmatrix} \lambda_1 & 0 \\ 0 & \lambda_2 \end{pmatrix} \boldsymbol{x},$$

即

$$\dot{x}_1 = \lambda_1 x_1,$$
$$\dot{x}_2 = \lambda_2 x_2,$$

易得其解为

$$x_1 = c_1 \mathrm{e}^{\lambda_1 t},$$
$$x_2 = c_2 \mathrm{e}^{\lambda_2 t},$$

式中常数c_1, c_2由$\boldsymbol{x}(0) = \boldsymbol{x}_0$确定。

（2）若系统矩阵$\boldsymbol{A}$为约当形矩阵，即状态方程为

$$\dot{\boldsymbol{x}} = \begin{pmatrix} \lambda_1 & 1 \\ 0 & \lambda_1 \end{pmatrix} \boldsymbol{x},$$

即

$$\dot{x}_1 = \lambda_1 x_1 + x_2,$$
$$\dot{x}_2 = \lambda_1 x_2,$$

易得其解为

$$x_1 = c_1 \mathrm{e}^{\lambda_1 t} + c_2 t \mathrm{e}^{\lambda_1 t},$$

$$x_2 = c_2 e^{\lambda_1 t},$$

式中常数 c_1, c_2 由 $\boldsymbol{x}(0)=\boldsymbol{x}_0$ 确定。

因此，对一般齐次状态方程 $\dot{\boldsymbol{x}}=\boldsymbol{A}\boldsymbol{x}$ 的求解问题就转化为系统矩阵 $\boldsymbol{A}$ 的对角化问题。

在现代控制理论中，能控性（输入 $\boldsymbol{u}(t)$ 对状态 $\boldsymbol{x}(t)$ 的控制能力）与能观性（输出 $\boldsymbol{y}(t)$ 对状态 $\boldsymbol{x}(t)$ 的反映能力）是两个重要概念，那怎么来判定线性定常系统的能控性与能观性呢？

为了简便，在输出方程中，均不考虑输入对输出的直接传递，即令 $\boldsymbol{D}=\boldsymbol{O}$，下面以二输入-二输出系统为例说明。

（1）若系统矩阵 $\boldsymbol{A}$ 为对角阵，即状态空间表达式为

$$\dot{\boldsymbol{x}}=\begin{pmatrix}\lambda_1 & 0\\ 0 & \lambda_2\end{pmatrix}\boldsymbol{x}+\begin{pmatrix}b_{11} & b_{12}\\ b_{21} & b_{22}\end{pmatrix}\boldsymbol{u},$$

$$\boldsymbol{y}=\begin{pmatrix}c_{11} & c_{12}\\ c_{21} & c_{22}\end{pmatrix}\boldsymbol{x},$$

即

$$\dot{x}_1=\lambda_1 x_1+b_{11}u_1+b_{12}u_2,$$

$$\dot{x}_2=\lambda_2 x_2+b_{21}u_1+b_{22}u_2,$$

$$y_1=c_{11}x_1+c_{12}x_2,$$

$$y_2=c_{21}x_1+c_{22}x_2。$$

显然，若控制矩阵 $\boldsymbol{B}=\begin{pmatrix}b_{11} & b_{12}\\ b_{21} & b_{22}\end{pmatrix}$ 的第 $i(i=1,2)$ 行全为0，则 $\dot{x}_i$ 与 $\boldsymbol{u}$ 无关，即不受 $\boldsymbol{u}$ 控制，因而为不能控系统；若输出矩阵 $\boldsymbol{C}=\begin{pmatrix}c_{11} & c_{12}\\ c_{21} & c_{22}\end{pmatrix}$ 的第 $i(i=1,2)$ 列全为 0，即状态 x_i 对输出 $\boldsymbol{y}$ 不产生任何影响，则 $\boldsymbol{y}(t)$ 中不包含 $x_i(t)$ 这个状态变量，即 $x_i(t)$ 不可能从 $\boldsymbol{y}(t)$ 的测量值中推算出来，因而为不能观系统。

于是推广，若系统矩阵 $\boldsymbol{A}$ 为对角阵，系统能控的充分必要条件是控制矩阵 $\boldsymbol{B}$ 没有零行；系统能观的充分必要条件是输出矩阵 $\boldsymbol{C}$ 没有零列。

（2）若系统矩阵 $\boldsymbol{A}$ 为约当形矩阵，即状态空间表达式为

$$\dot{\boldsymbol{x}}=\begin{pmatrix}\lambda_1 & 1\\ 0 & \lambda_1\end{pmatrix}\boldsymbol{x}+\begin{pmatrix}b_{11} & b_{12}\\ b_{21} & b_{22}\end{pmatrix}\boldsymbol{u},$$

$$\boldsymbol{y}=\begin{pmatrix}c_{11} & c_{12}\\ c_{21} & c_{22}\end{pmatrix}\boldsymbol{x},$$

即

$$\dot{x}_1=\lambda_1 x_1+x_2+b_{11}u_1+b_{12}u_2,$$

$$\dot{x}_2=\lambda_1 x_2+b_{21}u_1+b_{22}u_2,$$

$$y_1=c_{11}x_1+c_{12}x_2,$$

$$y_2=c_{21}x_1+c_{22}x_2。$$

由于x_1总是受x_2的控制，因此只要控制矩阵$\boldsymbol{B}=\begin{pmatrix} b_{11} & b_{12} \\ b_{21} & b_{22} \end{pmatrix}$的第2行不全为0，则$\dot{x}_2$与$\boldsymbol{u}$有关，即受$\boldsymbol{u}$控制，进而$\dot{x}_1$也受$\boldsymbol{u}$控制，因而为能控系统；只要输出矩阵$\boldsymbol{C}=\begin{pmatrix} c_{11} & c_{12} \\ c_{21} & c_{22} \end{pmatrix}$的第1列不全为0，即状态$x_1$对输出$\boldsymbol{y}$有影响，且状态$x_2$通过对$x_1$的控制也对输出$\boldsymbol{y}$产生影响，则$x_1(t)$能从$\boldsymbol{y}(t)$的测量值中推算出来，$x_2(t)$也能推算出来，因而为能观系统。

于是推广，若系统矩阵$\boldsymbol{A}$为约当形矩阵，由于前一个状态总是受下一个状态的控制，系统能控的充分必要条件是控制矩阵$\boldsymbol{B}$中对应$\boldsymbol{A}$的每个约当块最后一行的行为非零行；系统能观的充分必要条件是输出矩阵$\boldsymbol{C}$中对应$\boldsymbol{A}$的每个约当块第1列的列为非零列。

能控性与能观性是系统的客观属性，完全取决于系统的结构、参数、控制作用的施加点、输出的施加点，不会因状态变量的选取不同而改变，因此，变量的线性变换不改变系统的能控性与能观性。所以，对一般线性定常系统的能控性与能观性判断问题就转化为系统矩阵$\boldsymbol{A}$的对角化问题。

5.3 实对称阵的对角化

5.1 节和 5.2 节介绍了一般方阵的特征值和对角化的基本知识，本节将进一步介绍实对称阵的特征值和对角化，而且对于实对称阵的特征值和对角化有非常完美的结果，这些结果在解析几何和弹性理论中均有着重要的应用。

定理 5.7 n阶实对称阵$\boldsymbol{A}$在实数域上有n个特征值，且对应于互异特征值的特征向量正交。

证： *先证前一结论，设$\boldsymbol{Ax}=\lambda\boldsymbol{x}$，$\boldsymbol{x}=(x_1\ \ x_2\ \ \cdots\ \ x_n)^{\mathrm{T}}$，式中$\lambda$为复数，$\boldsymbol{x}\neq\boldsymbol{0}$为复向量，于是有

$$\overline{\boldsymbol{x}}^{\mathrm{T}}\boldsymbol{Ax}=\overline{\boldsymbol{x}}^{\mathrm{T}}(\boldsymbol{Ax})=\overline{\boldsymbol{x}}^{\mathrm{T}}(\lambda\boldsymbol{x})=\lambda(\overline{\boldsymbol{x}}^{\mathrm{T}}\boldsymbol{x})$$

及
$$\overline{\boldsymbol{x}}^{\mathrm{T}}\boldsymbol{Ax}=(\overline{\boldsymbol{x}}^{\mathrm{T}}\boldsymbol{A}^{\mathrm{T}})\boldsymbol{x}=(\overline{\boldsymbol{x}}^{\mathrm{T}}\overline{\boldsymbol{A}}^{\mathrm{T}})\boldsymbol{x}=(\overline{\boldsymbol{A}}\overline{\boldsymbol{x}})^{\mathrm{T}}\boldsymbol{x}=(\overline{\boldsymbol{Ax}})^{\mathrm{T}}\boldsymbol{x}=(\overline{\lambda\boldsymbol{x}})^{\mathrm{T}}\boldsymbol{x}=(\overline{\lambda}\overline{\boldsymbol{x}})^{\mathrm{T}}\boldsymbol{x}=\overline{\lambda}(\overline{\boldsymbol{x}}^{\mathrm{T}}\boldsymbol{x}),$$

两式相减得
$$(\lambda-\overline{\lambda})(\overline{\boldsymbol{x}}^{\mathrm{T}}\boldsymbol{x})=0,$$

但因$\boldsymbol{x}\neq\boldsymbol{0}$，所以$\overline{\boldsymbol{x}}^{\mathrm{T}}\boldsymbol{x}=|x_1|^2+|x_2|^2+\cdots+|x_n|^2>0$，故$\lambda-\overline{\lambda}=0$，即$\overline{\lambda}=\lambda$，这就说明$\lambda$是实数。

再证后一结论，设$\boldsymbol{Ap}_1=\lambda_1\boldsymbol{p}_1$，$\boldsymbol{Ap}_2=\lambda_2\boldsymbol{p}_2$，$\boldsymbol{p}_1,\boldsymbol{p}_2\neq\boldsymbol{0}$且$\lambda_1\neq\lambda_2$，故

$$\begin{aligned}\lambda_1(\boldsymbol{p}_1,\boldsymbol{p}_2)&=(\lambda_1\boldsymbol{p}_1,\boldsymbol{p}_2)=(\boldsymbol{Ap}_1,\boldsymbol{p}_2)=(\boldsymbol{Ap}_1)^{\mathrm{T}}\boldsymbol{p}_2\\&=\boldsymbol{p}_1^{\mathrm{T}}\boldsymbol{A}^{\mathrm{T}}\boldsymbol{p}_2=\boldsymbol{p}_1^{\mathrm{T}}\boldsymbol{Ap}_2=(\boldsymbol{p}_1,\boldsymbol{Ap}_2)=(\boldsymbol{p}_1,\lambda_2\boldsymbol{p}_2)=\lambda_2(\boldsymbol{p}_1,\boldsymbol{p}_2),\end{aligned}$$

于是$(\lambda_1-\lambda_2)(\boldsymbol{p}_1,\boldsymbol{p}_2)=0$，又因$\lambda_1\neq\lambda_2$，所以$(\boldsymbol{p}_1,\boldsymbol{p}_2)=0$，即$\boldsymbol{p}_1$与$\boldsymbol{p}_2$正交。

定理 5.8 实对称阵$\boldsymbol{A}$的对应于r重特征值λ_0的线性无关的特征向量有r个。因此实对称阵$\boldsymbol{A}$一定可以对角化，而且还可正交相似对角化，即存在正交阵$\boldsymbol{Q}$，使得$\boldsymbol{Q}^{-1}\boldsymbol{AQ}=\boldsymbol{\Lambda}$，式中$\boldsymbol{\Lambda}$是以$\boldsymbol{A}$的$n$个特征值为主对角线上元素的对角阵。

证*：$\boldsymbol{A}$是n阶实对称阵，设$(\boldsymbol{A}-\lambda_0\boldsymbol{E})\boldsymbol{x}=\boldsymbol{0}$的解空间的标准正交基为$\boldsymbol{\eta}_1,\boldsymbol{\eta}_2,\cdots,\boldsymbol{\eta}_k$。现要证$r=k$。

与定理 5.1 的证明方法类似，将$\boldsymbol{\eta}_1,\boldsymbol{\eta}_2,\cdots,\boldsymbol{\eta}_k$扩充为$\mathbf{R}^n$的标准正交基：$\boldsymbol{\eta}_1,\boldsymbol{\eta}_2,\cdots,\boldsymbol{\eta}_k,\boldsymbol{\eta}_{k+1},\cdots,\boldsymbol{\eta}_n$。令

$$\boldsymbol{P}=(\boldsymbol{\eta}_1,\boldsymbol{\eta}_2,\cdots,\boldsymbol{\eta}_k,\boldsymbol{\eta}_{k+1},\cdots,\boldsymbol{\eta}_n),$$

则$\boldsymbol{P}$是正交阵，又由$\boldsymbol{A\eta}_1=\lambda_0\boldsymbol{\eta}_1,\boldsymbol{A\eta}_2=\lambda_0\boldsymbol{\eta}_2,\cdots,\boldsymbol{A\eta}_k=\lambda_0\boldsymbol{\eta}_k$得

$$\boldsymbol{P}^{\mathrm{T}}\boldsymbol{AP}=\boldsymbol{P}^{-1}\boldsymbol{AP}=\begin{pmatrix}\lambda_0\boldsymbol{E}_k & \boldsymbol{C}\\ \boldsymbol{O} & \boldsymbol{B}\end{pmatrix}。$$

注意$\boldsymbol{P}^{\mathrm{T}}\boldsymbol{AP}$是对称阵，所以$\begin{pmatrix}\lambda_0\boldsymbol{E}_k & \boldsymbol{C}\\ \boldsymbol{O} & \boldsymbol{B}\end{pmatrix}$也是对称阵，故$\boldsymbol{C}=\boldsymbol{O},\boldsymbol{B}^{\mathrm{T}}=\boldsymbol{B}$，即$\boldsymbol{P}^{-1}\boldsymbol{AP}=\begin{pmatrix}\lambda_0\boldsymbol{E}_k & \boldsymbol{O}\\ \boldsymbol{O} & \boldsymbol{B}\end{pmatrix}$。

因此$|\boldsymbol{A}-\lambda\boldsymbol{E}|=(\lambda_0-\lambda)^k|\boldsymbol{B}-\lambda\boldsymbol{E}|$，且$|\boldsymbol{B}-\lambda\boldsymbol{E}|$中无$(\lambda_0-\lambda)$因式，这是因为若$\lambda_0$是$\boldsymbol{B}$的特征值，则同样就有正交阵$\boldsymbol{Q}$使得$\boldsymbol{Q}^{-1}\boldsymbol{BQ}=\begin{pmatrix}\lambda_0\boldsymbol{E}_{k'} & \boldsymbol{O}\\ \boldsymbol{O} & \boldsymbol{B}'\end{pmatrix}$，从而

$$\left[\boldsymbol{P}\begin{pmatrix}\boldsymbol{E} & \boldsymbol{O}\\ \boldsymbol{O} & \boldsymbol{Q}\end{pmatrix}\right]^{-1}\boldsymbol{A}\left[\boldsymbol{P}\begin{pmatrix}\boldsymbol{E} & \boldsymbol{O}\\ \boldsymbol{O} & \boldsymbol{Q}\end{pmatrix}\right]=\begin{pmatrix}\lambda_0\boldsymbol{E}_k & \boldsymbol{O} & \boldsymbol{O}\\ \boldsymbol{O} & \lambda_0\boldsymbol{E}_{k'} & \boldsymbol{O}\\ \boldsymbol{O} & \boldsymbol{O} & \boldsymbol{B}'\end{pmatrix}=\begin{pmatrix}\lambda_0\boldsymbol{E}_{k+k'} & \boldsymbol{O}\\ \boldsymbol{O} & \boldsymbol{B}'\end{pmatrix},$$

即$\boldsymbol{A}$的对应于特征值λ_0的线性无关的特征向量至少有$\boldsymbol{P}\begin{pmatrix}\boldsymbol{E} & \boldsymbol{O}\\ \boldsymbol{O} & \boldsymbol{Q}\end{pmatrix}$的前$k+k'$列，这与$(\boldsymbol{A}-\lambda_0\boldsymbol{E})\boldsymbol{x}=\boldsymbol{0}$的解空间的维数为$k$矛盾。所以$\lambda_0$是$\boldsymbol{A}$的$k$重特征值，即$r=k$。

所以实对称阵$\boldsymbol{A}$的对应于$r_i(i=1,2,\cdots,s)$重特征值λ_i的线性无关的特征向量有r_i个，再由定理 5.7 可知$r_1+r_2+\cdots+r_s=n$，根据定理 5.5 可知，实对称阵$\boldsymbol{A}$一定可以对角化。而且还由定理 5.7 可知实对称阵$\boldsymbol{A}$可有n个两两正交的单位特征向量，因此存在正交阵$\boldsymbol{Q}$，使得$\boldsymbol{Q}^{-1}\boldsymbol{AQ}=\boldsymbol{\Lambda}$。

此定理称为实对称阵的主轴定理。将实对称阵$\boldsymbol{A}$正交相似对角化的求法如下。

（1）求出$\boldsymbol{A}$的所有互异特征值$\lambda_i\ (i=1,2,\cdots,s)$。

（2）求出每个特征值λ_i对应的齐次线性方程组$(\boldsymbol{A}-\lambda_i\boldsymbol{E})\boldsymbol{x}=\boldsymbol{0}$的基础解系，并把它们先正交化后再单位化，即得$r_i$个两两正交的单位特征向量，共可得$n$个两两正交的单位特征向量。

（3）把这n个两两正交的单位特征向量按列构成正交阵$\boldsymbol{Q}$，便有$\boldsymbol{Q}^{-1}\boldsymbol{AQ}\ (=\boldsymbol{Q}^{\mathrm{T}}\boldsymbol{AQ})=\boldsymbol{\Lambda}$，其中$\boldsymbol{\Lambda}$中主对角线上元素的排列次序应与$\boldsymbol{Q}$中列向量的排列次序相对应。

例 5.12 设$\boldsymbol{A}=\begin{pmatrix}1 & 2 & 2\\ 2 & 1 & 2\\ 2 & 2 & 1\end{pmatrix}$，求正交阵$\boldsymbol{Q}$，使得$\boldsymbol{Q}^{-1}\boldsymbol{AQ}=\boldsymbol{\Lambda}$。

解：由例 5.1 可知，$\boldsymbol{p}_1=\begin{pmatrix}1\\1\\1\end{pmatrix}$是$\boldsymbol{A}$的对应于$\lambda_1=5$的特征向量，将其单位化得

$$\boldsymbol{e}_1=\begin{pmatrix}\frac{1}{\sqrt{3}}\\ \frac{1}{\sqrt{3}}\\ \frac{1}{\sqrt{3}}\end{pmatrix}。$$

$\boldsymbol{p}_2=\begin{pmatrix}-1\\1\\0\end{pmatrix},\boldsymbol{p}_3=\begin{pmatrix}-1\\0\\1\end{pmatrix}$是$\boldsymbol{A}$的对应于$\lambda_2=\lambda_3=-1$的两个线性无关特征向量，先正交化得

$$\boldsymbol{\eta}_2=\boldsymbol{p}_2=\begin{pmatrix}-1\\1\\0\end{pmatrix},\quad \boldsymbol{\eta}_3=\boldsymbol{p}_3-\frac{(\boldsymbol{p}_3,\boldsymbol{\eta}_2)}{(\boldsymbol{\eta}_2,\boldsymbol{\eta}_2)}\boldsymbol{\eta}_2=\begin{pmatrix}-1\\0\\1\end{pmatrix}-\frac{1}{2}\begin{pmatrix}-1\\1\\0\end{pmatrix}=\begin{pmatrix}-\frac{1}{2}\\-\frac{1}{2}\\1\end{pmatrix},$$

再单位化，得

$$\boldsymbol{e}_2=\frac{\boldsymbol{\eta}_2}{\|\boldsymbol{\eta}_2\|}=\begin{pmatrix}-\frac{1}{\sqrt{2}}\\\frac{1}{\sqrt{2}}\\0\end{pmatrix},\quad \boldsymbol{e}_3=\frac{\boldsymbol{\eta}_3}{\|\boldsymbol{\eta}_3\|}=\begin{pmatrix}-\frac{1}{\sqrt{6}}\\-\frac{1}{\sqrt{6}}\\\frac{2}{\sqrt{6}}\end{pmatrix}。$$

于是构造正交阵$\boldsymbol{Q}=\begin{pmatrix}\frac{1}{\sqrt{3}}&-\frac{1}{\sqrt{2}}&-\frac{1}{\sqrt{6}}\\\frac{1}{\sqrt{3}}&\frac{1}{\sqrt{2}}&-\frac{1}{\sqrt{6}}\\\frac{1}{\sqrt{3}}&0&\frac{2}{\sqrt{6}}\end{pmatrix}$，则有$\boldsymbol{Q}^{-1}\boldsymbol{A}\boldsymbol{Q}=\begin{pmatrix}5&&\\&-1&\\&&-1\end{pmatrix}$。

例 5.13 设三阶实对称阵$\boldsymbol{A}$的特征值$\lambda_1=1,\lambda_2=3,\lambda_3=-3$，对应于$\lambda_1,\lambda_2$的特征向量依次为$\boldsymbol{p}_1=\begin{pmatrix}1\\-1\\0\end{pmatrix},\boldsymbol{p}_2=\begin{pmatrix}1\\1\\1\end{pmatrix}$，求$\boldsymbol{A}$。

解：设$\boldsymbol{p}_3=\begin{pmatrix}x_1\\x_2\\x_3\end{pmatrix}$，由$\boldsymbol{p}_1\perp\boldsymbol{p}_3,\boldsymbol{p}_2\perp\boldsymbol{p}_3$可得$\begin{cases}x_1-x_2=0\\x_1+x_2+x_3=0\end{cases}$，该齐次线性方程组的一个非零解为$\boldsymbol{p}_3=\begin{pmatrix}1\\1\\-2\end{pmatrix}$，令$\boldsymbol{P}=(\boldsymbol{p}_1\ \ \boldsymbol{p}_2\ \ \boldsymbol{p}_3)=\begin{pmatrix}1&1&1\\-1&1&1\\0&1&-2\end{pmatrix}$，$\boldsymbol{\Lambda}=\begin{pmatrix}1&&\\&3&\\&&-3\end{pmatrix}$，则有$\boldsymbol{P}^{-1}\boldsymbol{A}\boldsymbol{P}=\boldsymbol{\Lambda}$，所以

$$\boldsymbol{A}=\boldsymbol{P}\boldsymbol{\Lambda}\boldsymbol{P}^{-1}=\begin{pmatrix}1&0&2\\0&1&2\\2&2&-1\end{pmatrix}。$$

习题 5

1. 设$\boldsymbol{A}$、$\boldsymbol{B}$都是n阶方阵，且$\boldsymbol{A}$可逆，证明$\boldsymbol{AB}$与$\boldsymbol{BA}$相似。

2．设 $\boldsymbol{A}$、$\boldsymbol{B}$ 都是 n 阶方阵且 $\boldsymbol{A}\sim\boldsymbol{B}$，证明（1）$\boldsymbol{A}^{\mathrm{T}}\sim\boldsymbol{B}^{\mathrm{T}}$；（2）若 $\boldsymbol{A}$ 可逆，则 $\boldsymbol{B}$ 也可逆，且 $\boldsymbol{A}^{-1}\sim\boldsymbol{B}^{-1}$。

3．求下列矩阵的特征值及特征向量。

（1）$\boldsymbol{A}=\begin{pmatrix}2&-4\\-3&3\end{pmatrix}$；　（2）$\boldsymbol{A}=\begin{pmatrix}1&-1&1\\0&2&0\\0&-1&1\end{pmatrix}$；

（3）$\boldsymbol{A}=\begin{pmatrix}1&2&3\\2&1&3\\3&3&6\end{pmatrix}$；　（4）$\boldsymbol{A}=\begin{pmatrix}2&-1&2\\5&-3&3\\-1&0&-2\end{pmatrix}$。

4．设 $\boldsymbol{A}=\begin{pmatrix}2&-1&2\\5&a&3\\-1&b&-2\end{pmatrix}$ 的一个特征向量为 $\boldsymbol{p}_1=\begin{pmatrix}1\\1\\-1\end{pmatrix}$，求常数 a,b 及 $\boldsymbol{A}$ 的全体特征值与特征向量。

5．设 $\boldsymbol{A}$ 为 n 阶方阵，证明 $\boldsymbol{A}^{\mathrm{T}}$ 与 $\boldsymbol{A}$ 的特征值相同。

6．设 n 阶方阵 $\boldsymbol{A}$、$\boldsymbol{B}$ 满足 $R(\boldsymbol{A})+R(\boldsymbol{B})<n$，证明 $\boldsymbol{A}$ 与 $\boldsymbol{B}$ 有公共的特征值，有公共的特征向量。

7．设 $\boldsymbol{A}^2-3\boldsymbol{A}+2\boldsymbol{E}=\boldsymbol{O}$，证明 $\boldsymbol{A}$ 的特征值只能取 1 或 2。

8．设 $\boldsymbol{A}$ 为正交阵，且 $|\boldsymbol{A}|=-1$，证明 $\lambda=-1$ 是 $\boldsymbol{A}$ 的特征值。

9．设 $\lambda\neq 0$ 是 $\boldsymbol{A}_{m\times n}\boldsymbol{B}_{n\times m}$ 的特征值，证明 λ 也是 $\boldsymbol{B}_{n\times m}\boldsymbol{A}_{m\times n}$ 的特征值。

10．已知三阶方阵 $\boldsymbol{A}$ 的特征值为 $1,2,-3$，求 $\left|\boldsymbol{A}^*+3\boldsymbol{A}+2\boldsymbol{E}\right|$。

11．设 $\boldsymbol{\alpha}=(a_1\ \ a_2\ \ \cdots\ \ a_n)^{\mathrm{T}}$，$a_1\neq 0$，$\boldsymbol{A}=\boldsymbol{\alpha}\boldsymbol{\alpha}^{\mathrm{T}}$，求解以下问题。

（1）证明 $\lambda=0$ 是 $\boldsymbol{A}$ 的 $n-1$ 重特征值。

（2）求 $\boldsymbol{A}$ 的非零特征值及 n 个线性无关的特征向量。

12．设方阵 $\boldsymbol{A}$ 有互异特征值 λ_1、λ_2，对应的特征向量分别为 $\boldsymbol{p}_1,\boldsymbol{p}_2$，证明以下问题。（1）$k_1\boldsymbol{p}_1+k_2\boldsymbol{p}_2\ (k_1k_2\neq 0)$ 不是 $\boldsymbol{A}$ 的特征向量。（2）$\boldsymbol{p}_1$，$k_1\boldsymbol{p}_1+k_2\boldsymbol{p}_2\ (k_1k_2\neq 0)$ 线性无关。

13．下列方阵是否可以对角化？若可以，将其对角化。

（1）$\boldsymbol{A}=\begin{pmatrix}1&4&-10\\-2&1&2\\2&-10&16\end{pmatrix}$；（2）$\boldsymbol{A}=\begin{pmatrix}0&1&0\\-1&0&1\\0&-1&0\end{pmatrix}$；（3）$\boldsymbol{A}=\begin{pmatrix}0&-1&0\\2&-3&0\\3&-3&-1\end{pmatrix}$。

14．设 n 阶方阵 $\boldsymbol{A}$ 满足 $\boldsymbol{A}^2=\boldsymbol{A}$ 且 $R(\boldsymbol{A})=r$，证明

$$\boldsymbol{A}\sim\boldsymbol{\Lambda}=\begin{pmatrix}1&&&&&\\&\ddots&&&&\\&&1&&&\\&&&0&&\\&&&&\ddots&\\&&&&&0\end{pmatrix}$$，其中对角阵 $\boldsymbol{\Lambda}$ 主对角线上 1 的个数为 r。

15．将下列实对称阵对角化。

（1）$\boldsymbol{A}=\begin{pmatrix}-2 & 2 & 2\\ 2 & 1 & 4\\ 2 & 4 & 1\end{pmatrix}$；（2）$\boldsymbol{A}=\begin{pmatrix}2 & 2 & -2\\ 2 & 5 & -4\\ -2 & -4 & 5\end{pmatrix}$。

16．求一个正交的相似变换矩阵，将对称阵

$$\boldsymbol{A}=\begin{pmatrix}2 & -2 & 0\\ -2 & 1 & -2\\ 0 & -2 & 0\end{pmatrix}$$

变成对角阵。

第 6 章　二次型与其标准形

在解析几何中，为了便于研究二次曲线 $ax^2+bxy+cy^2+dx+ey=1$（1）的几何性质，可以选择适当的坐标旋转变换 $\begin{cases} x = x'\cos\theta - y'\sin\theta \\ y = x'\sin\theta + y'\cos\theta \end{cases}$ 把方程化为标准形 $mx'^2+ny'^2+px'+qy'=1$，研究一般的二次曲面亦是如此。

（1）式的左边有一个二次齐次多项式 $ax^2+bxy+cy^2$，从代数学的观点看，化标准形的过程就是通过变量的线性变换化简一个二次齐次多项式，使它只含有平方项。这样一个问题，在许多理论问题或实际问题，例如极值问题、振动问题和优化问题中常会遇到。现在把这类问题一般化，讨论 n 个变量的二次齐次多项式的化简问题。

6.1　二次型及合同变换

定义 6.1　称实数域 **R** 上的关于 n 个变量 $x_1,x_2,\cdots,x_n$ 的二次齐次多项式

$$\begin{aligned} f(x_1,x_2,\cdots,x_n) = & a_{11}x_1^2+2a_{12}x_1x_2+2a_{13}x_1x_3+\cdots+2a_{1n}x_1x_n \\ & +a_{22}x_2^2+2a_{23}x_2x_3+2a_{24}x_2x_4+\cdots+2a_{2n}x_2x_n+ \\ & \cdots \\ & +a_{n-1,n-1}x_{n-1}^2+2a_{n-1,n}x_{n-1}x_n \\ & +a_{nn}x_n^2 \end{aligned}$$

为实数域 **R** 上的 n 元二次型，简称为二次型。

利用矩阵，二次型又可表示为

$$\begin{aligned} f = & x_1(a_{11}x_1+a_{12}x_2+a_{13}x_3+\cdots+a_{1n}x_n) \\ & +x_2(a_{12}x_1+a_{22}x_2+a_{23}x_3+\cdots+a_{2n}x_n)+ \\ & \cdots \\ & +x_n(a_{1n}x_1+a_{2n}x_2+a_{3n}x_3+\cdots+a_{nn}x_n) \\ = & (x_1\ \ x_2\ \cdots\ x_n)\begin{pmatrix} a_{11}x_1+a_{12}x_2+\cdots+a_{1n}x_n \\ a_{12}x_1+a_{22}x_2+\cdots+a_{2n}x_n \\ \cdots \\ a_{1n}x_1+a_{2n}x_2+\cdots+a_{nn}x_n \end{pmatrix} \\ = & (x_1\ \ x_2\ \cdots\ x_n)\begin{pmatrix} a_{11} & a_{12} & \cdots & a_{1n} \\ a_{12} & a_{22} & \cdots & a_{2n} \\ \vdots & \vdots & & \vdots \\ a_{1n} & a_{2n} & \cdots & a_{nn} \end{pmatrix}\begin{pmatrix} x_1 \\ x_2 \\ \vdots \\ x_n \end{pmatrix}, \end{aligned}$$

记

$$x=\begin{pmatrix}x_1\\x_2\\\vdots\\x_n\end{pmatrix},\quad A=\begin{pmatrix}a_{11}&a_{12}&\cdots&a_{1n}\\a_{12}&a_{22}&\cdots&a_{2n}\\\vdots&\vdots&&\vdots\\a_{1n}&a_{2n}&\cdots&a_{nn}\end{pmatrix},$$

那么二次型 $f(x_1,x_2,\cdots,x_n)$ 可表示为如下的矩阵形式 $f=\boldsymbol{x}^{\mathrm{T}}\boldsymbol{A}\boldsymbol{x}$，式中 $\boldsymbol{A}$ 是 n 阶实对称阵，它的主对角线上元素 a_{ii} 是二次型 f 中平方项 x_i^2 前面的系数，而主对角线外的元素 $a_{ij}(i\neq j)$ 是二次型 f 中乘积项 $x_ix_j(i\neq j)$ 前面系数的一半。

显然，二次型 $f(x_1,x_2,\cdots,x_n)$ 与实对称阵 $\boldsymbol{A}$ 是一一对应关系，于是称 $\boldsymbol{A}$ 为 f 的矩阵，称 f 为 $\boldsymbol{A}$ 对应的二次型，称 $\boldsymbol{A}$ 的秩为 f 的秩。特别地，若二次型 f 只含有平方项，则称它为二次型的标准形（或法式），这时，其矩阵为一对角阵。如果标准形中的系数 $k_1,k_2,\cdots,k_n$ 依次为 $1,\cdots,1,-1,\cdots,-1,0,\cdots,0$，即

$$f=y_1^2+\cdots+y_p^2-y_{p+1}^2-\cdots-y_r^2,$$

则称之为二次型的规范形。

例 6.1 求二次型 $f(x_1,x_2,x_3)=x_1^2+x_1x_2-2x_1x_3+x_2^2-3x_2x_3+2x_3^2$ 的矩阵，并将它表示为矩阵形式。

解：其矩阵为 $\begin{pmatrix}1&\frac{1}{2}&-1\\\frac{1}{2}&1&-\frac{3}{2}\\-1&-\frac{3}{2}&2\end{pmatrix}$，

其矩阵形式为 $f(x_1,x_2,x_3)=(x_1\ \ x_2\ \ x_3)\begin{pmatrix}1&\frac{1}{2}&-1\\\frac{1}{2}&1&-\frac{3}{2}\\-1&-\frac{3}{2}&2\end{pmatrix}\begin{pmatrix}x_1\\x_2\\x_3\end{pmatrix}$。

例 6.2 求二次型 $f=2x_1x_2+2x_1x_3-2x_1x_4-6x_2x_3+4x_2x_4$ 的矩阵。

解：其矩阵为 $\begin{pmatrix}0&1&1&-1\\1&0&-3&2\\1&-3&0&0\\-1&2&0&0\end{pmatrix}$。

例 6.3 求二次型 $f(x_1,x_2,x_3)=(x_1\ \ x_2\ \ x_3)\begin{pmatrix}2&3&-1\\1&3&0\\7&4&5\end{pmatrix}\begin{pmatrix}x_1\\x_2\\x_3\end{pmatrix}$ 的矩阵。

解：因为 $f(x_1,x_2,x_3)=2x_1^2+4x_1x_2+6x_1x_3+3x_2^2+4x_2x_3+5x_3^2$，所以其矩阵为 $\begin{pmatrix}2&2&3\\2&3&2\\3&2&5\end{pmatrix}$。

因为二次型的标准形形状简单，便于研究，所以对于二次型 f，我们讨论的基本问题是寻求可逆的线性变换 $\boldsymbol{x}=\boldsymbol{C}\boldsymbol{y}$ 使二次型只含有平方项，即能使 $f=k_1y_1^2+k_2y_2^2+\cdots+k_ny_n^2$。

要使二次型 f 经可逆的线性变换 $\boldsymbol{x}=\boldsymbol{C}\boldsymbol{y}$ 变成标准形，就是要使

$$\begin{aligned} f=\boldsymbol{x}^{\mathrm{T}}\boldsymbol{A}\boldsymbol{x}&=(\boldsymbol{C}\boldsymbol{y})^{\mathrm{T}}\boldsymbol{A}(\boldsymbol{C}\boldsymbol{y})=\boldsymbol{y}^{\mathrm{T}}(\boldsymbol{C}^{\mathrm{T}}\boldsymbol{A}\boldsymbol{C})\boldsymbol{y}\\ &=k_1y_1^2+k_2y_2^2+\cdots+k_ny_n^2\\ &=\boldsymbol{y}^{\mathrm{T}}\begin{pmatrix} k_1 & & & \\ & k_2 & & \\ & & \ddots & \\ & & & k_n \end{pmatrix}\boldsymbol{y}, \end{aligned}$$

也就是要使 $\boldsymbol{C}^{\mathrm{T}}\boldsymbol{A}\boldsymbol{C}$ 成为对角阵。因此，主要问题就转变为：对于对称阵 $\boldsymbol{A}$，寻求可逆方阵 $\boldsymbol{C}$，使得 $\boldsymbol{C}^{\mathrm{T}}\boldsymbol{A}\boldsymbol{C}$ 成为对角阵。

定义 6.2 对于 n 阶方阵 $\boldsymbol{A},\boldsymbol{B}$，若有可逆方阵 $\boldsymbol{C}$ 使得 $\boldsymbol{C}^{\mathrm{T}}\boldsymbol{A}\boldsymbol{C}=\boldsymbol{B}$，则称 $\boldsymbol{A}$ 与 $\boldsymbol{B}$ 合同，记为 $\boldsymbol{A}\simeq\boldsymbol{B}$。对 $\boldsymbol{A}$ 进行 $\boldsymbol{C}^{\mathrm{T}}\boldsymbol{A}\boldsymbol{C}$ 运算称为对 $\boldsymbol{A}$ 进行合同变换，可逆方阵 $\boldsymbol{C}$ 称为把 $\boldsymbol{A}$ 变成 $\boldsymbol{B}$ 的合同变换矩阵。特别地，若 $\boldsymbol{A}$ 与对角阵 $\boldsymbol{\Lambda}$ 合同，则称 $\boldsymbol{A}$ 可合同对角化。

方阵的合同具有下列基本性质。

（1）自反性：即 $\boldsymbol{A}\simeq\boldsymbol{B}$。

（2）对称性：即若 $\boldsymbol{A}\simeq\boldsymbol{B}$，则 $\boldsymbol{B}\simeq\boldsymbol{A}$。

（3）传递性：即若 $\boldsymbol{A}\simeq\boldsymbol{B}$，$\boldsymbol{B}\simeq\boldsymbol{C}$，则 $\boldsymbol{A}\simeq\boldsymbol{C}$。

（4）保秩性：即若 $\boldsymbol{A}\simeq\boldsymbol{B}$，则 $R(\boldsymbol{A})=R(\boldsymbol{B})$。

（5）保号性：即若 $\boldsymbol{A}\simeq\boldsymbol{B}$，则 $|\boldsymbol{A}|$ 与 $|\boldsymbol{B}|$ 同号。

由第 5 章定理 5.8 以及正交阵 $\boldsymbol{Q}$ 有 $\boldsymbol{Q}^{-1}=\boldsymbol{Q}^{\mathrm{T}}$，可以得到定理 6.1。

定理 6.1 实对称阵 $\boldsymbol{A}$ 一定合同于一个对角阵 $\begin{pmatrix} d_1 & & & \\ & d_2 & & \\ & & \ddots & \\ & & & d_n \end{pmatrix}$，而且存在正交阵 $\boldsymbol{Q}$，使得 $\boldsymbol{Q}^{\mathrm{T}}\boldsymbol{A}\boldsymbol{Q}=\begin{pmatrix} \lambda_1 & & & \\ & \lambda_2 & & \\ & & \ddots & \\ & & & \lambda_n \end{pmatrix}$，其中 $\lambda_1,\lambda_2,\cdots,\lambda_n$ 是 $\boldsymbol{A}$ 的特征值。

由定理 6.1 可知，对称阵可合同对角化，而且还能正交合同对角化（即合同变换矩阵是正交阵，正交合同对角化也就是正交相似对角化）。

6.2 化二次型为标准形

下面主要讨论怎样把一个二次型 f 经可逆的线性变换 $\boldsymbol{x}=\boldsymbol{C}\boldsymbol{y}$ 变成标准形。

6.2.1 正交变换法

定义 6.3 若 $\boldsymbol{Q}$ 是正交阵，则线性变换 $\boldsymbol{y}=\boldsymbol{Q}\boldsymbol{x}$ 称为正交变换。

例如，$\mathbf{R}^2$ 中的旋转变换 $\begin{pmatrix} x_1\\ y_1 \end{pmatrix}=\begin{pmatrix} \cos\varphi & -\sin\varphi\\ \sin\varphi & \cos\varphi \end{pmatrix}\begin{pmatrix} x\\ y \end{pmatrix}$ 就是正交变换，且 $\begin{vmatrix} \cos\varphi & -\sin\varphi\\ \sin\varphi & \cos\varphi \end{vmatrix}=1$；

$\mathbf{R}^2$ 中的关于 y 轴的对称变换（也是镜面反射变换）$\begin{pmatrix} x_1 \\ y_1 \end{pmatrix} = \begin{pmatrix} -1 & 0 \\ 0 & 1 \end{pmatrix}\begin{pmatrix} x \\ y \end{pmatrix}$ 也是正交变换，且 $\begin{vmatrix} -1 & 0 \\ 0 & 1 \end{vmatrix} = -1$。

命题 6.1 正交变换不改变两向量的内积。

证：设 $\boldsymbol{y} = \boldsymbol{Q}\boldsymbol{x}$ 为正交变换，则有

$$(\boldsymbol{Q}\boldsymbol{\alpha}, \boldsymbol{Q}\boldsymbol{\beta}) = (\boldsymbol{Q}\boldsymbol{\alpha})^{\mathrm{T}}\boldsymbol{Q}\boldsymbol{\beta} = \boldsymbol{\alpha}^{\mathrm{T}}\boldsymbol{Q}^{\mathrm{T}}\boldsymbol{Q}\boldsymbol{\beta} = \boldsymbol{\alpha}^{\mathrm{T}}\boldsymbol{E}\boldsymbol{\beta} = \boldsymbol{\alpha}^{\mathrm{T}}\boldsymbol{\beta} = (\boldsymbol{\alpha}, \boldsymbol{\beta})。$$

正交变换保持内积不变，从而保持长度、夹角不变，所以保持几何形状不变、大小不变，这是正交变换的优良特性。由定理 6.1 可直接得到定理 6.2。

定理 6.2 任意实数域上的二次型 $f = \boldsymbol{x}^{\mathrm{T}}\boldsymbol{A}\boldsymbol{x}$，总有正交变换 $\boldsymbol{x} = \boldsymbol{Q}\boldsymbol{y}$，使得 $f(\boldsymbol{x}) = f(\boldsymbol{Q}\boldsymbol{y}) = \lambda_1 y_1^2 + \lambda_2 y_2^2 + \cdots + \lambda_n y_n^2$，其中 $\lambda_1, \lambda_2, \cdots, \lambda_n$ 是对称阵 $\boldsymbol{A}$ 的特征值。简言之，实二次型都可用正交变换化为标准形。

定理 6.2 通常称为实二次型的主轴定理，之所以称为主轴定理，是因为只要将正交阵 $\boldsymbol{Q}$ 的 n 个列向量作为"轴"，则二次型 $f = \boldsymbol{x}^{\mathrm{T}}\boldsymbol{A}\boldsymbol{x}$ 在新坐标系下就只含有平方项，而不含有交叉项。下面用例 6.4 具体说明用正交变换怎样化实二次型为标准形以及它在解析几何中的应用。

例 6.4 设 $f(x,y,z) = x^2 + y^2 + z^2 + 4xy + 4xz + 4yz$，求解以下问题。

（1）用正交变换化 $f(x,y,z)$ 为标准形。

（2）$f(x,y,z) + \sqrt{6}z - 2 = 0$ 表示哪类二次曲面？并求其半轴和对称中心。

解：（1）f 的矩阵 $\boldsymbol{A} = \begin{pmatrix} 1 & 2 & 2 \\ 2 & 1 & 2 \\ 2 & 2 & 1 \end{pmatrix}$，由第 5 章例 5.12 知道有正交阵

$$\boldsymbol{Q} = \begin{pmatrix} \frac{1}{\sqrt{3}} & -\frac{1}{\sqrt{2}} & -\frac{1}{\sqrt{6}} \\ \frac{1}{\sqrt{3}} & \frac{1}{\sqrt{2}} & -\frac{1}{\sqrt{6}} \\ \frac{1}{\sqrt{3}} & 0 & \frac{2}{\sqrt{6}} \end{pmatrix},$$

使得 $\boldsymbol{Q}^{\mathrm{T}}\boldsymbol{A}\boldsymbol{Q} = \boldsymbol{Q}^{-1}\boldsymbol{A}\boldsymbol{Q} = \begin{pmatrix} 5 & & \\ & -1 & \\ & & -1 \end{pmatrix}$，于是有正交变换

$$\begin{pmatrix} x \\ y \\ z \end{pmatrix} = \begin{pmatrix} \frac{1}{\sqrt{3}} & -\frac{1}{\sqrt{2}} & -\frac{1}{\sqrt{6}} \\ \frac{1}{\sqrt{3}} & \frac{1}{\sqrt{2}} & -\frac{1}{\sqrt{6}} \\ \frac{1}{\sqrt{3}} & 0 & \frac{2}{\sqrt{6}} \end{pmatrix}\begin{pmatrix} x' \\ y' \\ z' \end{pmatrix},$$

把二次型 f 化成标准形 $f = 5x'^2 - y'^2 - z'^2$。

（2）通过这个正交变换，使得二次曲面方程转化为

$$5x'^2 - y'^2 - z'^2 + \sqrt{6}(\frac{1}{\sqrt{3}}x' + \frac{2}{\sqrt{6}}z') - 2 = 0,$$

即

$$5x'^2 - y'^2 - z'^2 + \sqrt{2}x' + 2z' - 2 = 0,$$

配方得
$$\frac{(x' + \frac{\sqrt{2}}{10})^2}{\frac{11}{50}} - \frac{y'^2}{\frac{11}{10}} - \frac{(z'-1)^2}{\frac{11}{10}} = 1.$$

由于正交变换不改变几何图形的形状与大小，所以此方程说明这个二次曲面是旋转双叶双曲面，它的实半轴为$\sqrt{\frac{11}{50}}$，两个虚半轴分别为$\sqrt{\frac{11}{10}}$和$\sqrt{\frac{11}{10}}$，且由

$$\begin{pmatrix} \frac{1}{\sqrt{3}} & -\frac{1}{\sqrt{2}} & -\frac{1}{\sqrt{6}} \\ \frac{1}{\sqrt{3}} & \frac{1}{\sqrt{2}} & -\frac{1}{\sqrt{6}} \\ \frac{1}{\sqrt{3}} & 0 & \frac{2}{\sqrt{6}} \end{pmatrix} \begin{pmatrix} -\frac{\sqrt{2}}{10} \\ 0 \\ 1 \end{pmatrix} = \begin{pmatrix} -\frac{\sqrt{6}}{5} \\ -\frac{\sqrt{6}}{5} \\ \frac{3\sqrt{6}}{10} \end{pmatrix},$$

可知其对称中心坐标$x = y = -\frac{\sqrt{6}}{5}, z = \frac{3\sqrt{6}}{10}$。

一般地，设二次曲面的一般方程为$f(x,y,z) + ax + by + cz + d = 0$，其中$f(x,y,z)$是实三元二次型，$a,b,c,d$是实常数，如果$f(x,y,z)$的矩阵的特征值为$\lambda_1, \lambda_2, \lambda_3$，则在$\mathbf{R}^3$的正交变换下，二次曲面的一般方程化简为

$$\lambda_1 x_1^2 + \lambda_2 y_1^2 + \lambda_3 z_1^2 + a_1 x_1 + b_1 y_1 + c_1 z_1 + d = 0,$$

由此即可确定二次曲面的形状和大小。这样一来，解析几何中关于化简二次曲面的一般方程以研究曲面的几何性质这一重要课题得到了解决。

6.2.2 配方法（拉格朗日配方法）

例 6.5 设二次型$f(x_1,x_2,x_3) = x_1^2 + x_2^2 + x_3^2 + 4x_1x_2 + 4x_1x_3 + 4x_2x_3$，用配方法化$f(x_1,x_2,x_3)$为标准形。

解： 由于f中含变量x_1的平方项，故把含x_1的所有项归并起来，配成完全平方式，然后再依此类推。故可得

$$\begin{aligned} f &= x_1^2 + 4x_1(x_2 + x_3) + x_2^2 + x_3^2 + 4x_2x_3 \\ &= [x_1 + 2(x_2 + x_3)]^2 - 4(x_2 + x_3)^2 + x_2^2 + x_3^2 + 4x_2x_3 \\ &= (x_1 + 2x_2 + 2x_3)^2 - 3x_2^2 - 4x_2x_3 - 3x_3^2 \\ &= (x_1 + 2x_2 + 2x_3)^2 - 3[(x_2 + \frac{2}{3}x_3)^2 - \frac{4}{9}x_3^2] - 3x_3^2 \\ &= (x_1 + 2x_2 + 2x_3)^2 - 3(x_2 + \frac{2}{3}x_3)^2 - \frac{5}{3}x_3^2. \end{aligned}$$

令$\begin{cases} y_1 = x_1 + 2x_2 + 2x_3 \\ y_2 = x_2 + \dfrac{2}{3}x_3 \\ y_3 = x_3 \end{cases}$，则$\begin{cases} x_1 = y_1 - 2y_2 - \dfrac{2}{3}y_3 \\ x_2 = y_2 - \dfrac{2}{3}y_3 \\ x_3 = y_3 \end{cases}$，

于是用可逆变换 $\boldsymbol{x} = \boldsymbol{C}\boldsymbol{y}$，式中$\boldsymbol{C} = \begin{pmatrix} 1 & -2 & -\dfrac{2}{3} \\ 0 & 1 & -\dfrac{2}{3} \\ 0 & 0 & 1 \end{pmatrix}$把二次型化成标准形

$$f = y_1^2 - 3y_2^2 - \frac{5}{3}y_3^2\text{。（与例 6.4 结果不同）}$$

例 6.6 设 $f(x_1, x_2, x_3) = 2x_1x_2 + 2x_1x_3 - 6x_2x_3$，用配方法化 $f(x_1, x_2, x_3)$ 为规范形。

解： 在 f 中不含平方项，用配方法应首先产生出平方项，为此先凑出平方项，由于含有乘积项 x_1x_2，故令

$$\begin{cases} x_1 = y_1 + y_2 \\ x_2 = y_1 - y_2 \\ x_3 = y_3 \end{cases}\text{，即 } \boldsymbol{x} = \boldsymbol{C}_1\boldsymbol{y}\text{，式中 } \boldsymbol{C}_1 = \begin{pmatrix} 1 & 1 & 0 \\ 1 & -1 & 0 \\ 0 & 0 & 1 \end{pmatrix}\text{，}$$

则代入可得 $f = 2y_1^2 - 2y_2^2 - 4y_1y_3 + 8y_2y_3$。

再配方得

$$f = 2(y_1 - y_3)^2 - 2(y_2 - 2y_3)^2 + 6y_3^2 = [\sqrt{2}(y_1 - y_3)]^2 + (\sqrt{6}y_3)^2 - [\sqrt{2}(y_2 - 2y_3)]^2\text{，}$$

再令

$$\begin{cases} z_1 = \sqrt{2}(y_1 - y_3) \\ z_2 = \sqrt{6}y_3 \\ z_3 = \sqrt{2}(y_2 - 2y_3) \end{cases}\text{，即}\begin{cases} y_1 = \dfrac{\sqrt{2}}{2}z_1 + \dfrac{\sqrt{6}}{6}z_2 \\ y_2 = \dfrac{\sqrt{6}}{3}z_2 + \dfrac{\sqrt{2}}{2}z_3 \\ y_3 = \dfrac{\sqrt{6}}{6}z_2 \end{cases}\text{，}$$

即 $\boldsymbol{y} = \boldsymbol{C}_2\boldsymbol{z}$，

式中
$$\boldsymbol{C}_2 = \begin{pmatrix} \dfrac{\sqrt{2}}{2} & \dfrac{\sqrt{6}}{6} & 0 \\ 0 & \dfrac{\sqrt{6}}{3} & \dfrac{\sqrt{2}}{2} \\ 0 & \dfrac{\sqrt{6}}{6} & 0 \end{pmatrix}\text{，}$$

于是用可逆线性变换 $\boldsymbol{x} = \boldsymbol{C}_1\boldsymbol{y} = \boldsymbol{C}_1\boldsymbol{C}_2\boldsymbol{z} = \boldsymbol{C}\boldsymbol{z}$，式中

$$C = C_1C_2 = \begin{pmatrix} \frac{\sqrt{2}}{2} & \frac{\sqrt{6}}{2} & \frac{\sqrt{2}}{2} \\ \frac{\sqrt{2}}{2} & -\frac{\sqrt{6}}{6} & -\frac{\sqrt{2}}{2} \\ 0 & \frac{\sqrt{6}}{6} & 0 \end{pmatrix}$$

把二次型化成规范形 $f = z_1^2 + z_2^2 - z_3^2$。

6.2.3 初等变换法

设有可逆矩阵 $\boldsymbol{C}$ 使得 $\boldsymbol{C}^{\mathrm{T}}\boldsymbol{AC} = \boldsymbol{B}$，因 $\boldsymbol{C}$ 可逆，于是 $\boldsymbol{C} = \boldsymbol{P}_1\boldsymbol{P}_2\cdots\boldsymbol{P}_s$（$\boldsymbol{P}_i$ 是初等矩阵），于是 $\boldsymbol{P}_s^{\mathrm{T}}\cdots\boldsymbol{P}_2^{\mathrm{T}}\boldsymbol{P}_1^{\mathrm{T}}\boldsymbol{AP}_1\boldsymbol{P}_2\cdots\boldsymbol{P}_s = \boldsymbol{B}$，而对于初等矩阵有 $\boldsymbol{E}^{\mathrm{T}}(i,j) = \boldsymbol{E}(i,j)$，$\boldsymbol{E}^{\mathrm{T}}(i(k)) = \boldsymbol{E}(i(k))$，$\boldsymbol{E}^{\mathrm{T}}(j(k)+i) = \boldsymbol{E}(i(k)+j)$，因此 $\boldsymbol{E}^{\mathrm{T}}(i,j)\boldsymbol{AE}(i,j) = \boldsymbol{B}$ 相当于 $\boldsymbol{A} \underset{c_i \leftrightarrow c_j}{\overset{r_i \leftrightarrow r_j}{\longrightarrow}} \boldsymbol{B}$，$\boldsymbol{E}^{\mathrm{T}}(i(k))\boldsymbol{AE}(i(k)) = \boldsymbol{B}$ 相当于 $\boldsymbol{A} \underset{c_i \times k}{\overset{r_i \times k}{\longrightarrow}} \boldsymbol{B}$，$\boldsymbol{E}^{\mathrm{T}}(j(k)+i)\boldsymbol{AE}(j(k)+i) = \boldsymbol{B}$ 相当于 $\boldsymbol{A} \underset{c_i \times k + c_j}{\overset{r_i \times k + r_j}{\longrightarrow}} \boldsymbol{B}$。故 $\boldsymbol{P}_s^{\mathrm{T}}\cdots\boldsymbol{P}_2^{\mathrm{T}}\boldsymbol{P}_1^{\mathrm{T}}\boldsymbol{AP}_1\boldsymbol{P}_2\cdots\boldsymbol{P}_s = \boldsymbol{B}$ 就相当于对 $\boldsymbol{A}$ 进行一系列初等行变换的同时再进行一系列相同的初等列变换就得到 $\boldsymbol{B}$，而 $\boldsymbol{C} = \boldsymbol{EP}_1\boldsymbol{P}_2\cdots\boldsymbol{P}_s$，即相当于对 $\boldsymbol{E}$ 进行一系列相同的初等列变换就得到 $\boldsymbol{C}$，综上，可以写成公式：

$$\begin{pmatrix} \boldsymbol{A} \\ \cdots \\ \boldsymbol{E} \end{pmatrix} \underset{\text{整体施行“相同的列变换”}}{\overset{\text{对}\boldsymbol{A}\text{施行“行变换”}}{\longrightarrow}} \begin{pmatrix} \boldsymbol{B} \\ \cdots \\ \boldsymbol{C} \end{pmatrix}。$$

例 6.7 用初等变换法化 $f(x_1,x_2,x_3) = x_1^2 + x_2^2 + x_3^2 + 4x_1x_2 + 4x_1x_3 + 4x_2x_3$ 为标准形。

解：因有

$$\begin{pmatrix} \boldsymbol{A} \\ \cdots \\ \boldsymbol{E} \end{pmatrix} = \begin{pmatrix} 1 & 2 & 2 \\ 2 & 1 & 2 \\ 2 & 2 & 1 \\ \hline 1 & 0 & 0 \\ 0 & 1 & 0 \\ 0 & 0 & 1 \end{pmatrix} \underset{c_1\times(-2)+c_2}{\overset{r_1\times(-2)+r_2}{\longrightarrow}} \begin{pmatrix} 1 & 0 & 2 \\ 0 & -3 & -2 \\ 2 & -2 & 1 \\ \hline 1 & -2 & 0 \\ 0 & 1 & 0 \\ 0 & 0 & 1 \end{pmatrix} \underset{\substack{c_1\times(-2)+c_3 \\ c_2\times(-\frac{2}{3})+c_3 \\ c_3\times 3}}{\overset{\substack{r_1\times(-2)+r_3 \\ r_2\times(-\frac{2}{3})+r_3 \\ r_3\times 3}}{\longrightarrow}} \begin{pmatrix} 1 & 0 & 0 \\ 0 & -3 & 0 \\ 0 & 0 & -15 \\ \hline 1 & -2 & -2 \\ 0 & 1 & -2 \\ 0 & 0 & 3 \end{pmatrix},$$

于是用可逆线性变换 $\boldsymbol{x} = \boldsymbol{Cy}$，其中 $\boldsymbol{C} = \begin{pmatrix} 1 & -2 & -2 \\ 0 & 1 & -2 \\ 0 & 0 & 3 \end{pmatrix}$ 把二次型化成标准形

$$f = y_1^2 - 3y_2^2 - 15y_3^2。\text{（与例 6.4、例 6.5 结果都不同）}$$

总之，可以有多种方法（对应多个可逆的线性变换）把二次型化成标准形，我们经常采用正交变换法化二次型为标准形，那是因为正交变换不改变两向量的内积，从而不改变向量的长度和两向量的夹角，以至于具有保持几何形状不变、大小不变的优点。

而且，从例 6.4、例 6.5 和例 6.7 还可以看到，二次型的标准形不是唯一的。那么，同一个二次型在不同的可逆线性变换下化出的标准形有何共性？研究这种共性是很重要的，因为它与所用的可逆线性变换无关，因而反映了原二次型的固有性质。从例 6.4、例 6.5 和例 6.7 可以观察到，一个二次型的标准形中所含非零系数的个数（由二次型的秩决定）是确定的，不仅如此，

在限定可逆线性变换为实变换时，标准形中正系数的个数是不变的（从而负系数的个数也不变），一般的情况下有定理 6.3。

定理 6.3 设有二次型 $f=\boldsymbol{x}^{\mathrm{T}}\boldsymbol{A}\boldsymbol{x}$，它的秩为 r，有两个可逆变换 $\boldsymbol{x}=\boldsymbol{C}\boldsymbol{y}$ 及 $\boldsymbol{x}=\boldsymbol{P}\boldsymbol{z}$ 使得

$$f=d_1y_1^2+d_2y_2^2+\cdots+d_ry_r^2,(d_i\neq 0),$$

及

$$f=k_1z_1^2+k_2z_2^2+\cdots+k_rz_r^2,(k_i\neq 0),$$

则 $d_1,d_2,\cdots,d_r$ 中正数的个数与 $k_1,k_2,\cdots,k_r$ 中正数的个数相等。

证*：假设用可逆线性变换 $\boldsymbol{x}=\boldsymbol{C}\boldsymbol{y}$ 把二次型 $f=\boldsymbol{x}^{\mathrm{T}}\boldsymbol{A}\boldsymbol{x}$ 化成标准形

$$f=\boldsymbol{x}^{\mathrm{T}}\boldsymbol{A}\boldsymbol{x}=a_1y_1^2+\cdots+a_py_p^2-a_{p+1}y_{p+1}^2-\cdots-a_ry_r^2，其中 a_i>0(i=1,2,\cdots,r),$$

用可逆线性变换 $\boldsymbol{x}=\boldsymbol{P}\boldsymbol{z}$ 把二次型 $f=\boldsymbol{x}^{\mathrm{T}}\boldsymbol{A}\boldsymbol{x}$ 化成标准形

$$f=\boldsymbol{x}^{\mathrm{T}}\boldsymbol{A}\boldsymbol{x}=b_1z_1^2+\cdots+b_qz_q^2-b_{q+1}z_{q+1}^2-\cdots-b_rz_r^2，其中 b_j>0(j=1,2,\cdots,r),$$

现要证明 $p=q$。

用反证法，设 $p>q$。由以上假设有

$$(\boldsymbol{C}\boldsymbol{y})^{\mathrm{T}}\boldsymbol{A}(\boldsymbol{C}\boldsymbol{y})=f=\boldsymbol{x}^{\mathrm{T}}\boldsymbol{A}\boldsymbol{x}=(\boldsymbol{P}\boldsymbol{z})^{\mathrm{T}}\boldsymbol{A}(\boldsymbol{P}\boldsymbol{z}),$$

其中 $\boldsymbol{z}=\boldsymbol{P}^{-1}\boldsymbol{C}\boldsymbol{y}\triangleq\begin{pmatrix} g_{11} & g_{12} & \cdots & g_{1n} \\ g_{21} & g_{22} & \cdots & g_{2n} \\ \vdots & \vdots & & \vdots \\ g_{n1} & g_{n2} & \cdots & g_{nn} \end{pmatrix}\boldsymbol{y}$，即 $\begin{cases} z_1=g_{11}y_1+g_{12}y_2+\cdots+g_{1n}y_n \\ z_2=g_{21}y_1+g_{22}y_2+\cdots+g_{2n}y_n \\ \cdots \\ z_n=g_{n1}y_1+g_{n2}y_2+\cdots+g_{nn}y_n \end{cases}$。

现在考虑齐次线性方程组

$$\begin{cases} g_{11}y_1+g_{12}y_2+\cdots+g_{1n}y_n=0 \\ g_{21}y_1+g_{22}y_2+\cdots+g_{2n}y_n=0 \\ \cdots\cdots \\ g_{q1}y_1+g_{q2}y_2+\cdots+g_{qn}y_n=0, \\ y_{p+1}=0 \\ \cdots\cdots \\ y_n=0 \end{cases}$$

其含有 n 个未知量，而含有 $q+(n-p)<n$ 个方程，因此其有非零解

$$\boldsymbol{y}^*=\begin{pmatrix} k_1 \\ k_2 \\ \vdots \\ k_p \\ 0 \\ \vdots \\ 0 \end{pmatrix}。$$

则

$$f=(\boldsymbol{C}\boldsymbol{y}^*)^{\mathrm{T}}\boldsymbol{A}(\boldsymbol{C}\boldsymbol{y})=a_1k_1^2+\cdots+a_pk_p^2>0,$$

而 $z^* = P^{-1}Cy^* = \begin{pmatrix} 0 \\ 0 \\ \vdots \\ 0 \\ z_{q+1} \\ \vdots \\ z_n \end{pmatrix}$，所以 $f = (Pz^*)^{\mathrm{T}} A(Pz^*) = -b_{q+1}z_{q+1}^2 - \cdots - b_r z_r^2 \leqslant 0$，这是一个矛盾，它说明 $p > q$ 是不对的，因此证明了 $p \leqslant q$。

同理可证 $q \leqslant p$，从而 $p = q$。

二次型的标准形中正系数的个数称为二次型的正惯性指数，负系数的个数称为二次型的负惯性指数。定理 6.3 说明，实二次型的正、负惯性指数反映了该二次型的固有性质，因此本定理通常称为实二次型的惯性定理。

二次型理论的研究始于 18 世纪中期，这时，许多数学家开始关注二次曲线和二次曲面方程简化变形为标准形的问题。1826 年，柯西讨论了当二次曲面方程为标准形时，可用方程中二次项前面系数的正负性来对二次曲面进行分类的问题。但当时并不清楚，一个二次曲面方程化为标准形时，标准形的表达式可能不唯一，但标准形中平方项的正项个数、负项个数是唯一确定的。直到 1852 年，西尔维斯特才提出了二次型的惯性定理，然而，他却把这一结果看作是不证自明的，因此未给出理论证明。到了 1857 年，雅可比（Jacobi，1804—1851，德国数学家）重新发现并证明了惯性定理。

6.3 正定二次型

在解析几何中，为了便于研究二次曲线 $ax^2 + bxy + cy^2 + dx + ey = 1$ 的几何性质，可以选择适当的坐标旋转变换 $\begin{cases} x = x'\cos\theta - y'\sin\theta \\ y = x'\sin\theta + y'\cos\theta \end{cases}$ 把方程化为标准形 $mx'^2 + ny'^2 + px' + qy' = 1$，然后根据系数 m,n 是否全为正、全为负，是否有正有负，或者是否全非正、全非负等来判断该二次曲线是椭圆、双曲线还是抛物线，研究一般的二次曲面亦是如此。对于 n 元二次型，也可以根据其标准形中的 n 个系数的正负性或零来进行分类研究，下面重点研究标准形中的 n 个系数全为正数（即正惯性指数为 n）或全为负数（即负惯性指数为 n）的 n 元二次型。

定义 6.4 设有 n 元实二次型 $f = x^{\mathrm{T}}Ax$，如果其标准形中的 n 个系数全为正数（即正惯性指数为 n），则称 f 为正定二次型，并称对称阵 A 为正定矩阵；如果其标准形中的 n 个系数全为负数（即负惯性指数为 n），则称 f 为负定二次型，并称对称阵 A 为负定矩阵。

由定义 6.4 与定理 6.2 易得以下命题。

命题 6.2 设 A 为实对称阵，则 A 为正定矩阵的充分必要条件是 A 的特征值全为正数。

命题 6.3 设 A 为实对称正定矩阵，则 $|A| > 0$。

定理 6.4 $f = x^{\mathrm{T}}Ax$ 为正定二次型的充分必要条件是对于 $\forall\, x \neq 0$，都有 $f = x^{\mathrm{T}}Ax > 0$。

证： 设 $f(x) = f(Cy) = k_1y_1^2 + k_2y_2^2 + \cdots + k_ny_n^2$，其中 C 可逆。

先证明充分性，取 $y = \varepsilon_i = (0\ \cdots\ 0\ 1\ 0\ \cdots\ 0)^{\mathrm{T}}$，则 $x = C\varepsilon_i \neq 0$，又因对于 $\forall\, x \neq 0$，都有

$f=\boldsymbol{x}^{\mathrm{T}}\boldsymbol{A}\boldsymbol{x}>0$，从而 $k_i=k_1\times 0^2+\cdots+k_{i-1}\times 0^2+k_i\times 1^2+k_{i+1}\times 0^2+\cdots+k_n\times 0^2=f(\boldsymbol{C}\boldsymbol{\varepsilon}_i)>0,(i=1,2,\cdots,n)$，由定义可知 f 为正定二次型。

再证明必要性，已知 $k_i>0\,(i=1,2,\cdots,n)$，则对于 $\forall\,\boldsymbol{x}\neq\boldsymbol{0}$，都有 $\boldsymbol{y}=\boldsymbol{C}^{-1}\boldsymbol{x}\neq\boldsymbol{0}$，也即有 $f(\boldsymbol{x})=f(\boldsymbol{C}\boldsymbol{y})=k_1y_1^2+k_2y_2^2+\cdots+k_ny_n^2>0$。

定理 6.5 实对称阵 $\boldsymbol{A}$ 为正定矩阵的充分必要条件是：存在可逆方阵 $\boldsymbol{U}$，使得 $\boldsymbol{A}=\boldsymbol{U}^{\mathrm{T}}\boldsymbol{U}$，即 $\boldsymbol{A}$ 与单位阵 $\boldsymbol{E}$ 合同。

证： 先证明充分性，对于 $\forall\,\boldsymbol{x}\neq\boldsymbol{0}$，都有 $f=\boldsymbol{x}^{\mathrm{T}}\boldsymbol{A}\boldsymbol{x}=\boldsymbol{x}^{\mathrm{T}}\boldsymbol{U}^{\mathrm{T}}\boldsymbol{U}\boldsymbol{x}=(\boldsymbol{U}\boldsymbol{x})^{\mathrm{T}}(\boldsymbol{U}\boldsymbol{x})$，再设 $\boldsymbol{U}\boldsymbol{x}=(c_1\ \ c_2\ \cdots\ c_n)^{\mathrm{T}}$，因为 $\boldsymbol{U}$ 可逆，则 $\boldsymbol{U}\boldsymbol{x}\neq\boldsymbol{0}$，即至少有一个 c_i 不为零，故

$$f=(\boldsymbol{U}\boldsymbol{x})^{\mathrm{T}}(\boldsymbol{U}\boldsymbol{x})=c_1^2+c_2^2+\cdots+c_n^2>0,$$

所以 $\boldsymbol{A}$ 为正定矩阵。

再证明必要性，因为 $\boldsymbol{A}$ 为正定矩阵，所以存在可逆矩阵 $\boldsymbol{C}$ 使得

$$\boldsymbol{C}^{\mathrm{T}}\boldsymbol{A}\boldsymbol{C}=\begin{pmatrix}k_1&&&\\&k_2&&\\&&\ddots&\\&&&k_n\end{pmatrix},$$

式中 $k_1,k_2,\cdots,k_n$ 都是正数，于是

$$\begin{aligned}\boldsymbol{A}&=(\boldsymbol{C}^{\mathrm{T}})^{-1}\begin{pmatrix}k_1&&&\\&k_2&&\\&&\ddots&\\&&&k_n\end{pmatrix}\boldsymbol{C}^{-1}\\&=(\boldsymbol{C}^{\mathrm{T}})^{-1}\begin{pmatrix}\sqrt{k_1}&&&\\&\sqrt{k_2}&&\\&&\ddots&\\&&&\sqrt{k_n}\end{pmatrix}\begin{pmatrix}\sqrt{k_1}&&&\\&\sqrt{k_2}&&\\&&\ddots&\\&&&\sqrt{k_n}\end{pmatrix}\boldsymbol{C}^{-1}\\&=(\boldsymbol{C}^{-1})^{\mathrm{T}}\begin{pmatrix}\sqrt{k_1}&&&\\&\sqrt{k_2}&&\\&&\ddots&\\&&&\sqrt{k_n}\end{pmatrix}\begin{pmatrix}\sqrt{k_1}&&&\\&\sqrt{k_2}&&\\&&\ddots&\\&&&\sqrt{k_n}\end{pmatrix}\boldsymbol{C}^{-1}\\&=\left[\begin{pmatrix}\sqrt{k_1}&&&\\&\sqrt{k_2}&&\\&&\ddots&\\&&&\sqrt{k_n}\end{pmatrix}\boldsymbol{C}^{-1}\right]^{\mathrm{T}}\left[\begin{pmatrix}\sqrt{k_1}&&&\\&\sqrt{k_2}&&\\&&\ddots&\\&&&\sqrt{k_n}\end{pmatrix}\boldsymbol{C}^{-1}\right]\\&=\boldsymbol{U}^{\mathrm{T}}\boldsymbol{U},\end{aligned}$$

式中$U=\begin{pmatrix}\sqrt{k_1}&&&\\&\sqrt{k_2}&&\\&&\ddots&\\&&&\sqrt{k_n}\end{pmatrix}C^{-1}$是可逆方阵。

定理 6.6 实对称阵A为正定矩阵的充分必要条件是A的各阶顺序主子式全为正，即$\Delta_1=a_{11}>0,\Delta_2=\begin{vmatrix}a_{11}&a_{12}\\a_{21}&a_{22}\end{vmatrix}>0,\cdots,\Delta_n=\begin{vmatrix}a_{11}&\cdots&a_{1n}\\\vdots&&\vdots\\a_{n1}&\cdots&a_{nn}\end{vmatrix}>0$；实对称阵$A$为负定矩阵的充分必要条件是$A$的奇数阶顺序主子式全为负，而$A$的偶数阶顺序主子式全为正。

证*：设$f=\boldsymbol{x}^{\mathrm T}A\boldsymbol{x}$，其矩阵$A$的各阶顺序主子式为$\Delta_k(k=1,2,\cdots,n)$，先证明定理的前一部分。

先证明必要性，若$f=\boldsymbol{x}^{\mathrm T}A\boldsymbol{x}$是正定二次型，则$k$元二次型$g=\boldsymbol{y}^{\mathrm T}A_k\boldsymbol{y}$也是正定二次型，其中$A_k$是由$A$的前$k$行、前$k$列交叉处的元素保持原有相对位置构成的$k$阶对称阵。事实上，若$g=\boldsymbol{y}^{\mathrm T}A_k\boldsymbol{y}$不是正定二次型，则必有$\boldsymbol{0}\neq\boldsymbol{\beta}\in\mathbf{R}^k$使得$g=\boldsymbol{\beta}^{\mathrm T}A_k\boldsymbol{\beta}\leqslant 0$。令

$$\boldsymbol{0}\neq\boldsymbol{\alpha}=\begin{pmatrix}\boldsymbol{\beta}\\\boldsymbol{0}\end{pmatrix}\in\mathbf{R}^n，\ A=\begin{pmatrix}A_k&B\\B^{\mathrm T}&C\end{pmatrix},$$

于是由

$$\boldsymbol{\alpha}^{\mathrm T}A\boldsymbol{\alpha}=\begin{pmatrix}\boldsymbol{\beta}^{\mathrm T}&\boldsymbol{0}\end{pmatrix}\begin{pmatrix}A_k&B\\B^{\mathrm T}&C\end{pmatrix}\begin{pmatrix}\boldsymbol{\beta}\\\boldsymbol{0}\end{pmatrix}=\boldsymbol{\beta}^{\mathrm T}A_k\boldsymbol{\beta}\leqslant 0$$

可知$f=\boldsymbol{x}^{\mathrm T}A\boldsymbol{x}$不是正定二次型，这与前提矛盾。故$k$元二次型$g=\boldsymbol{y}^{\mathrm T}A_k\boldsymbol{y}$是正定二次型，即$A_k$是正定矩阵，因此$\Delta_k=|A_k|>0\ (k=1,2,\cdots,n)$。

再证明充分性，若$\Delta_k>0\ (k=1,2,\cdots,n)$，则对称阵$A$与对角阵

$$\Lambda=\mathrm{diag}\left(\Delta_1,\frac{\Delta_2}{\Delta_1},\cdots,\frac{\Delta_n}{\Delta_{n-1}}\right)$$

合同。事实上，因$\Delta_1=a_{11}>0$，故

$$A\xrightarrow[c_1\times\left(-\frac{a_{i1}}{a_{11}}\right)+c_i(i=2,3,\cdots,n)]{r_1\times\left(-\frac{a_{i1}}{a_{11}}\right)+r_i(i=2,3,\cdots,n)}\begin{pmatrix}\Delta_1&0&\cdots&0\\0&b_{22}&\cdots&b_{2n}\\\vdots&\vdots&&\vdots\\0&b_{2n}&\cdots&b_{nn}\end{pmatrix}\triangleq A_1,$$

即$E\left(1\left(-\frac{a_{i1}}{a_{11}}\right)+i\right)AE^{\mathrm T}\left(1\left(-\frac{a_{i1}}{a_{11}}\right)+i\right)=A_1$，所以$A$与$A_1$合同且$A$与$A_1$的各阶顺序主子式对应相同（因为这样的第 3 种初等变换对A的各阶顺序主子式而言是行列式的保值变换）。从而$\Delta_1 b_{22}=\Delta_2>0$，即$b_{22}=\frac{\Delta_2}{\Delta_1}>0$，重复进行下去，则$A$与

$$\begin{pmatrix} \Delta_1 & 0 & 0 & \cdots & 0 \\ 0 & \dfrac{\Delta_2}{\Delta_1} & 0 & \cdots & 0 \\ 0 & 0 & c_{33} & \cdots & c_{3n} \\ \vdots & \vdots & \vdots & & \vdots \\ 0 & 0 & c_{3n} & \cdots & c_{nn} \end{pmatrix} \triangleq \boldsymbol{A}_2$$

合同且 $\boldsymbol{A}$ 与 $\boldsymbol{A}_2$ 的各阶顺序主子式对应相同。从而 $\Delta_1\left(\dfrac{\Delta_2}{\Delta_1}\right)c_{33}=\Delta_3>0$ ，即 $c_{33}=\dfrac{\Delta_3}{\Delta_2}>0$ ，如此重复进行下去，则 $\boldsymbol{A}$ 与

$$\begin{pmatrix} \Delta_1 & 0 & 0 & \cdots & 0 \\ 0 & \dfrac{\Delta_2}{\Delta_1} & 0 & \cdots & 0 \\ 0 & 0 & \dfrac{\Delta_3}{\Delta_2} & \cdots & 0 \\ \vdots & \vdots & \vdots & & \vdots \\ 0 & 0 & 0 & \cdots & \dfrac{\Delta_n}{\Delta_{n-1}} \end{pmatrix} \triangleq \boldsymbol{A}_n$$

合同，即 $\boldsymbol{A}$ 与对角阵 $\boldsymbol{\Lambda}=\mathrm{diag}\left(\Delta_1,\dfrac{\Delta_2}{\Delta_1},\cdots,\dfrac{\Delta_n}{\Delta_{n-1}}\right)$ 合同。

因 $\boldsymbol{\Lambda}=\mathrm{diag}\left(\Delta_1,\dfrac{\Delta_2}{\Delta_1},\cdots,\dfrac{\Delta_n}{\Delta_{n-1}}\right)$ 的主对角线上元素全为正，故二次型 $f=\boldsymbol{x}^{\mathrm{T}}\boldsymbol{A}\boldsymbol{x}$ 是正定二次型，对称阵 $\boldsymbol{A}$ 是正定矩阵。

至于定理的后一部分，若 $\boldsymbol{A}$ 为负定矩阵，则 $-\boldsymbol{A}$ 就为正定矩阵，于是可用定理的前一部分结论证明之。

这个定理称为霍尔维茨（Hurwitz，1859—1919，德国数学家）定理。

例 6.8 判断下列二次型的正定性。

（1）$f(x_1,x_2,x_3)=5x_1^2+x_2^2+5x_3^2+4x_1x_2-8x_1x_3-4x_2x_3$ 。

（2）$f(x_1,x_2,x_3)=-5x_1^2-6x_2^2-4x_3^2+4x_1x_2+4x_1x_3$ 。

（3）$f(x_1,x_2,x_3)=x_1^2+x_2^2+x_3^2+2ax_1x_2+2bx_2x_3$ $(a,b\in\mathbf{R})$ 。

解 （1）$\boldsymbol{A}=\begin{pmatrix} 5 & 2 & -4 \\ 2 & 1 & -2 \\ -4 & -2 & 5 \end{pmatrix}$，因为 $\Delta_1=5>0$ ，$\Delta_2=\begin{vmatrix} 5 & 2 \\ 2 & 1 \end{vmatrix}=1>0$ ，$\Delta_3=|\boldsymbol{A}|=1>0$，故 $\boldsymbol{A}$ 为正定矩阵，f 为正定二次型。

（2）$\boldsymbol{A}=\begin{pmatrix} -5 & 2 & 2 \\ 2 & -6 & 0 \\ 2 & 0 & -4 \end{pmatrix}$，因为 $\Delta_1=-5<0$ ，$\Delta_2=\begin{vmatrix} -5 & 2 \\ 2 & -6 \end{vmatrix}=26>0$ ，$\Delta_3=|\boldsymbol{A}|=-80<0$ ，故 $\boldsymbol{A}$ 为负定矩阵，f 为负定二次型。

（3）$A=\begin{pmatrix}1&a&0\\a&1&b\\0&b&1\end{pmatrix}$，因$\Delta_1=1$，$\Delta_2=\begin{vmatrix}1&a\\a&1\end{vmatrix}=1-a^2$，$\Delta_3=|A|=1-(a^2+b^2)$，所以有以下结论。

① 当$a^2+b^2<1$时，有$\Delta_1>0,\Delta_2>0,\Delta_3>0$，则$A$为正定矩阵，$f$为正定二次型。

② 当$a^2+b^2\geqslant1$时，有$\Delta_1>0,\Delta_3\leqslant0$，则$A$为既非正定也非负定矩阵，$f$为既非正定也非负定二次型。

例 6.9 证明：若对称阵A、B都是n阶正定矩阵，则$A+B$也是正定矩阵。

证：容易证明$A+B$是对称阵，且对于$\forall x\neq 0$，都有$f=x^{\mathrm{T}}(A+B)x=x^{\mathrm{T}}Ax+x^{\mathrm{T}}Bx>0$，即得$A+B$也是正定矩阵。

例 6.10 设A是对称阵，试证当t充分大时，$tE+A$是正定矩阵。

证：容易证明$tE+A$是对称阵，设$\lambda_1,\lambda_2,\cdots,\lambda_n$是$A$的$n$个特征值，则$t+\lambda_1$，$t+\lambda_2,\cdots,t+\lambda_n$是$tE+A$的$n$个特征值，故当$t$充分大时，$t+\lambda_1,t+\lambda_2,\cdots,t+\lambda_n$全大于 0，即$tE+A$是正定矩阵。

例 6.11 设对称阵A、B分别是m、n阶正定矩阵，证明分块对角矩阵$C=\begin{pmatrix}A&\\&B\end{pmatrix}$是$m+n$阶正定矩阵。

证：容易证明$C=\begin{pmatrix}A&\\&B\end{pmatrix}$是对称阵，而且有$A=P^{\mathrm{T}}P$，$B=Q^{\mathrm{T}}Q$，式中$P$、$Q$为可逆方阵，则

$$C=\begin{pmatrix}A&\\&B\end{pmatrix}=\begin{pmatrix}P^{\mathrm{T}}P&\\&Q^{\mathrm{T}}Q\end{pmatrix}=\begin{pmatrix}P^{\mathrm{T}}&\\&Q^{\mathrm{T}}\end{pmatrix}\begin{pmatrix}P&\\&Q\end{pmatrix}=\begin{pmatrix}P&\\&Q\end{pmatrix}^{\mathrm{T}}\begin{pmatrix}P&\\&Q\end{pmatrix},$$

且$\begin{pmatrix}P&\\&Q\end{pmatrix}$可逆，于是分块对角矩阵$C=\begin{pmatrix}A&\\&B\end{pmatrix}$是$m+n$阶正定矩阵。

请读者用其他方法证明。

例 6.12*（**多元函数的极值**） 许多实际问题都可以归结为多元函数的极值问题。在多元微积分中，已经得到判定二元函数$f(x,y)$在驻点处极值是否存在的一个充分条件。下面利用二次型的理论对这个充分条件加以证明。

设$f(x,y)$在点$P_0(x_0,y_0)$的某一邻域$U(P_0,\delta)$内有二阶连续偏导数，且(x_0,y_0)是$f(x,y)$的驻点（即$f_x(x_0,y_0)=f_y(x_0,y_0)=0$），记

$$H=\begin{pmatrix}f_{xx}(x_0,y_0)&f_{xy}(x_0,y_0)\\f_{xy}(x_0,y_0)&f_{yy}(x_0,y_0)\end{pmatrix},$$

则（1）当H为正定矩阵时，(x_0,y_0)是$f(x,y)$的极小值点；（2）当H为负定矩阵时，(x_0,y_0)是$f(x,y)$的极大值点。

事实上，利用二元函数的二阶泰勒公式有

$$f(x_0+\Delta x,y_0+\Delta y)=f(x_0,y_0)+f_x(x_0,y_0)\Delta x+f_y(x_0,y_0)\Delta y+$$

$$\frac{1}{2}\left[f_{xx}(x_0,y_0)(\Delta x)^2+2f_{xy}(x_0,y_0)\Delta x\Delta y+f_{yy}(x_0,y_0)(\Delta y)^2\right]+o((\Delta x)^2+(\Delta y)^2),$$

式中 $(x_0+\Delta x,y_0+\Delta y)$ 为邻域 $U(P_0,\delta)$ 中任意一点。

由于 $f_x(x_0,y_0)=f_y(x_0,y_0)=0$，当 $(\Delta x,\Delta y)\to(0,0)$ 时，$o((\Delta x)^2+(\Delta y)^2)$ 可以不予考虑，因此 $f(x_0+\Delta x,y_0+\Delta y)-f(x_0,y_0)$ 的符号与二次型

$$\begin{aligned}g(\Delta x,\Delta y)&=f_{xx}(x_0,y_0)(\Delta x)^2+2f_{xy}(x_0,y_0)\Delta x\Delta y+f_{yy}(x_0,y_0)(\Delta y)^2\\&=(\Delta x\ \ \Delta y)\begin{pmatrix}f_{xx}(x_0,y_0)&f_{xy}(x_0,y_0)\\f_{xy}(x_0,y_0)&f_{yy}(x_0,y_0)\end{pmatrix}\begin{pmatrix}\Delta x\\\Delta y\end{pmatrix}=(\Delta x\ \ \Delta y)\boldsymbol{H}\begin{pmatrix}\Delta x\\\Delta y\end{pmatrix}\end{aligned}$$

的符号相同。

因此，当 $\boldsymbol{H}$ 为正定（负定）矩阵时，(x_0,y_0) 是 $f(x,y)$ 的极小（极大）值点。

可以类似证明 n 元函数 $f(\boldsymbol{x})=f(x_1,x_2,\cdots,x_n)$ 的极值存在的充分条件如下。

设函数 $f(\boldsymbol{x})$ 在点 $\boldsymbol{x}_0\in\mathbf{R}^n$ 的某个邻域内具有二阶连续偏导数，且 $\boldsymbol{x}_0$ 是 $f(\boldsymbol{x})$ 的驻点，记

$$\boldsymbol{H}=\begin{pmatrix}f_{x_1x_1}(\boldsymbol{x}_0)&f_{x_1x_2}(\boldsymbol{x}_0)&\cdots&f_{x_1x_n}(\boldsymbol{x}_0)\\f_{x_1x_2}(\boldsymbol{x}_0)&f_{x_2x_2}(\boldsymbol{x}_0)&\cdots&f_{x_2x_n}(\boldsymbol{x}_0)\\\vdots&\vdots&&\vdots\\f_{x_1x_n}(\boldsymbol{x}_0)&f_{x_2x_n}(\boldsymbol{x}_0)&\cdots&f_{x_nx_n}(\boldsymbol{x}_0)\end{pmatrix}$$

矩阵 $\boldsymbol{H}$ 称为函数 $f(\boldsymbol{x})=f(x_1,x_2,\cdots,x_n)$ 在驻点 $\boldsymbol{x}_0$ 处的海塞（Hesse，1811—1874，德国数学家）矩阵，它是一个对称阵。

则（1）当 $\boldsymbol{H}$ 为正定矩阵时，$\boldsymbol{x}_0$ 是 $f(\boldsymbol{x})$ 的极小值点；（2）当 $\boldsymbol{H}$ 为负定矩阵时，$\boldsymbol{x}_0$ 是 $f(\boldsymbol{x})$ 的极大值点。

例如，求函数 $f(x,y,z)=x^3+3xy+3xz+y^3+3yz+z^3$ 的极值。由

$$\begin{cases}\dfrac{\partial f}{\partial x}=3x^2+3y+3z=0\\\dfrac{\partial f}{\partial y}=3x+3y^2+3z=0\\\dfrac{\partial f}{\partial z}=3x+3y+3z^2=0\end{cases}$$

可得驻点 $(0,0,0)$ 和 $(-2,-2,-2)$。

又

$$\frac{\partial^2 f}{\partial x^2}=6x,\ \frac{\partial^2 f}{\partial x\partial y}=3,\ \frac{\partial^2 f}{\partial x\partial z}=3,$$

$$\frac{\partial^2 f}{\partial y\partial x}=3,\ \frac{\partial^2 f}{\partial y^2}=6y,\ \frac{\partial^2 f}{\partial y\partial z}=3,$$

$$\frac{\partial^2 f}{\partial z\partial x}=3,\ \frac{\partial^2 f}{\partial z\partial y}=3,\ \frac{\partial^2 f}{\partial z^2}=6z。$$

则在点 $(0,0,0)$ 处，有 $\boldsymbol{H}=\begin{pmatrix}0&3&3\\3&0&3\\3&3&0\end{pmatrix}$，其特征值为 $-3,-3,6$，有正数也有负数，那么

$$g(\Delta x,\Delta y,\Delta z)=(\Delta x\ \ \Delta y\ \ \Delta z)\boldsymbol{H}\begin{pmatrix}\Delta x\\ \Delta y\\ \Delta z\end{pmatrix}$$

在点 $(0,0,0)$ 的任意邻域内有正有负，故点 $(0,0,0)$ 不是 $f(x,y,z)$ 的极值点。

则在点 $(-2,-2,-2)$ 处，有 $\boldsymbol{H}=\begin{pmatrix}-12 & 3 & 3\\ 3 & -12 & 3\\ 3 & 3 & -12\end{pmatrix}$，其为负定矩阵，故点 $(-2,-2,-2)$ 是 $f(x,y,z)$ 的极大值点，且极大值为 $f(-2,-2,-2)=12$。

习题 6

1．将下列二次型写成矩阵形式。

（1） $f(x_1,x_2,x_3)=x_1^2+2x_1x_2+3x_2^2-5x_3^2$。

（2） $f(x_1,x_2,x_3)=2x_1^2-2x_1x_2-2x_2^2+3x_3^2+4x_1x_3+6x_2x_3$。

（3） $f(x_1,x_2,x_3,x_4)=(x_1,x_2,x_3,x_4)\begin{pmatrix}0 & -1 & 2 & 1\\ 3 & 0 & 0 & -2\\ 4 & 2 & 0 & -1\\ 5 & -4 & 3 & 0\end{pmatrix}\begin{pmatrix}x_1\\ x_2\\ x_3\\ x_4\end{pmatrix}$。

2．设 $\boldsymbol{A}$、$\boldsymbol{B}$ 都是 n 阶方阵且 $\boldsymbol{A}\simeq\boldsymbol{B}$，证明（1） $\boldsymbol{A}^{\mathrm{T}}\simeq\boldsymbol{B}^{\mathrm{T}}$；（2）若 $\boldsymbol{A}$ 可逆，则 $\boldsymbol{B}$ 也可逆，且 $\boldsymbol{A}^{-1}\simeq\boldsymbol{B}^{-1}$。

3．用正交变换化下列二次型为标准形，并求出所用的正交变换。

（1） $f(x_1,x_2,x_3)=x_1x_2+x_1x_3+x_2x_3$。

（2） $f(x_1,x_2,x_3,x_4)=x_1^2+x_2^2+x_3^2+x_4^2+2x_1x_2-2x_1x_4-2x_2x_3+2x_3x_4$。

4．用配方法化下列二次型为标准形，并求出所用的可逆线性变换。

（1） $f(x_1,x_2,x_3)=x_1^2-3x_2^2+4x_3^2-2x_1x_2+2x_1x_3-6x_2x_3$。

（2） $f(x_1,x_2,x_3)=-4x_1x_2+2x_1x_3+2x_2x_3$。

5．用初等变换法化下列二次型为标准形，并求出所用的可逆线性变换。

（1） $f(x_1,x_2,x_3)=2x_1^2-4x_1x_2+2x_1x_3+4x_2^2+2x_3^2$。

（2） $f(x_1,x_2,x_3)=x_1x_2+x_1x_3+x_2x_3$。

6．设 $f(x,y,z)=5x^2+5y^2+cz^2-2xy+6xz-6yz$，秩 $(f)=2$，求解以下问题。

（1）求 c。

（2）用正交变换化 $f(x,y,z)$ 为标准形。

（3）二次曲面 $f(x,y,z)=1$ 是个什么曲面？

7．证明：二次型 $f=\boldsymbol{x}^{\mathrm{T}}\boldsymbol{A}\boldsymbol{x}$ 在 $\|\boldsymbol{x}\|=1$ 时的最大值为方阵 $\boldsymbol{A}$ 的最大特征值。

8．判定下列二次型的正定性。

（1） $f(x_1,x_2,x_3)=5x_1^2+x_2^2+5x_3^2+4x_1x_2-8x_1x_3-4x_2x_3$。

（2） $f(x_1,x_2,x_3)=2x_1x_2+2x_1x_3-6x_2x_3$。

（3） $f=x_1^2+3x_2^2+9x_3^2+19x_4^2-2x_1x_2+2x_1x_4+4x_1x_3-6x_2x_4-12x_3x_4$。

9．求k的值，使二次型

$$f(x,y,z,t)=k(x^2+y^2+z^2)+2xy-yz+2xz+t^2$$

为正定二次型。

10．设对称阵$\boldsymbol{A}$是正定矩阵，试证明$\boldsymbol{A}^{\mathrm{T}}$、$\boldsymbol{A}^{-1}$、$\boldsymbol{A}^{*}$也是正定矩阵。

11．若对称阵$\boldsymbol{A}=(a_{ij})_{n\times n}$是正定矩阵，证明：$a_{ii}>0\ (i=1,2,\cdots,n)$。

12．设对称阵$\boldsymbol{A}$是正定矩阵，m是任一正整数，证明：存在正定矩阵$\boldsymbol{B}$，使$\boldsymbol{B}^m=\boldsymbol{A}$。

13．设对称阵$\boldsymbol{A}$、$\boldsymbol{B}$都是n阶正定矩阵且$\boldsymbol{AB}=\boldsymbol{BA}$，则$\boldsymbol{AB}$也是正定矩阵。

部分习题答案

习题 1

1.（1）91；（2）-48；（3）$abcd$；（4）$4abcdef$；（5）$a(b+d)$。

2.（1）$b_1b_2\cdots b_n$；（2）$x^n+a_1x^{n-1}+\cdots+a_{n-1}x+a_n$；（3）$b_1b_2\cdots b_n(1+\frac{a_1}{b_1}+\frac{a_2}{b_2}+\cdots+\frac{a_n}{b_n})$；

（4）$(-1)^n(n+1)a_1a_2\cdots a_n$；（5）$(-1)^{n-1}(n-1)2^{n-2}$；（6）$a^n+(-1)^{n-1}b^n$。

4.（1）$x_1=3,x_2=1,x_3=1$；（2）$x_1=1,x_2=2,x_3=3,x_4=-1$。

5．$\lambda=-1$或$\lambda=1$。

习题 2

1．$\boldsymbol{X}=\begin{pmatrix}-1 & -\frac{4}{3} & \frac{8}{3}\\ 1 & \frac{4}{3} & -1\end{pmatrix}$。

2.（1）$\begin{pmatrix}2&6&4\\1&3&2\\3&9&6\end{pmatrix}$；（2）11；（3）$\begin{pmatrix}2&1\\4&3\\7&9\end{pmatrix}$；（4）$\begin{pmatrix}6&-7&8\\20&-5&-6\end{pmatrix}$；（5）$\begin{pmatrix}-2&0\\1&0\\-3&0\end{pmatrix}$。

3.（1）取$\boldsymbol{A}=\begin{pmatrix}1&1\\-1&-1\end{pmatrix}\neq\boldsymbol{O}$而$\boldsymbol{A}^2=\boldsymbol{O}$；

（2）取$\boldsymbol{A}=\begin{pmatrix}1&0\\0&0\end{pmatrix}$，有$\boldsymbol{A}\neq\boldsymbol{O},\boldsymbol{A}\neq\boldsymbol{E}$而$\boldsymbol{A}^2=\boldsymbol{A}$；

（3）取$\boldsymbol{A}=\begin{pmatrix}1&0\\0&0\end{pmatrix}$，$\boldsymbol{X}=\begin{pmatrix}1&0\\0&0\end{pmatrix}$，$\boldsymbol{Y}=\begin{pmatrix}1&0\\0&1\end{pmatrix}$，有$\boldsymbol{X}\neq\boldsymbol{Y}$而$\boldsymbol{AX}=\boldsymbol{AY}$。

4.（1）$\begin{pmatrix}\lambda^3&3\lambda^2&3\lambda\\0&\lambda^3&3\lambda^2\\0&0&\lambda^3\end{pmatrix}$；（2）$\begin{pmatrix}1&n&0\\0&1&0\\0&0&1\end{pmatrix}$。

5．$\begin{pmatrix}5&1&3\\8&0&3\\-2&1&-2\end{pmatrix}$。

6.（2）$\boldsymbol{A}=\begin{pmatrix}a&b\\c&-a\end{pmatrix}$，其中$a,b,c$为满足$a^2+bc=0$的任意数。

9.（1）-2024；（2）0。

10.（1）$\frac{1}{ad-bc}\begin{pmatrix}d&-b\\-c&a\end{pmatrix}$；（2）$\begin{pmatrix}1&-2&7\\0&1&-2\\0&0&1\end{pmatrix}$；

(3) $\begin{pmatrix} 0 & -\frac{1}{2} & \frac{1}{2} \\ -1 & 4 & -1 \\ 1 & -\frac{5}{2} & \frac{1}{2} \end{pmatrix}$；(4) $\begin{pmatrix} 0 & 0 & 3 \\ 0 & -\frac{1}{2} & 0 \\ 1 & 0 & 0 \end{pmatrix}$。

11. (1) $\begin{pmatrix} 2 & -23 \\ 0 & 8 \end{pmatrix}$；(2) $\begin{pmatrix} \frac{11}{6} & \frac{1}{2} & 3 \\ -\frac{1}{6} & -\frac{1}{2} & -1 \\ \frac{2}{3} & 1 & 1 \end{pmatrix}$；(3) $\begin{pmatrix} 2 & -1 & 0 \\ 1 & 3 & -4 \\ 1 & 0 & -2 \end{pmatrix}$。

13. $\boldsymbol{A}^{-1} = \frac{1}{2}(\boldsymbol{A}-\boldsymbol{E})$，$(\boldsymbol{A}+2\boldsymbol{E})^{-1} = -\frac{1}{4}(\boldsymbol{A}-3\boldsymbol{E})$。

15. $\boldsymbol{A} = \begin{pmatrix} 1 & -2 & -2 \\ 0 & 0 & -2 \\ 0 & 0 & -1 \end{pmatrix}$，$\boldsymbol{A}^{100} = \begin{pmatrix} 1 & -2 & 4 \\ 0 & 0 & 2 \\ 0 & 0 & 1 \end{pmatrix}$。

16. -250和$\frac{1}{4}$。

18. $\begin{pmatrix} \boldsymbol{O} & \boldsymbol{B}^{-1} \\ \boldsymbol{A}^{-1} & \boldsymbol{O} \end{pmatrix}$。

习题3

1. (1) $\begin{pmatrix} 1 & 0 & \frac{1}{2} & \frac{1}{4} \\ 0 & 1 & -\frac{3}{2} & \frac{5}{4} \\ 0 & 0 & 0 & 0 \end{pmatrix}$；(2) $\begin{pmatrix} 1 & 0 & \frac{5}{7} & -\frac{1}{7} & 0 \\ 0 & 1 & -\frac{11}{7} & -\frac{9}{7} & 0 \\ 0 & 0 & 0 & 0 & 1 \end{pmatrix}$。

2. $\begin{pmatrix} 1 & 0 & 0 \\ 0 & 1 & 0 \\ 0 & 0 & 0 \end{pmatrix}$；

$$\boldsymbol{A} = \boldsymbol{E}(1,3)\boldsymbol{E}(1(-2)+2)\boldsymbol{E}(2(-6))\boldsymbol{E}(2(2)+3)\begin{pmatrix} \boldsymbol{E}_2 & \boldsymbol{O} \\ \boldsymbol{O} & \boldsymbol{O} \end{pmatrix}\boldsymbol{E}(3(-\frac{1}{2})+2)\boldsymbol{E}(2(-3)+1)。$$

3. (1) $R=2$；(2) $R=3$；(3) $R=3$；(4) $R=5$。

4. (1) $k=-6$；(2) $k\neq -6$；(3) 无解。

8. (1) $\begin{pmatrix} \frac{7}{6} & \frac{2}{3} & -\frac{3}{2} \\ -1 & -1 & 2 \\ -\frac{1}{2} & 0 & \frac{1}{2} \end{pmatrix}$；(2) $\begin{pmatrix} 1 & -3 & 11 & -38 \\ 0 & 1 & -2 & 7 \\ 0 & 0 & 1 & -2 \\ 0 & 0 & 0 & 1 \end{pmatrix}$；

（3）$\begin{pmatrix} \frac{1}{4} & \frac{1}{4} & \frac{1}{4} & \frac{1}{4} \\ \frac{1}{4} & \frac{1}{4} & -\frac{1}{4} & -\frac{1}{4} \\ \frac{1}{4} & -\frac{1}{4} & \frac{1}{4} & -\frac{1}{4} \\ \frac{1}{4} & -\frac{1}{4} & -\frac{1}{4} & \frac{1}{4} \end{pmatrix}$；（4）$\begin{pmatrix} 1 & 1 & -2 & -4 \\ 0 & 1 & 0 & -1 \\ -1 & -1 & 3 & 6 \\ 2 & 1 & -6 & -10 \end{pmatrix}$。

9．（1）无解；（2）$\begin{pmatrix} x_1 \\ x_2 \\ x_3 \\ x_4 \end{pmatrix} = \begin{pmatrix} 0 \\ 1 \\ 0 \\ 0 \end{pmatrix} + c_1 \begin{pmatrix} 1 \\ -2 \\ 0 \\ 0 \end{pmatrix} + c_2 \begin{pmatrix} 0 \\ 1 \\ 1 \\ 0 \end{pmatrix}$；

（3）$\begin{pmatrix} x_1 \\ x_2 \\ x_3 \end{pmatrix} = \begin{pmatrix} -1 \\ 2 \\ 0 \end{pmatrix} + c \begin{pmatrix} -2 \\ 1 \\ 1 \end{pmatrix}$；（4）$\begin{pmatrix} x_1 \\ x_2 \\ x_3 \\ x_4 \end{pmatrix} = \begin{pmatrix} \frac{6}{7} \\ -\frac{5}{7} \\ 0 \\ 0 \end{pmatrix} + c_1 \begin{pmatrix} \frac{1}{7} \\ \frac{5}{7} \\ 1 \\ 0 \end{pmatrix} + c_2 \begin{pmatrix} \frac{1}{7} \\ -\frac{9}{7} \\ 0 \\ 1 \end{pmatrix}$。

10．当$k=-2$时方程组无解；当$k \neq 1$且$k \neq -2$时方程组有唯一解；当$k=1$时方程组有无穷多解。

11．当$a=0, b=2$时方程组有解，其解为$\begin{pmatrix} x_1 \\ x_2 \\ x_3 \\ x_4 \\ x_5 \end{pmatrix} = \begin{pmatrix} -2 \\ 3 \\ 0 \\ 0 \\ 0 \end{pmatrix} + c_1 \begin{pmatrix} 1 \\ -2 \\ 1 \\ 0 \\ 0 \end{pmatrix} + c_2 \begin{pmatrix} 1 \\ -2 \\ 0 \\ 1 \\ 0 \end{pmatrix} + c_3 \begin{pmatrix} 5 \\ -6 \\ 0 \\ 0 \\ 1 \end{pmatrix}$。

12．$\begin{pmatrix} x_1 \\ x_2 \\ x_3 \\ x_4 \end{pmatrix} = c_1 \begin{pmatrix} \frac{3}{17} \\ \frac{19}{17} \\ 1 \\ 0 \end{pmatrix} + c_2 \begin{pmatrix} -\frac{13}{17} \\ -\frac{20}{17} \\ 0 \\ 1 \end{pmatrix}$。

13．当$k=1$或$k=3$时方程组有非零解，且当$k=1$时$\begin{pmatrix} x_1 \\ x_2 \\ x_3 \end{pmatrix} = c \begin{pmatrix} -2 \\ 0 \\ 1 \end{pmatrix}$；当$k=3$时$\begin{pmatrix} x_1 \\ x_2 \\ x_3 \end{pmatrix} = c \begin{pmatrix} -1 \\ 1 \\ -2 \end{pmatrix}$。

习题 4

1. $\begin{pmatrix} 4 \\ 9 \\ -11 \\ 2 \end{pmatrix}$。

2.（1）$\boldsymbol{\beta}=2\boldsymbol{\alpha}_1-\boldsymbol{\alpha}_2+\boldsymbol{\alpha}_3$；（2）$\boldsymbol{\beta}=\frac{5}{4}\boldsymbol{\alpha}_1+\frac{1}{4}\boldsymbol{\alpha}_2-\frac{1}{4}\boldsymbol{\alpha}_3-\frac{1}{4}\boldsymbol{\alpha}_4$。

4.（1）线性相关。（2）线性无关。（3）线性相关。

8.（1）$\boldsymbol{\alpha}_1,\boldsymbol{\alpha}_2$ 为最大无关组，$\boldsymbol{\alpha}_3=3\boldsymbol{\alpha}_1+\boldsymbol{\alpha}_2,\boldsymbol{\alpha}_4=\boldsymbol{\alpha}_1+\boldsymbol{\alpha}_2$；

（2）$\boldsymbol{\alpha}_1,\boldsymbol{\alpha}_2,\boldsymbol{\alpha}_3$ 为最大无关组，$\boldsymbol{\alpha}_4=-3\boldsymbol{\alpha}_1+7\boldsymbol{\alpha}_2-3\boldsymbol{\alpha}_3$。

14. 都是向量空间。

15. $\boldsymbol{\beta}=2\boldsymbol{\alpha}_1+3\boldsymbol{\alpha}_2-\boldsymbol{\alpha}_3$。

16.（1）$\boldsymbol{P}=\begin{pmatrix} 2 & 0 & 5 & 6 \\ 1 & 3 & 3 & 6 \\ -1 & 1 & 2 & 1 \\ 1 & 0 & 1 & 3 \end{pmatrix}$；

（2）$\begin{pmatrix} x_1' \\ x_2' \\ x_3' \\ x_4' \end{pmatrix}=\frac{1}{27}\begin{pmatrix} 12 & 9 & -27 & -33 \\ 1 & 12 & -9 & -23 \\ 9 & 0 & 0 & -18 \\ -7 & -3 & 9 & 26 \end{pmatrix}\begin{pmatrix} x_1 \\ x_2 \\ x_3 \\ x_4 \end{pmatrix}$；

（3）$k\begin{pmatrix} 1 \\ 1 \\ 1 \\ -1 \end{pmatrix}$。

17.（1）$\boldsymbol{\xi}_1=\begin{pmatrix} 0 \\ 1 \\ 0 \\ 4 \end{pmatrix},\boldsymbol{\xi}_2=\begin{pmatrix} -4 \\ 0 \\ 1 \\ -3 \end{pmatrix},\boldsymbol{x}=c_1\boldsymbol{\xi}_1+c_2\boldsymbol{\xi}_2$；

（2）$\boldsymbol{\xi}_1=\begin{pmatrix} 1 \\ 7 \\ 0 \\ 19 \end{pmatrix},\boldsymbol{\xi}_2=\begin{pmatrix} 0 \\ 0 \\ 1 \\ 2 \end{pmatrix},\boldsymbol{x}=c_1\boldsymbol{\xi}_1+c_2\boldsymbol{\xi}_2$；

（3）$\boldsymbol{\xi}=\begin{pmatrix} -1 \\ -1 \\ 0 \\ 1 \end{pmatrix},\boldsymbol{x}=c\boldsymbol{\xi}$。

18.（1）$\begin{pmatrix} x_1 \\ x_2 \\ x_3 \\ x_4 \end{pmatrix}=\begin{pmatrix} 0 \\ \frac{5}{2} \\ 1 \\ 0 \end{pmatrix}+c_1\begin{pmatrix} 1 \\ -\frac{1}{2} \\ 0 \\ 0 \end{pmatrix}+c_2\begin{pmatrix} 0 \\ -\frac{1}{2} \\ 1 \\ 1 \end{pmatrix}$；

（2）$\begin{pmatrix} x_1 \\ x_2 \\ x_3 \\ x_4 \end{pmatrix} = \begin{pmatrix} -7 \\ 5 \\ 0 \\ -6 \end{pmatrix} + c\begin{pmatrix} -5 \\ 2 \\ 1 \\ -3 \end{pmatrix}$；

（3）$\begin{pmatrix} x_1 \\ x_2 \\ x_3 \\ x_4 \end{pmatrix} = \begin{pmatrix} -18 \\ 13 \\ 0 \\ 2 \end{pmatrix} + c\begin{pmatrix} -1 \\ 1 \\ 1 \\ 0 \end{pmatrix}$。

19. $\boldsymbol{x} = \begin{pmatrix} 3 \\ 1 \\ -1 \end{pmatrix} + c\begin{pmatrix} -4 \\ -2 \\ 0 \end{pmatrix}$。

20. $\boldsymbol{x} = \begin{pmatrix} 1 \\ 1 \\ 1 \\ 1 \end{pmatrix} + c\begin{pmatrix} 1 \\ -2 \\ 1 \\ 0 \end{pmatrix}$。

24.（1）-8；（2）$\sqrt{114}$。

25.（1）$\boldsymbol{e}_1 = \begin{pmatrix} \frac{1}{\sqrt{3}} \\ \frac{1}{\sqrt{3}} \\ \frac{1}{\sqrt{3}} \end{pmatrix}, \boldsymbol{e}_2 = \begin{pmatrix} -\frac{1}{\sqrt{2}} \\ 0 \\ \frac{1}{\sqrt{2}} \end{pmatrix}, \boldsymbol{e}_3 = \begin{pmatrix} \frac{1}{\sqrt{6}} \\ -\frac{2}{\sqrt{6}} \\ \frac{1}{\sqrt{6}} \end{pmatrix}$；

（2）$\boldsymbol{e}_1 = \begin{pmatrix} \frac{1}{\sqrt{3}} \\ 0 \\ -\frac{1}{\sqrt{3}} \\ \frac{1}{\sqrt{3}} \end{pmatrix}, \boldsymbol{e}_2 = \begin{pmatrix} \frac{1}{\sqrt{15}} \\ -\frac{3}{\sqrt{15}} \\ \frac{2}{\sqrt{15}} \\ \frac{1}{\sqrt{15}} \end{pmatrix}, \boldsymbol{e}_3 = \begin{pmatrix} -\frac{1}{\sqrt{35}} \\ \frac{3}{\sqrt{35}} \\ \frac{3}{\sqrt{35}} \\ \frac{4}{\sqrt{35}} \end{pmatrix}$。

26.（1）不是；（2）是。

27. 各个线性空间的基可取为

（1）$\boldsymbol{A}_1 = \begin{pmatrix} 1 & 0 \\ 0 & 0 \end{pmatrix}, \boldsymbol{A}_2 = \begin{pmatrix} 0 & 1 \\ 0 & 0 \end{pmatrix}, \boldsymbol{A}_3 = \begin{pmatrix} 0 & 0 \\ 1 & 0 \end{pmatrix}, \boldsymbol{A}_4 = \begin{pmatrix} 0 & 0 \\ 0 & 1 \end{pmatrix}$；

（2）$\boldsymbol{A}_1 = \begin{pmatrix} 1 & 0 \\ 0 & -1 \end{pmatrix}, \boldsymbol{A}_2 = \begin{pmatrix} 0 & 1 \\ 0 & 0 \end{pmatrix}, \boldsymbol{A}_3 = \begin{pmatrix} 0 & 0 \\ 1 & 0 \end{pmatrix}$；

（3）$\boldsymbol{A}_1 = \begin{pmatrix} 1 & 0 \\ 0 & 0 \end{pmatrix}, \boldsymbol{A}_2 = \begin{pmatrix} 0 & 0 \\ 0 & 1 \end{pmatrix}, \boldsymbol{A}_3 = \begin{pmatrix} 0 & 1 \\ 1 & 0 \end{pmatrix}$。

29.（1）关于 y 轴对称；

（2）投影到 y 轴；

（3）关于直线 $y = x$ 对称；

（4）逆时针方向旋转90°。

31. $\begin{pmatrix} 1 & 0 & 0 \\ 2 & 1 & 0 \\ 0 & 1 & 1 \end{pmatrix}$。

32. $\begin{pmatrix} 1 & 0 & 0 \\ 1 & 1 & 0 \\ 1 & 2 & 1 \end{pmatrix}$。

习题 5

3.（1）$\lambda_1 = -1, \lambda_2 = 6$；对应于 $\lambda_1 = -1$ 的全部特征向量为 $k\begin{pmatrix} 4 \\ 3 \end{pmatrix}(k \neq 0)$；对应于 $\lambda_2 = 6$ 的全部特征向量为 $k\begin{pmatrix} -1 \\ 1 \end{pmatrix}(k \neq 0)$；

（2）$\lambda_1 = 2, \lambda_2 = \lambda_3 = 1$；对应于 $\lambda_1 = 2$ 的全部特征向量为 $k\begin{pmatrix} 2 \\ -1 \\ 1 \end{pmatrix}(k \neq 0)$；对应于 $\lambda_2 = \lambda_3 = 1$ 的全部特征向量为 $k\begin{pmatrix} 1 \\ 0 \\ 0 \end{pmatrix}(k \neq 0)$；

（3）$\lambda_1 = -1, \lambda_2 = 9, \lambda_3 = 0$；对应于 $\lambda_1 = -1$ 的全部特征向量为 $k\begin{pmatrix} 1 \\ -1 \\ 0 \end{pmatrix}$（$k \neq 0$）；对应于 $\lambda_2 = 9$ 的全部特征向量为 $k\begin{pmatrix} 1 \\ 1 \\ 2 \end{pmatrix}$（$k \neq 0$）；对应于 $\lambda_3 = 0$ 的全部特征向量为 $k\begin{pmatrix} 1 \\ 1 \\ -1 \end{pmatrix}$（$k \neq 0$）；

（4）$\lambda_1 = \lambda_2 = \lambda_3 = -1$；对应于 $\lambda_1 = \lambda_2 = \lambda_3 = -1$ 的全部特征向量为 $k\begin{pmatrix} 1 \\ 1 \\ -1 \end{pmatrix}$（$k \neq 0$）。

4. $a = -3, b = 0$；$\lambda_1 = \lambda_2 = \lambda_3 = -1$；对应于 $\lambda_1 = \lambda_2 = \lambda_3 = -1$ 的全部特征向量为 $k\begin{pmatrix} 1 \\ 1 \\ -1 \end{pmatrix}$（$k \neq 0$）。

10. 25。

11.（2）$\lambda_1 = \sum_{i=1}^{n} a_i^2, \lambda_2 = \cdots = \lambda_n = 0$，

$$(\boldsymbol{p}_1 \ \boldsymbol{p}_2 \ \cdots \ \boldsymbol{p}_n) = \begin{pmatrix} a_1 & -a_2 & -a_3 & \cdots & -a_{n-1} & -a_n \\ a_2 & a_1 & 0 & \cdots & 0 & 0 \\ a_3 & 0 & a_1 & \cdots & 0 & 0 \\ \vdots & \vdots & \vdots & & \vdots & \vdots \\ a_{n-1} & 0 & 0 & \cdots & a_1 & 0 \\ a_n & 0 & 0 & \cdots & 0 & a_1 \end{pmatrix}。$$

13.（1）不可以；（2）不可以；

（3）可以，$\boldsymbol{P}=\begin{pmatrix}\frac{1}{3} & 1 & 0\\ \frac{2}{3} & 1 & 0\\ 1 & 0 & 1\end{pmatrix},\boldsymbol{P}^{-1}\boldsymbol{AP}=\begin{pmatrix}-2 & & \\ & -1 & \\ & & -1\end{pmatrix}$。

15.（1）$\boldsymbol{P}=\begin{pmatrix}-2 & -2 & 1\\ 1 & 0 & 2\\ 0 & 1 & 2\end{pmatrix},\boldsymbol{P}^{-1}\boldsymbol{AP}=\begin{pmatrix}-3 & & \\ & -3 & \\ & & 6\end{pmatrix}$；

（2）$\boldsymbol{P}=\begin{pmatrix}\frac{1}{3} & 0 & \frac{4}{3\sqrt{2}}\\ \frac{2}{3} & \frac{1}{\sqrt{2}} & -\frac{1}{3\sqrt{2}}\\ -\frac{2}{3} & \frac{1}{\sqrt{2}} & \frac{1}{3\sqrt{2}}\end{pmatrix},\boldsymbol{P}^{-1}\boldsymbol{AP}=\begin{pmatrix}10 & & \\ & 1 & \\ & & 1\end{pmatrix}$。

16. $\boldsymbol{P}=\frac{1}{3}\begin{pmatrix}1 & 2 & 2\\ 2 & 1 & -2\\ 2 & -2 & 1\end{pmatrix},\boldsymbol{P}^{-1}\boldsymbol{AP}=\begin{pmatrix}-2 & & \\ & 1 & \\ & & 4\end{pmatrix}$。

习题6

1.（1）$f(x_1,x_2,x_3)=(x_1\ \ x_2\ \ x_3)\begin{pmatrix}1 & 1 & 0\\ 1 & 3 & 0\\ 0 & 0 & -5\end{pmatrix}\begin{pmatrix}x_1\\ x_2\\ x_3\end{pmatrix}$；

（2）$f(x_1,x_2,x_3)=(x_1\ \ x_2\ \ x_3)\begin{pmatrix}2 & -1 & 2\\ -1 & -2 & 3\\ 2 & 3 & 3\end{pmatrix}\begin{pmatrix}x_1\\ x_2\\ x_3\end{pmatrix}$；

（3）$f(x_1,x_2,x_3,x_4)=(x_1\ \ x_2\ \ x_3\ \ x_4)\begin{pmatrix}0 & 1 & 3 & 3\\ 1 & 0 & 1 & -3\\ 3 & 1 & 0 & 1\\ 3 & -3 & 1 & 0\end{pmatrix}\begin{pmatrix}x_1\\ x_2\\ x_3\\ x_4\end{pmatrix}$。

3.（1）$\begin{pmatrix}x_1\\ x_2\\ x_3\end{pmatrix}=\begin{pmatrix}\frac{1}{\sqrt{3}} & -\frac{1}{\sqrt{2}} & -\frac{1}{\sqrt{6}}\\ \frac{1}{\sqrt{3}} & \frac{1}{\sqrt{2}} & -\frac{1}{\sqrt{6}}\\ \frac{1}{\sqrt{3}} & 0 & \frac{2}{\sqrt{6}}\end{pmatrix}\begin{pmatrix}y_1\\ y_2\\ y_3\end{pmatrix}$，$f=y_1^2-\frac{1}{2}y_2^2-\frac{1}{2}y_3^2$；

（2）$\begin{pmatrix} x_1 \\ x_2 \\ x_3 \\ x_4 \end{pmatrix} = \begin{pmatrix} \frac{1}{2} & \frac{1}{2} & \frac{1}{\sqrt{2}} & 0 \\ -\frac{1}{2} & \frac{1}{2} & 0 & \frac{1}{\sqrt{2}} \\ -\frac{1}{2} & -\frac{1}{2} & \frac{1}{\sqrt{2}} & 0 \\ \frac{1}{2} & -\frac{1}{2} & 0 & \frac{1}{\sqrt{2}} \end{pmatrix} \begin{pmatrix} y_1 \\ y_2 \\ y_3 \\ y_4 \end{pmatrix}$，$f = -y_1^2 + 3y_2^2 + y_3^2 + y_4^2$。

4.（1）$\begin{pmatrix} x_1 \\ x_2 \\ x_3 \end{pmatrix} = \begin{pmatrix} 1 & \frac{1}{2} & -\frac{3}{2} \\ 0 & \frac{1}{2} & -\frac{1}{2} \\ 0 & 0 & 1 \end{pmatrix} \begin{pmatrix} y_1 \\ y_2 \\ y_3 \end{pmatrix}$，$f = y_1^2 - y_2^2 + 4y_3^2$；

（2）$\begin{pmatrix} x_1 \\ x_2 \\ x_3 \end{pmatrix} = \begin{pmatrix} 1 & -1 & \frac{1}{2} \\ 1 & 1 & \frac{1}{2} \\ 0 & 0 & 1 \end{pmatrix} \begin{pmatrix} y_1 \\ y_2 \\ y_3 \end{pmatrix}$，$f = -4y_1^2 + 4y_2^2 + y_3^2$。

5.（1）$\begin{pmatrix} x_1 \\ x_2 \\ x_3 \end{pmatrix} = \begin{pmatrix} 1 & 1 & -1 \\ 0 & 1 & -\frac{1}{2} \\ 0 & 0 & 1 \end{pmatrix} \begin{pmatrix} y_1 \\ y_2 \\ y_3 \end{pmatrix}$，$f = 2y_1^2 + 2y_2^2 + y_3^2$；

（2）$\begin{pmatrix} x_1 \\ x_2 \\ x_3 \end{pmatrix} = \begin{pmatrix} 1 & -\frac{1}{2} & -1 \\ 1 & \frac{1}{2} & -1 \\ 0 & 0 & 1 \end{pmatrix} \begin{pmatrix} y_1 \\ y_2 \\ y_3 \end{pmatrix}$，$f = y_1^2 - \frac{1}{4}y_2^2 - y_3^2$。

6.（1）$c = 3$；

（2）$\begin{pmatrix} x \\ y \\ z \end{pmatrix} = \begin{pmatrix} -\frac{1}{\sqrt{6}} & \frac{1}{\sqrt{2}} & \frac{1}{\sqrt{3}} \\ \frac{1}{\sqrt{6}} & \frac{1}{\sqrt{2}} & -\frac{1}{\sqrt{3}} \\ \frac{2}{\sqrt{6}} & 0 & \frac{1}{\sqrt{3}} \end{pmatrix} \begin{pmatrix} x_1 \\ y_1 \\ z_1 \end{pmatrix}$，$f = 4y_1^2 + 9z_1^2$；

（3）二次曲面$f(x,y,z)=1$经正交变换后的曲面$4y_1^2 + 9z_1^2 = 1$是一个椭圆柱面，所以二次曲面$f(x,y,z)=1$是一个椭圆柱面。

8.（1）为正定性。（2）既非正定性也非负定性。（3）为正定性。

9. $k > \frac{1+\sqrt{33}}{4}$。

参 考 文 献

[1] 同济大学应用数学系．线性代数（第四版）[M]．北京：高等教育出版社，2003．

[2] 北京大学数学系几何与代数教研室代数组．高等代数（第二版）[M]．北京：高等教育出版社，1988．

[3] 袁尚明．线性代数[M]．上海：上海交通大学出版社，1988．

[4] 邓辉文．线性代数[M]．北京：清华大学出版社，2008．

[5] 杨春德等．线性代数理论·方法[M]．北京：科学技术文献出版社，2003．

[6] 吴江，孟世才，许耿．浅谈《线性代数》中"特征值与特征向量"的引入[J]．重庆教育学院学报，2008（3）：29～30．

[7] 胡显佑．线性代数[M]．北京：中国商业出版社，2006．

[8] 林翠琴．n阶行列式—n维向量的n重反对称线性函数[J]．工科数学，1998（4）：83～86．

[9] 张新发．初等变换的关系及可逆矩阵的分解[J]．大学数学，2003（2）：82～85．

[10] 宁群，张祖峰．行列式映射唯一性的一个证明[J]．大学数学，2005（2）：78～81．

[11] 吴江．n阶行列式—n阶方阵的函数[J]．重庆邮电学院学报（自然科学版），2006增刊：244～246．